ICBM,
악마의 유혹

ICBM, 악마의 유혹
미국과 소련의 ICBM 치킨게임

2012년 10월 22일 초판 1쇄 발행
지은이 정규수

펴낸이 이원중 교정 박미경 디자인 정애경
펴낸곳 지성사 출판등록일 1993년 12월 9일 등록번호 제10 – 916호
주소 (121 – 829) 서울시 마포구 상수동 337 – 4 전화 (02) 335 – 5494 ~ 5 팩스 (02) 335 – 5496
홈페이지 www.jisungsa.co.kr 블로그 blog.naver.com / jisungsabook 이메일 jisungsa@hanmail.net
편집주간 김명희 편집팀 김찬 디자인팀 정애경

ISBN 978 - 89 - 7889 - 259 - 9 (03550)

잘못된 책은 바꾸어드립니다. 책값은 뒤표지에 있습니다.

이 도서의 국립중앙도서관 출판시도서목록(CIP)은 e-CIP 홈페이지(http://www.nl.go.kr/ecip)와 국가자료공동목록
시스템(http://www.nl.go.kr/kolisnet)에서 이용하실 수 있습니다. (CIP제어번호:CIP2012004806)

미국과 소련의 ICBM 치킨게임

정규수 지음

ICBM, 악마의 유혹

지성사

머리말

    1945년 이후 지난 67년 동안 우리는 탄도미사일 또는 탄도탄이란 단어를 수없이 들어왔다. 탄도미사일(Ballistic Missile)은 가깝게는 수십 km에서 멀게는 1만km 밖에 있는 표적을 강타할 수 있는 로켓 무기를 말한다. 수소폭탄과 결합된 탄도탄은 궁극의 무기로 알려졌고, 언젠가는 이것으로 인해 인류가 종말을 맞을지도 모른다는 두려움을 안겨주었다. 하지만 이러한 공포의 이면에는 인류 문명을 한 차원 높일 수 있다는 희망의 싹도 자라고 있었고, 지금 우리는 그 결실을 즐기고 있는 것도 사실이다.

    미국과 소련의 냉전 기간(1950~1980년대) 동안 탄도탄을 가지고 노는 '치킨게임(Chicken Game)'이 극한으로 치달았다.[1] 과학의 발전과 국력을 쏟아붓는 탄도탄 연구에 힘입어 미국과 소련은 훨씬 더 신뢰할 수 있고 정확한 새로운 탄도탄으로 자국의 탄도탄을 계속해서 교체해나갔

---

[1] 치킨게임(Chicken Game)이란 마주 보고 달리는 차를 모는 두 명의 게임 플레이어 중 한 사람이 차를 옆으로 돌려 충돌을 피하거나 아니면 충돌함으로써 끝이 나는 게임이다. 먼저 차를 옆으로 돌려 두 사람의 생명을 건진 사람은 '치킨(겁쟁이)'이 된다. 두 사람이 다 치킨이 되기 싫으면 충돌을 피할 없는 게임이다. 지금은 정치, 군사, 외교 등에 원용하여 사용된다. 특히 핵무기를 놓고 벌이는 치킨게임은 인류의 운명을 걸어야 하는 치명적인 것으로 미국과 소련이 벌인 한 번의 게임으로 족하다고 생각한다.

다. 그러나 결국 지구를 몇 번이나 파괴시키고도 남을 정도로 많아진 탄도탄의 위험과 치킨게임의 무용성을 깨달은 미국과 소련은 양국의 전략 탄도탄 수를 줄이기 위해 협상을 시작했고, 그 결과 수많은 탄도 탄이 경계 임무에서 해제되어 퇴역하였다.

교체된 탄도탄이나 군비 축소로 인해 잉여 물자가 된 탄도탄들은 인공위성을 발사하는 우주 발사체로 거듭났다. 지상 목표를 공격하기 위해 개발한 탄도탄에 효율적인 상단 로켓을 탑재함으로써 탄두보다 무거운 인공위성이나 우주 탐사체를 쏘아 올릴 수 있게 되었다. 그리하 여 방송, 통신, 기상, 과학, 항법, 관측 등 여러 방면에서 인류의 생활과 문화 수준을 한 단계 끌어올렸으며, 우주개발에 대한 새로운 요구를 끊 임없이 창출하고 있다. 다양한 실용 위성과 정교한 우주 탐사체 같은 무거운 페이로드의 등장과 수요는 역으로 탄도탄보다 훨씬 강력한 우 주 발사체를 개발하는 동기가 되었다. 이 모든 것이 탄도탄에서 비롯되 었기에 탄도탄의 등장과 발달 과정을 소상하게 알아보는 것은 의미가 크다고 생각한다.

필자는 앞서 저술한 『로켓, 꿈을 쏘다』에서 로켓의 등장과 우주개 발 과정을 베른헤르 폰 브라운(Wernher von Braun)과 세르게이 코롤료프(Sergei Korolev)라는 전설적인 두 로켓 과학자의 행적을 중심으로 살펴보았다.[2] 그리고 이 책의 자매편이라 할 수 있는 『ICBM, 그리고 한반도』에서는 한반도 주변 국가들의 탄도탄 개발 역사와 현황을 살펴보고, 장래 우리 안보에 미칠 영향에 대해서 전망해보았다.[3] 그러나 이 책에서는 로켓이 ICBM(Intercontinental Ballistic Missile: 대륙간탄도미사일)과 SLBM(Submarine Launched Ballistic Missile: 잠수함에서 발사하는 탄도미사일)으로 변모해가는 과정과 기술 발전에 대한 이야기를 ICBM의 종주국인 미국과 소련의 탄도탄 발전 과정을 중심으로 풀어나감으로써 탄도탄에 관련된 기술과 성능에 대한 독자들의 이해를 돕고자 한다.

　탄도탄은 전 세계 어느 곳이든 30~40분 내에 탄두를 운반할 수 있고, 워낙 속도가 빨라 방어 수단이 거의 존재하지 않는다. 초창기 대륙간탄도탄의 낮은 정확도는 강력한 열핵탄두(Thermonuclear Warhead)를 탑재하는 것으로 보완할 수 있었다. 미국과 소련은 열핵탄두로 무장한 ICBM 수백 기만 먼저 배치하면 상대방에 대해 절대적인 전략적 우위를 확보할 수 있다고 믿었다. 장거리탄도탄이 가지는 이러한 특성은 미국과 소련에겐 뿌리칠 수 없는 악마의 유혹이었고, 그 누구도 먼저 그만둘 수 없는 치킨게임과도 같은 '탄도탄 경쟁'을 유발했다. 미국과 소련

---

[2] 정규수, 『로켓, 꿈을 쏘다』(갤리온, 2010년 6월 3일).
[3] 정규수, 『ICBM, 그리고 한반도』(지성사, 2012년 5월 14일).

이 명운을 걸고 개발한 ICBM과 SLBM의 이야기가 바로 『ICBM, 악마의 유혹』이다.

제1장에서는 미국과 소련이 ICBM과 SLBM을 발전시킨 동기와 배경을 중심으로 분석했고, 미국이나 소련 중 한 나라가 탄도탄의 새로운 기술을 발전시키면 다른 나라가 그것에 대해 어떻게 반응하는가를 개괄적으로 살펴보았다. 사실 ICBM이나 SLBM의 발전 역사는 미국과 소련 간에 벌어진 작용-반작용(Action-Reaction)의 역사이고, 되풀이되는 작용-반작용의 끊임없는 원동력은 상대방을 두려워하고 믿지 못하는 데에서 오는 공포였다.

제2장에서는 인류의 역사에 탄도탄이 등장하는 과정을 간단히 소개했다. 1232년 송나라 군대가 몽골군에게 로켓으로 추진되는 불화살을 사용한 후 1944년 '브이2(V2)'라는 탄도탄이 등장할 때까지는 무려 712년이란 세월이 흘러야 했다. 로켓에 사용되는 반작용 엔진(Reaction Engine)의 물리학과 로켓의 운동 법칙을 이해하기 위해서는 '아이작 뉴턴(Isaac Newton)'의 등장을 기다려야 했고, 로켓이라는 괴물을 제작하고 통제하려면 최소한 20세기 중반의 과학기술이 필요했기 때문이었다.

제3장에서는 제2차 세계대전의 종식과 함께 미소에 의해 추진된 역사상 가장 완벽했던 '미사일 기술 확산' 계획에 대해 살펴보고, 그 의미를 되짚어보았다. V2 과학기술자, 설계도면, 시설, 장비들을 본국

으로 이송한 것은 미국과 소련이 같았지만 그 목적과 사용 방법은 판이 하게 달랐다.

제4장에서는 미소 두 나라에서 ICBM의 개발과 배치를 둘러싸고 벌이는 '작용-반작용'의 연쇄반응을 살펴보았다. 한 나라에서 새로운 미사일 기술을 개발하면 다른 나라에서는 그 기술이 자국에 미치는 효 과를 상쇄시키고 더 나아가 상대방을 압박하기 위한 새로운 미사일 기 술을 개발하기 위해 국력을 집중했다. 상대방을 압도하는 ICBM이나 SLBM을 개발하고자 하는 욕망은 가히 '악마의 유혹'에 견줄 만했다. 결국 소련이 먼저 붕괴됨으로써 팽팽하던 치킨게임은 끝났지만, 치킨 게임 과정에서 미국과 소련은 수많은 ICBM과 SLBM을 개발했다. 필자 는 양국이 지금까지 개발한 주요 ICBM들의 개발 목적과 개발 과정을 설명했고, 관련 기술에 대해서도 기회가 닿는 대로 설명했다.

제5장에서는 지금까지 미국과 소련이 개발해온 SLBM에 대해 기술 적 배경을 중심으로 설명하고, 다른 분야의 기술 발전, 특히 잠수함 탐 지 기술 발전에 따라 SLBM 운용 개념이 변화하는 과정을 살펴보았다. 가용한 기술에 의해 SLBM의 표적과 운용 방법이 결정되었지만, 때로 는 SLBM의 표적과 운용 방법에 따라 필요한 기술이 짧은 시간 내에 개 발되기도 했다. 과학기술이 발전하여 ICBM이 날로 정확해짐에 따라 상 대방의 ICBM 사일로를 한 발의 탄두로 파괴할 수 있게 되었지만, 같은 기술을 상대방이 확보함에 따라 자국의 ICBM이 생존할 가능성도 그만

큼 줄어들었다. 시간이 흐르면서 육상 배치 ICBM의 생존성이 위협받게 되었고, 이러한 환경 변화는 SLBM의 목적과 운용 전략도 바꾸어놓았다. 폴라리스(Polaris)와 포세이돈(Poseidon) SLBM은 대량 보복을 확실하게 할 수 있는 이상적인 전쟁 억제 수단이었다. 그러나 가장 최신의 핵전쟁 억제 수단으로 개발된 SLBM 트라이던트-II D5(Trident-II D5)는 상대방의 선제공격에 취약한 '피스키퍼(Peacekeeper)' ICBM을 대신해 러시아의 견고한 ICBM 사일로나 지휘부 벙커 또는 군이나 핵시설을 노리는 '카운터포스(Counterforce)' 미사일로도 자리 잡게 되었다. 이러한 이유로 피스키퍼는 퇴역했어도 트라이던트-II D5는 계속 현역으로 남아 있게 된 것이다.

제6장 에필로그는 우리가 살고 있는 세상이 얼마나 위험했는지를 뒤돌아보는 시간으로 삼았다. 우리의 삶이 계속되게 해준 스타니슬라프 페트로프(Stanislav Petrov)에게 감사하는 마음으로 이 글을 썼다.

정규수

차례

제1장

게임의 법칙 : 공포

1
ICBM을 개발할 것인가, 말 것인가?

1945년 8월 6일 미국은 일본의 히로시마에 원자폭탄을 투하했다. 이오시프 스탈린(Iosif Stalin, 영어명은 Joseph Stalin)과 소련 지도부는 이것을 일본에 대한 공격이 아니라 소련에 대한 공격으로 받아들였다. 스탈린은 일본과의 전쟁을 위해 병력을 이동 중이었고, 일본과의 전쟁은 단시간 내에 끝날 것으로 내다보았다. 따라서 히로시마에 대한 핵 공격은 소련이 일본을 굴복시킬 기회를 주지 않기 위한 미국의 술수이자 소련에 대한 협박으로 간주한 것이다.[4] 히로시마에 폭탄이 떨어지고 2주 후, 스탈린은 소련의 원자탄 긴급 개발계획에 서명했다. 폭탄 개발이 결정된 것은 1945년 8월이었지만 소련은 1940년 6월 이미 '우라늄 위원회'를 설립하여 핵분열 문제를 연구하고 있었고, 1943년부터는 이고

---

[4] David Holloway on: Soviet Reactions to Hiroshima.
http://www.pbs.org/wgbh/amex/bomb/filmore/reference/interview/holloway05.html.

르 쿠르차토프(Igor Kurchatov)의 지휘 아래 50명의 과학자로 구성된 원자폭탄 연구팀을 운영해왔다. 그러나 독일과의 전쟁으로 인적·물적 자원이 부족하던 소련에서 원자탄 연구 활동은 미미할 수밖에 없었다. 미국이 핵실험에 성공하고 실제로 원자폭탄을 히로시마와 나가사키에 투하하자, 소련 지도부는 공황 상태에 빠졌다. 소련은 원자탄 프로젝트를 국가보안위원회(KGB)의 전신인 '내무인민위원회(NKVD)'의 책임자 랍렌티 베리아(Lavrentiy Beria)의 감독하에 쿠르차토프로 하여금 국가 최고 우선순위 사업으로 추진하게 했다. 소련의 신속하고 심각한 결정의 배후에는 미국의 '핵 독점' 상황에 대해 소련이 느끼는 극심한 공포가 있었다.

소련이 빠른 시간 내에 원자탄을 개발한다고 해도 그것이 무기로서 가치를 지니기 위해서는 아직도 해결해야 할 큰 문제가 남아 있었다. 원자탄을 운반할 수단이 없었던 것이다. 미국은 항속거리 6100km의 B-29 폭격기를 개조한 B-50를 원자탄 운반 수단으로 가지고 있었지만, 소련은 B-29과 같은 성능을 가진 폭격기를 보유하지 못했다. 1945년 만주와 일본을 폭격하던 B-29이 소련에 불시착한 적이 3번 있었다. 미국의 요청에도 소련은 기체(機體)를 미국에 반환하지 않았을 뿐만 아니라, 불시착한 B-29을 소련 폭격기의 산실인 '투폴레프 설계국(Tupolev Design Bureau: OKB-156)'으로 옮겨 B-29을 역설계하는 데 이용했다. 소련판 B-29은 Tu-4라는 이름으로 1947년 5월 19일부터 시험 비행에 들어갔으며, 이후 양산되어 1949년부터 상당수가 소련 공군에 배치되었다. 게다가 소련은 1949년 8월 29일 미국의 원자탄 '패트 맨(Fat Man)'의 복사판인 RDS-1(Joe-1)의 핵실험에 성공했다.[5] 이제 소련은 미국이 설계한 폭탄으로 핵무장을 했고, 전시에는 미국이 설계한 운반 수단으로 뉴욕과 시카고, 로스앤젤레스까지 핵 공격을 할 수 있게 되었다. 미국 입장에서는 참으로 어처구니없는 일이 벌어진 것이다. 소련이 이렇게 빨리 핵폭탄을 개발하고 B-29을 복제할 수 있으리라고는 생각지도 못한 미국은 이러한 상황 전개에 상당히 당황했고, 처음으로 소련을 심각한 위협으로 받아들였다.

그러나 소련에는 아직도 넘기 힘든 고개가 많이 남아 있었다. 미국에는 소련 주변을 포위한 동맹국들이 있었고, 미군이 마음대로 사용할 수 있는 소련 주변의 공군 기지를 여러 개 확보하고 있었다. 따라서 전시에는 1~2시간 안에 소련 전역에 미국의 B-29이 날아들어 소련을 초토화할 수 있는 데 반해 소련은 미국 본토를 공격하기 위해서는 10시간 이상 비행을 해야 했다. 그동안에 소련은 폐허가 될 것이고, 미국을 공격하는 Tu-4는 대부분 격추될 것으로 추정되었다. B-29은 미국엔 유용한 핵 운반 수단이었지만, 소련에는 효용 가치가 별로 없는 운반 수단이었다. 소련이 가지고 있는 지정학적 불리함은 전략폭격기 성능이 아무리 발전해도 별로 바뀌지 않는다. 이러한 이유로 소련에서는 전략폭격기의 역할을 미국에서처럼 중요하게 고려하지 않았다. 소련은 이러한 어려움을 해결하기 위해 자연스럽게 탄도탄을 선호하게 되었다.

소련 입장에서 본다면 소련 본토에서 5~10시간의 비행 후에나 표적에 도달할 수 있는 폭격기에 비해 30~45분이면 미국 어느 곳이든지 공격할 수 있는 ICBM이 훨씬 매력적이었을 것이다. 더구나 요격당할 확률이 큰 폭격기와는 달리 탄도탄은 한번 발사되면 격추될 확률이 거의 없다. 반면 미국 입장에서 본다면 미국은 이미 막강한 전략폭격기 부대를 가지고 있었고, 소련 주변의 나토(NATO) 국가에서 이륙 후 1~

---

5 소련에서는 핵폭탄을 RDS로 시작하는 일련번호로 부르고, 미국에서는 소련 핵폭탄을 'Joseph Stalin'의 'Joe'를 따서 Joe-1, Joe-2와 같이 Joe로 시작하는 일련번호로 명명했다.

2시간이면 소련의 거의 모든 주요 표적을 공격할 수 있으니 소련처럼 절실하게 탄도탄에 대한 필요성을 느끼지 않는 것이 당연했다.[6] 더구나 잘 훈련된 폭격수의 CEP(Circle of Error Probable)는 450m 내외인 데 비해 ICBM의 예상 CEP는 3~5km로 10배 이상 컸다. CEP란 표적을 향해 발사된 탄환이나 탄도탄의 50%가 내부에 떨어지는 원의 반경으로 정의되며, 탄도탄의 정확도를 가늠하는 척도로 쓰이는 파라미터다. 1952년 당시 가장 강력한 원자탄의 폭발력은 100kt 내외로 폭탄 크기가 너무 크고 무거워 이러한 폭탄을 탑재하려면 ICBM 자체가 엄청나게 커질 수밖에 없었고, 개발하는 데에도 시간과 경비가 많이 들어갈 것으로 추정되었다.[7] 더구나 CEP가 3~5km이면 표적을 파괴할 확률도 아주 낮았다. 따라서 미국에서는 ICBM의 효용성에 대해 의구심을 가질 수밖에 없었다.

이 모든 것은 1952년 수소폭탄 실험이 성공함으로써 변화하기 시작했다. 수소폭탄의 크기와 무게를 ICBM에 탑재할 정도로 줄일 수만 있다면, CEP는 더 이상 큰 문제가 되지 않기 때문이다. 1952년에 수소폭탄을 설계한 사람들은 1954년 이후에는 TNT 수백만 톤에 해당하는 '메가톤(Mt: Megaton, 100만)' 급 폭발력을 가진 소형의 가벼운 수소폭탄 제조가 가능할 것이라는 것을 알고 있었다. 예상을 뛰어넘어 소련도 1953년 수소폭탄 실험에 성공했다. 1954년이 되자 미국과 소련은 확신을 가지고 ICBM 개발에 본격적으로 나설 수 있게 되었다. 막상 군사적으로 절대적 위력을 발휘할 수 있는 ICBM 개발이 가능하다는 판단이

---

[6] ICBM의 개발을 결정하는 아주 중요한 시기였던 1952~1954년 사이에 미국은 857~1094기의 전략폭격기를 보유하고 있었으나 소련은 1956년에 처음으로 40기의 전략폭격기를 배치했다.
[7] kt(킬로톤)은 핵폭탄의 폭발력을 표시하는 단위로 TNT 화약 1000t과 동등한 폭발력을 지녔음을 의미한다. 같은 맥락에서 Mt(메가톤)은 TNT 100만t의 폭발력을 표시하는 단위이다.

서자 미국과 소련은 갑자기 조급해졌다. 그때부터 미국은 소련보다 먼저, 소련은 미국보다 먼저 ICBM을 개발하는 것이 지상 목표가 되었다.

소련은 1954년 5월 20일 액체로켓 ICBM인 R-7의 개발계획을 승인했다. 미국도 '폰 노이만 위원회(John von Neumann Committee)'의 건의를 받아들여 1954년 5월 아틀라스(Atlas) ICBM 프로젝트에 공군 최고의 우선권을 부여했고, 이듬해 9월 13일 드와이트 아이젠하워(Dwight David Eisenhower) 대통령은 아틀라스 ICBM 프로젝트에 국가 최고 우선권을 부여했다.[8] 이로써 미국과 소련은 1954년 5월에 다 같이 제1세대 ICBM을 본격적으로 개발하기 시작했다.

---

[8] 폰 노이만 위원회(John von Neumann Committee)의 공식 명칭은 '전략미사일평가위원회'이고, 위원장에는 폰 노이만이 임명되었다. 이 위원회는 노이만 위원회(Neumann Committee) 또는 티포트 위원회(Teapot Committee)로도 알려져 있다. 이 위원회의 건의는 미국 공군과 미국 정부의 탄도탄에 관한 계획 및 정책 수립에 결정적인 역할을 했다.

2
미사일 갭 아메리칸 스타일

1957년 10월 3일까지만 해도 미국은 미사일 경쟁에서 소련에 뒤지고 있다는 생각은 해본 적도 없었다. 그러나 10월 4일 아마추어 무선사들이 듣는 20.005MHz와 40.002MHz를 통해 방송되는 '삑~ 삑~' 소리가 미국의 편안하던 생각에 찬물을 끼얹었다. 코롤료프는 ICBM으로 개발하고 있던 R-7을 이용해 무게 83.6kg의 인공위성 '스푸트니크(Sputnik 1)'를 발사했다. 스푸트니크는 2개의 송신기와 4개의 안테나를 통해 '삑~ 삑~' 소리를 방송하는 기능밖에 없는, 농구공보다 조금 더 큰 금속 공이었다. 그러나 지구를 돌고 있는 이 간단한 금속 공이 미국, 영국 등 서구 세계를 돌연한 공포에 휩싸이게 했다. 연이어 소련이 무게 508kg의 스푸트니크 2호와 무게 1327kg의 스푸트니크 3호를 발사하자 미국과 소련 로켓의 '페이로드(Payload)' 격차가 뚜렷해졌다.[9] 그때까지 미국이 쏘아 올린 위성은 무게 14kg의 '익스플로러 1'과 무게 1.47kg의 '뱅가드 1(Vanguard 1)'이 고작이었다. 스푸트니크 3호와 같은 무게의 페이로드를 쏘아 올리려면 미국은 아직도 몇 년을 더 기다려야 했다. 인공위성을 쏘아 올린 로켓의 페이로드 무게로 보아 미국은 우주 경쟁에서만 진 것이 아니라 ICBM 경쟁에서도 소련에 몇 년은 뒤떨어졌음이 분명해 보였다. 스푸트니크는 '미사일 갭(Missile Gap)'이라는 '공포의 주문'을 만들어냈다.[10] 미국은 소련을 따라잡기 위해 중·장기 목표를 세웠다. 우선적으로 과학기술 교육 제도를 바꾸었으며, 당장의 미사일 갭을 극복하는 데 필요한 분야에는 인적·물적 자원을 아끼지 않았다.

스푸트니크 이전에는 1년에 5억 달러 남짓하던 우주 항공 연구 개발 비용이 천정부지로 솟아올랐다. 공군 중령이며 추진기관 전문가인 에드워드 홀(Edward Hall)은 거의 혼자서 세계 최초의 고체로켓 ICBM 미니트맨(Minuteman)의 기본 설계와 운용 개념을 완성했다. 미니트맨 시스템은 생산비가 저렴하고 대량생산이 용이하며, 운용 관리가 간편하여 운용비도 저렴한 아주 경제적인 ICBM 시스템으로 판명되었다. 단시간 내에 1000기 이상을 생산해 견고한 지하 사일로에 배치할 수 있고, 사일로에서 직접 발사할 수도 있는 미니트맨은 미사일 갭을 없앨 수 있는 진정한 의미의 '미사일 갭 킬러(Missile Gap Killer)'로 인정받았다. 미국 의회도 그 후 5년간 필요한 미니트맨 예산 20억 달러를 미리 배정해주어 경비 걱정 없이 개발에 집중할 수 있도록 도왔다.[11]

1960년 미니트맨을 제작하기 시작하면서 주 계약사인 보잉

---

[9] 페이로드란 미사일이나 우주 발사체에 탑재하는 탄두, 인공위성, 탐사체 등 실질적인 유효 탑재량을 말한다.

[10] 스푸트니크 발사로 인해 미국의 미사일 능력이 소련에 비해 뒤떨어졌으며, 그 차이(Gap)가 많이 난다는 의미로 '미사일 갭'이라는 신조어가 생겼다.

[11] History of Minuteman Missile Sites,
http://www.nps.gov/archive/mini/history/srs/history.htm.

(Boeing)사의 미니트맨 관련 인력은 1만 2000명으로 증가했다. 1961년 2월 1일 케이프커내버럴(Cape Canaveral)에서 실시한 첫 비행시험은 완벽하게 성공했다. 사일로에서 빠져나오자 머뭇거림 없이 순식간에 사라져버린 미니트맨을 보고 어떤 기자는 "저기 미사일 갭이 날아가는구면!" 하고 혼잣말을 했다고 한다. 1962년 10월 27일 말름스트롬 공군기지(Malmstrom Air Force Base)에서 10기의 미사일로 구성된 미니트맨 중대가 작전에 들어감으로써 쿠바 미사일 위기로 고민하던 존 F. 케네디(John F. Kennedy) 미국 대통령에게 든든한 비밀 병기 역할을 했다. 당시 미니트맨 사일로 건설 현장은 일주일에 7일, 하루 24시간, 3교대로 작업이 진행되어 1967년에는 1000개의 미사일 사일로(LF: Launch Facility)와 100개의 발사통제센터(LCC: Launch Control Center)가 완성되었다. 평균 이틀에 1개 이상씩 미사일 사일로를 완공했다는 말이 된다. 미국은 반응시간(Reaction Time)이 수분 정도인 1000기의 경량급 미사일 미니트맨과 함께 '타이탄-II(Titan-II)'라는 중량급 미사일 54기를 배치했다.[12]

　　비록 소련이 R-7이라는 ICBM을 발사체로 사용해 스푸트니크 위성을 발사했지만, 이것이 소련이 ICBM을 보유했다는 증거는 아니었다. 실제로 탄두를 재돌입 과정에서 보호해줄 R-7의 재돌입체(RV: Reentry Vehicle) 개발이 순조롭지 못해 R-7 ICBM의 배치는 오히려 미국보다도 몇 달이나 늦었다. 이러한 사실을 모르는 미국은 소련에 비해 ICBM에서 많이 뒤져 있다고 믿었지만, 실상은 1960년대 내내 미국은 소련에 비해 ICBM의 질과 양 모든 면에서 월등한 우위를 차지하고 있었다.

---

12 미사일의 반응시간은 평시 수준의 경계 상태에서 미사일 발사 명령을 접수한 후 미사일이 발사대를 떠날 때까지 걸리는 시간을 뜻한다.

'미사일 갭'은 소련 정치인들의 선전과 미국의 정보 부재가 만들어낸 상상의 위험에 불과했지만, 집권 행정부를 포함한 거의 모든 미국인이 이를 믿었기 때문에 미사일 갭은 엄연한 사실로 존재하며, 막강한 영향력을 발휘했다. 코롤료프가 스푸트니크를 발사해 전 세계가 흥분하고 서방세계가 경악하자, 흐루쇼프 소련 서기장은 자못 들떠서 "소련은 소시지 뽑아내듯 ICBM을 생산하고 있다"고 허풍을 치며 자아도취에 빠졌다. 니키타 흐루쇼프(Nikita Khrushchyov)는 자신이 '오버'한 것을 땅을 치고 후회했을 것이다. 왜냐하면 이것이 미국에 극도의 경각심을 불러일으켰고, 결국 자신의 실각을 몰고 오는 도화선이 되었으니까.

3
미사일 갭 소비에트 스타일

    미국이 미니트맨을 대량 배치할 것으로 보이자 흐루쇼프를 위시한 소련 지도부와 군부는 히로시마 폭격 이후 두 번째로 위기를 느끼게 되었다. 미국이 두려워하는 미사일 갭은 미국인들만의 상상이며 실상은 그 반대라는 것을 소련은 알고 있었다. 소련은 이미 영국, 이탈리아, 서독, 터키 등 소련 주변국에 배치된 미국의 중거리유도탄과 폭격기에 의해 심한 압박을 받고 있던 터에 ICBM마저 미국이 절대 우위를 점하게 되자 소련 지도부와 군부의 불안은 날로 커져만 갔다.

    값비싼 미사일을 소량 배치할 것이라는 흐루쇼프의 기대와는 달리 미국은 값싸고 생존성이 높은 소형 미사일을 대량 배치하기로 결정했고, 이로 인해 소련의 핵전략은 근본적으로 흔들리게 되었다. 소련은 미국이 일단 충분한 수의 ICBM을 배치하면 도시나 군부대 같은 연표적(Soft Target)뿐만 아니라 소련 내 미사일 발사 기지에 대한 선제공격을 감행할 수도 있다고 판단했다. 1961년 이후 소련은 전략적으로 심각한 공황 상태를 맞았다.

　흐루쇼프는 1962년 2월 흑해의 피춘다(Pitsunda)에서 군 원로들을 소집하여 '소련이 당면한 미사일 갭' 문제를 타개하기 위한 특별 대책 회의를 열었다.[13] 1962년 당시 소련의 생산 기반으로는 1년에 10~15기의 미사일을 생산하기에도 역부족이었다. 전략로켓군 RVSN의 사령관 키릴 S. 모스칼렌코(Kirill S. Moskalenko) 원수는 소련이 아무리 ICBM 생산을 독려한다고 해도 미니트맨에 대항할 수 있을 만한 수량의 미사일을 생산하는 것은 불가능하다고 주장했다. 소련은 제1세대 미사일이 가지고 있는 기술적 문제들을 고려해볼 때 제1세대 미사일 생산은 적정선에서 끝내고 생존성이 높은 제2세대 미사일 연구에 집중하기로 했으며, 다음과 같은 구체적 방안을 내놓았다.

　첫째, 생산비가 적게 들고 대량생산이 용이하며 지하 사일로에서 발사할 수 있는 미국의 미니트맨에 필적하는 소형 경량의 '붉은 미니트맨(Red Minuteman)'을 대량생산해 배치함으로써 미니트맨을 양과 질에서 상쇄한다. 둘째, 미국의 타이탄-II와 성능 면에서 대등한 '붉은 타이탄(Red Titan)'을 생산한다. 셋째, 100Mt급 탄두를 탑재해 유사시 미국의 지휘소와 명령 라인(NCA: National Command Authority)을 초토화할 수 있는 초중량급 ICBM을 개발한다.

　이 세 가지 미사일 개발 방안이 피춘다 회의의 결론인 '미사일 통합 개발계획'이었다. 이러한 통합 개발계획이 제대로 추진된다고 해도 그 결과가 나타나려면 앞으로 최소한 5~10년을 더 기다려야만 했다. 1962년 초의 소련 핵전력은 미국에 비해 절망적인 상황이었기 때문에

---

[13] Steven J. Zaloga, "The Kremlin's Nuclear Sword: The Rise and Fall of Russia's Strategic Nuclear Forces, 1945~2000", (Smithsonian Institution Press, Washington, D.C., 2002) p.81.

통합 개발계획도 당장의 열세를 만회하는 데에는 별 도움이 되지 못했다. 게다가 소련 주변국에 배치된 미국 중거리미사일의 존재는 소련 지도부를 더욱 초조하게 만들었다.

흐루쇼프는 이러한 난감한 상황을 일거에 반전시키는 방안으로 쿠바 대통령 피델 카스트로(Fidel Castro)를 설득해 쿠바에 중거리 핵미사일을 배치하고자 했다. 그러나 이러한 계획은 미국의 강력한 대응을 불러왔고, 핵전쟁도 불사하겠다는 미국의 의지 앞에 전략핵에서 열세이던 소련은 쿠바에 반입한 핵미사일을 모두 철수할 수밖에 없었다. 미소가 벌인 '치킨게임'에서 소련은 '치킨'이 되었고, 제3차 세계대전은 일어나지 않았다. 이것은 세계인들에게는 안도의 한숨을 쉬게 하는 반가운 뉴스였으나, 소련과 흐루쇼프로서는 참기 힘든 굴욕이자 고통이었다. 미국의 '미사일 갭'은 허구였지만, 쿠바 미사일 위기에서 실감한 소련의 '미사일 갭'은 생생한 현실이었다. 미국인이 겪은 스푸트니크 쇼크보다 몇 배나 더 큰 쇼크를 받은 소련 지도부와 군부는 전략 미사일의 중요성을 뼈저리게 느꼈고, 가장 빠른 시간 내에 미국과 전략무기에서 균형(Parity)을 이루기 위해 사력을 다하는 계기가 되었다.

소련은 곧 피춘다 회의에서 결의한 내용을 실행에 옮기기 위한 작업에 들어갔다. 중량급 및 초중량급 미사일을 따로 개발하는 대신 하나의 중량급 미사일로 두 가지 또는 세 가지 역할을 할 수 있도록 개념을 바꾸었다. 이후 소련은 붉은 미니트맨으로 채택된 장기 저장이 가능하고 지하 사일로에서 직접 발사되는 2단 액체로켓 UR-100와, 붉은 타이탄의 역할은 물론 슈퍼 타이탄과 위성 궤도로 날아가는 '세계 미사일(Global Missile)'의 역할까지 한꺼번에 할 수 있는 ICBM R-36의 개발에 총력을 집중했다.

소련의 이러한 결정은 1970년대 초반 이후 또 다른 전략무기 불균

형 사태를 몰고 오게 되었다. 소련은 패리티를 향한 일편단심으로 1966
년부터 1971년까지 990기의 UR-100를 배치했고, 260기의 R-36를 배
치함으로써 ICBM의 양과 질에서 미국과 맞먹는 '전략적 패리티
(Strategic Parity)' 또는 그 이상에 도달했다.

4
다탄두 미사일: 전력 배가 수단

    1960년대 중반에 이르자 미국의 미니트맨 배치는 로버트 맥나마라 (Robert McNamara) 미국 국방장관이 설정한 1000기에 이르렀고, 54기의 타이탄-II를 포함한 미국의 ICBM 수는 총 1054기에서 멈출 것이 분명 했지만, 소련의 전략무기 배치는 1967년도에 1000기를 넘어 계속 증가 할 것으로 예상되었다.[14] ICBM뿐만 아니라 소련 내에 있는 다른 군사 목표도 급격히 증가하고 있어 미국이 보유한 탄두로 이들 표적을 모두 커버하기에는 탄두 수가 모자랐다. 가장 자연스러운 해결책은 물론 ICBM 수를 그만큼 늘리는 것이었으나 ICBM의 상한선을 바꾸는 것은 정치적·경제적으로 매우 부담스러웠다. 이러한 난감한 상황에서 해결 사로 등장한 것이 하나의 미사일에 여러 개의 탄두를 싣되 각 탄두는 각각의 목표로 독립적으로 유도되는 다탄두, 즉 '머브(MIRV: Multiple

---

[14] Archive of Nuclear Data, http://nrdc.org//nuclear/nudb/datab4.asp.

Independently-targetable Reentry Vehicle)' 미사일 개념이었다.

MIRV야말로 누가 보아도 경제적인 '전력 배가 수단(Force Multi-plier)'이었다. 1054기의 미사일 상한선을 위반하지 않고도 미사일 탄두 수를 몇 배나 늘릴 수 있고, 미사일 수를 늘려 탄두 수를 늘리는 데 드는 돈의 몇 분의 1도 안 되는 비용으로 목적을 달성할 수 있었다. 하지만 공군은 미니트맨의 페이로드가 워낙 적어 여기에 여러 개의 RV를 탑재하려면 탄두 하나하나의 폭발력은 '폭죽' 수준으로 떨어질 수밖에 없다고 생각했다. 그래서 지금 보유하고 있는 단일 탄두 미사일을 더 많이 생산해줄 것을 요구했다. 한편에서는 미국이 미사일 탄두 수를 급격히 늘리면 소련과의 군축 협상이 결렬될 수도 있다는 우려가 나왔고, 소련이 그들의 대형 로켓을 MIRV로 바꾸면 미국은 더 불리해진다고 생각하는 전략가들의 의견도 만만치 않았다.

이 논란은 MIRV의 경제 논리와 소련이 모스크바 주변에 설치하려는 탄도탄 요격미사일(ABM: Anti-Ballistic Missile)을 돌파하는 데 MIRV가 최적이라는 논리로 공격적인 설득을 편 MIRV 추진 그룹의 승리로 끝났다. 사실 탄두 수를 단시간 내에 늘릴 수 있는 현실적 방법은 미니트맨을 MIRV화하는 것뿐이었다. 그러나 공군의 염려도 근거가 있었기 때문에 미니트맨-II를 다탄두화하는 대신 미니트맨-II의 3단보다 훨씬 강력한 3단을 탑재한 새로운 미니트맨-III를 개발하고 170kt급 탄두 3개를 탑재하기로 결정했다. 170kt급 탄두는 제2차 세계대전 때 일본의 나가사키에 투하된 '패트 맨(Fat Man)' 폭탄의 8배에 해당하는 폭발력을 가졌다. 1000기 중 500기의 미니트맨-II는 그대로 두고, 미니트맨-I을 포함한 500기를 미니트맨-III로 교체했다. 이로써 미니트맨이 운반하던 1000개의 탄두 수는 2000개로 증가했다.

미국은 3기의 MIRV를 탑재하는 미니트맨-III를 배치하는 동시에

폴라리스 SLBM을 대체하려는 포세이돈(Poseidon) 미사일에는 각기 10
~14개의 탄두를 탑재하기로 계획했다. 포세이돈에 탑재하는 W68 탄
두는 무려 5250개를 생산해 단일 탄두로는 가장 많이 생산된 기종이 되
었다. 미니트맨-III와 포세이돈의 도입으로 1975년도 미국 ICBM과
SLBM의 탄두 수는 6500개에 가까웠다. 같은 해 소련 전략 탄도탄의 탄
두 수는 2800개 정도로 추정한다.

5

디프 패리티: 패리티 소비에트 스타일

미국의 MIRV 작업이 소련의 눈에 띄지 않을 리 없고, MIRV화하는 기술 역시 잘 알려져 있었기 때문에 소련이 그냥 지나갈 리가 없었다. 소련의 미사일은 대부분 크기와 무게가 미국 미사일에 비해 훨씬 크고 무거웠으며, 따라서 미사일의 페이로드 역시 컸다.[15] 처음에 R-7과 아틀라스를 개발할 당시에는 소련의 탄두 기술이 낙후한 관계로 소련 미사일의 페이로드는 미국 것보다 2배 정도 컸다. 나중에 탄두 자체는 소형 경량화가 가능했지만, 미사일의 정확도가 미국 미사일에 비해 열악했기 때문에 위력이 큰 탄두로 보완하기 위해 페이로드를 크게 잡았고 이러한 추세는 한동안 지속되었다.

소련은 쿠바 미사일 위기를 겪은 후 '디프 패리티(Deep Parity)'의

---

[15] 물론 UR-100 같은 경량급은 제외하고 나머지 미사일들의 페이로드는 같은 목적을 가진 미국 미사일에 비해 2배 정도 크다고 보면 된다.

필요성을 절감했다. 전략적인 패리티란 통상적으로 소련에서 미국 본토로 또는 그 반대로 미국 본토에서 소련으로 운반 가능한 핵무기의 질과 양의 균형을 의미했다. 반면 소련이 주장하는 패리티는 미국 본토에서 소련을 직접 공격할 수 있는 핵전력과 소련 주변 나토의 핵전력 그리고 중국의 핵전력을 합친 것으로, 이를 모두 합친 핵전력이 소련에서 미국 본토로 운반 가능한 핵전력과 같아지는 것을 의미했다. 이러한 소련의 패리티 개념을 미국에서는 '디프 패리티'라고 불렀다. UR-100와 R-36에 의해 패리티를 이미 초과 달성했음에도 불구하고 R-36를 더욱 강력하게 개선한 제3세대 미사일 R-36M과 UR-100를 대체하기 위한 미사일로 UR-100N(SS-19)과 MR-UR-100(SS-17)를 계속해서 개발했다. 미국은 제3세대 ICBM으로 미니트맨-III만 개발한 데 비해 소련은 대형 ICBM만 세 기종이나 개발한 것이다. 이것은 소련이 쿠바 미사일 위기의 교훈을 거울삼아 전략 탄도탄에서 확고한 우위를 차지하겠다는 굳은 의지의 표현이기도 했다.

그러나 미국이 미니트맨-III와 포세이돈을 도입해 운반 가능한 탄두 수를 대폭 늘리자, 이에 자극받은 소련은 개발하려는 대형 미사일을 모두 MIRV와 단일 탄두 겸용 미사일로 개발하기로 결정했다. MR-UR-100에는 4개의 탄두를 탑재했고 UR-100N에는 6개의 탄두를 탑재했다. R-36M에는 18~25Mt의 대형 탄두 1개를 탑재해 지휘소나 샤이엔산(Cheyenne Mountain)에 있는 북미 방공 사령부 같은 초견고시설을 표적으로 삼거나, 또는 8기의 MIRV를 탑재하는 다탄두 버전으로 미니트맨 사일로를 목표로 삼았다. 1979년에는 가장 강력한 버전이라 할 수 있는 R-36MUTTKh를 개발해 1개의 18~25Mt 탄두를 싣거나 아니면 10개의 탄두를 탑재했다.

1975년부터 배치하기 시작한 R-36M과 1979년 R-36MUTTKh의

출현은 미국 미니트맨 LCC에 큰 위협으로 다가왔다. 중량급 ICBM을 이용한 소련의 선제공격에서 모든 미니트맨이 파괴되는 상황이 올 수도 있었다. 이러한 상황에 대비하기 위해 미국 공군은 1979년 적의 기습공격에도 살아남을 수 있고 CEP가 100m 미만인, MX(Missile X)라 불리는 철도 이동식 미사일을 개발할 것이라고 발표했다.[16] MX의 설계 개념은 R-36M 패밀리(Family)의 사일로 격파가 주안점이 되었다.

---

[16] MX는 우여곡절 끝에 Peacekeeper(LGM-118)라는 이름의 미사일로 태어났다.

6
치킨게임: 장군 멍군

　　3단으로 된 고체로켓 ICBM MX의 최대 직경은 2.34m, 최대 탑재량(Throw-weight)은 3.95t, PBV(Post Boost Vehicle) 무게는 1.365t, 다탄두 중량은 모두 합쳐 2.585t으로 알려져 있다.[17] PBV는 MIRV를 표적에 겨냥해 하나씩 방출하는 자체 로켓 엔진과 유도장치를 가진 일종의 4단 로켓에 해당하는 페이로드 운반체로 볼 수 있다. 페이로드 무게가 2.6t이고 CEP가 90m일 때 강화된 미사일 사일로를 가장 많이 파괴할 수 있는 미사일 페이로드는 폭발력이 300~500kt인 탄두 10개 정도인 것으로 보였다. 문제는 이러한 미사일을 개발하는 기술적 어려움도 크겠지만, 더 힘든 문제는 생존 가능한 배치 방법을 찾는 것이었다.

　　원래 1972년 미국 공군은 MX라 부르는 새로운 ICBM 개념을 발표했다. 계획 초기 미국 공군은 여러 가지 미사일과 개량한 수송기에서

---

[17] The Peacekeeper ICBM, http://nuclearweaponarchive.org/Usa/Weapons/Mx.html.

발사하는 공중 발사 모드를 포함 다양한 MX 배치 모드에 대해 검토했지만, 조속한 시일 내에 MX 배치를 원했기 때문에 보강한 미니트맨 사일로에 배치하기로 결정했고, 1977년경에는 MX 미사일의 기본 설계도 완료했다. MX는 3단 고체로켓 모터와 PBV로 구성되며, 사일로에서 '콜드 론치(Cold Launch)' 하는 개념으로 설계했다. 콜드 론치는 미사일이 고압가스로 사일로에서 사출되고 사일로를 벗어나는 순간 1단 모터가 점화되는 발사 방법이다. 그러나 미국 의회는 MX를 미니트맨 사일로에 배치하는 것은 생존성을 높이려는 원래의 취지에 어긋난다고 보아 1년 동안 개발을 중지하고 이동식 배치 모드에 대해 더 연구할 것을 요구했다.

1979년 미국 공군은 은신처를 옮겨 다니는 다중 은닉시설 'MPS(Multiple Protective Shelters)'를 MX 배치 모드로 선정했다. 공군은 200기의 MX를 생산 및 배치하기로 계획했고, 미사일은 특별 기차에 탑재해 기차선로를 따라 준비된 4600곳의 은신처 사이를 임의로 오간다는 개념이었다. MX 미사일이 없는 빈 은신처에는 무게 자성 등 특성이 MX와 같은 가짜 MX들이 들어 있으며, 수시로 진짜와 가짜를 바꾸기 때문에 소련이 200기의 MX를 모두 제거하기 위해서는 4600개의 은신처를 모두 공격해야 한다. 따라서 MX가 운반하는 2000기의 RV를 제거하려면 소련은 최소한 4600기 이상의 RV를 소모해야 한다. 이 자체만으로도 결코 손해 보지 않는 RV '교환율(Exchange Rate)'이라 볼 수 있었다.[18] MPS에 200기의 MX를 배치하려는 배경에는 CEP 90m인 Mk-21 RV 2000기를 이용해 필요한 경우 소련의 중량급 ICBM을 대부분 제거

---

[18] RV 교환율이란 하나의 RV를 선제공격으로 제거하는 데 소요되는 공격자 측의 RV 개수를 말한다.

할 수 있는 '카운터포스' 능력을 보유하고자 하는 간절한 공군의 소망
이 있었다. MPS 계획은 1979년 9월 승인되었고, MX 개발은 본격적으
로 추진되었다.

공군은 MPS를 배치할 지역으로 네바다(Nevada) 주와 유타(Utah)
주를 예정하고 있었다. 예정지 주민들의 의견은 찬반으로 엇갈렸다. 주
민의 일부는 건설이 활기를 띠게 되어 경기가 좋아지고 많은 사람들이
이주해올 것으로 생각했으나, 각자 자기 지역에는 은신처가 아닌 MX
조립시설 등이 들어와야 한다고 주장했다. 반면 목축업자들과 같이 이
권이 개입된 사람들과 교회 등은 반대하고 나섰다. 의견 통합이 여의치
않고 넓은 지역을 수용하는 데 따르는 경제적 부담 때문에 1980년 MPS
계획은 취소되었다. 1982년까지 이동식 배치 모드가 결정되지 않았고,
MX에 대한 레이건 행정부의 미지근한 태도 때문에 MX는 취소되기 직
전에 와 있었다. 1983년 레이건 행정부는 MX 50기를 개선한 미니트
맨-II 사일로에 배치하는 대신 국회에서 원하는 초소형 이동식 미사일
SICBM을 개발하기로 했다.[19] 1988년 12월 50기의 MX가 와이오밍 주
에 있는 '워런 공군 기지(Francis E. Warren Air Force Base)'의 개조한 미
니트맨-II 사일로에서 경계 근무에 들어갔다. 타협 조건이었던 SICBM
은 1991년 4월 18일 비행시험까지 성공적으로 마쳤으나, 냉전이 종식
되자 필요성이 없어진 SICBM 사업은 1992년 1월 취소되었다.

1979년 당시 소련에는 R-36 패밀리, UR-100N과 MR-UR-100 등
중량급 ICBM 620기가 탄두 3408개를 탑재한 채 배치되어 있었다. 야심
적으로 출발한 MX의 주요 표적은 날로 증가하는 소련의 중량급 ICBM

---

[19] SICBM(Small ICBM) 또는 '미지트맨(Midgetman)'이라 불리는 야지 이동식 단일 탄두
ICBM을 개발해 배치하기로 의회와 타협을 보았다.

이었을 것이 분명했다. 그러나 50기만 배치된 MX는 원래 목표인 중량급 ICBM을 사냥하는 사냥꾼의 지위에서 사냥감으로 전락하고 말았다. 500개의 탄두로는 620기에 달하는 소련의 중량급 ICBM을 다 제거할 수 없을 뿐만 아니라 초정밀 RV를 10기씩 탑재한 MX(Peacekeeper) 50기는 소련 입장에서 보면 전시에 가장 먼저 제거해야 할 표적 1호였기 때문이다. 사일로를 어떻게 보강하더라도 MX가 궤멸되는 것을 막을 수는 없었다. MX를 사용할 수 있는 유일한 방법은 상대방의 RV가 도착하기 전에 모두 발사하는 것뿐이었다.

이러한 이유로 MX는 '카운터포스' ICBM으로서 가치를 잃었고, ICBM의 카운터포스 역할은 생존력이 훨씬 나은 것으로 여겨지는 해군의 SLBM이 자연스럽게 대신 수행하게 되었다. 공군의 MX 개발과 병행하여 미국 해군은 '트라이던트-II D5(Trident-II D5)'라는 초정밀 미사일을 개발하고 있었다. MX가 배치 모드 문제로 몸살을 앓고 있는 동안 해군은 공군의 Mk-21에 필적하는 Mk-5라는 이름의 RV를 탑재한 트라이던트-II D5를 개발했고, 트라이던트-II D5는 MX 대신 '보이보데(R-36M2 Voivode)'를 포함하는 소련의 초중량급 ICBM을 제거하는 카운터포스 탄도탄으로 자리 잡게 되었다.[20]

미국이 MX와 트라이던트-II D5를 개발하는 동안 소련도 제4세대 ICBM과 SLBM을 개발했다. 소련은 1979년부터 R-36MUTTKh를 배치하기 시작했고, 더욱 강력한 R-36M2 보이보데를 개발하기로 계획했다. R-36M2의 다탄두 모델은 MX가 배치되던 해인 1988년에 부대에 배치되었고, 1년 뒤에는 단일 탄두 모델이 배치되었다. R-36M2의 최대 탑재량은 8.8t이며, 러시아 측 자료에 따르면 최대 오차를 의미하는

---

[20] R-36M2 Voivode는 R-36M 패밀리의 가장 최근 버전이다.

ME(Maximum Error: 또는 Maximum Deviation)가 500m로 나와 있다.[21] 이것을 CEP로 환산하면 210m 정도가 된다. 표적을 향해 발사한 탄두의 98%가 안에 떨어지는 원의 반경을 ME 또는 MD라고 부르는데, ME는 CEP의 2.38배에 해당한다. 다탄두 모델은 750~1000kt급 탄두 10개를 탑재하며 단일 탄두 모델은 20Mt급 탄두 1개를 탑재한다. R-36M2의 탑재량이나 최대 직경으로 미루어 MX의 W87/Mk-21 탄두 20여 개를 쉽게 탑재할 수 있었다. 하지만 1979년에 조인한 제2차 전략무기제한협정(SALT-II: Strategic Arms Limitation Talks-II)에서 ICBM에 탑재하는 RV 수를 10기, SLBM RV 수를 14기 이하로 제한했기 때문에 R-36M2에는 10기의 MIRV만 탑재하게 된 것이다.[22] 1970년대 말 소련은 10~38기의 RV를 탑재할 수 있는 미사일을 실험했지만, SALT-II에 의해 개발이 금지되었다.[23] SALT-II 체결로 미국은 트라이던트-II D5와 순항미사일을 유지하게 된 반면에 소련은 R-36M2급 308기를 배치할 수 있게 되었다.

1990년에 소련은 3080개의 탄두를 탑재한 R-36MUTTKh와 R-36M2 308기를 배치하고 있었다. R-36M2의 CEP와 폭발력은 MX 사일로를 포함해 미국의 모든 ICBM 사일로를 격파할 수 있는 화력이었다. 소련은 R-36M 계열의 ICBM 외에도 990여 기의 ICBM을 가지고 있었고, 60척의 잠수함에는 모두 2900개의 탄두를 운반할 수 있는 908기의

---

[21] Pavel Podvig, edited, "Russian Strategic Nuclear Forces", (The MIT Press, Cambridge, Mass., 2004) p.218.

[22] 'Treaty Between The United States of America and The Union of Soviet Socialist Republics on the Limitation of Strategic Offensive Arms(SALT-II)',
http://www.state.gov/t/isn/5195.htm.

[23] SALT-II는 기존의 미사일보다 모든 주요 제원이 5% 이상 향상된 새로운 미사일을 개발해서는 안 된다고 규정하고 있다.

SLBM을 탑재하고 있었다. 반면 미국은 1000기의 ICBM에 2440개의 탄두를 탑재했고, 33척의 SSBN(Submersible Ship Ballistic-missile Nuclear-powered: 전략 잠수함)에 실은 608기의 SLBM에는 5216개의 탄두를 탑재하고 있었다.

7
치킨게임의 끝: 군축 협상

이즈음 미소 양국의 상대적인 화력을 한번 분석해보자. 만약 한쪽이 다른 쪽을 선제공격한다면 상대방을 무력화시킬 수 있었을까? 소련이 선제공격으로 미국의 ICBM과 폭격기 대부분을 제거한다고 가정해도 미국 측 SLBM의 반수 이상은 파괴되지 않고 보복 전력으로 남게 된다. 항구에서 보급품을 받거나 수리 중인 SSBN들은 파괴되겠지만, SSBN의 반 정도는 항상 초계(Patrol) 중이기 때문에 파괴되지 않고 살아남을 것이다. 미국은 아직도 남아 있는 2600여 개의 SLBM 탄두로 소련의 도시와 산업시설을 표적으로 삼아 보복공격을 감행할 수 있으며, 결국 소련은 사람이 살 수 없는 땅이 될 것이다. 만약 미국이 선제공격을 한다고 가정하면, 미국의 카운터포스 전력인 50기의 MX에 탑재한 500개의 W87/Mk-21과 트라이던트-II D5에 탑재한 400개의 W88/Mk-5의 교차 사격으로 450기의 견고표적을 제거하는 것이 가능하다. 이들 미사일로 소련에서 가장 위협적인 R-36MUTTh와 R-36M2 308기, RT-

23(SS-24) 92기와 UR-100N 50기를 선제공격하여 파괴한다고 하더라도 소련에는 여전히 250여 기의 UR-100N과 850여 기의 ICBM 그리고 908 기의 SLBM에 5500여 개의 탄두가 건재할 것이다. 또 미국에도 아직 사용하지 않은 1000기의 ICBM과 608기의 SLBM에 6700여 개의 탄두가 남아 있을 것이다. 이 정도의 핵전력이면 미국과 소련이 서로를 초토화시키고도 남는 양이다. 결국 미국과 소련 중 어느 쪽이 먼저 선제공격을 하더라도 '상호 확증 파괴(MAD: Mutually Assured Destruction)'를 면치 못한다는 결론에 도달했다.

미국과 소련이 전략 탄도탄을 끝도 없이 증강하는 치킨게임은 결국 장군 멍군, 승자가 없는 것이 분명해졌다. 미국과 소련이 전략 탄도탄 수를 아무리 늘려도 승자는 없는 대신 사고나 실수 또는 나쁜 의도를 가진 소수에 의해 핵전쟁이 일어날 확률은 계속 높아질 수밖에 없다. 일단 핵전쟁이 시작되면 상호 확증 파괴만 존재할 뿐이다. 미국과 소련이 적절한 방법으로 전략 탄도탄 수를 줄여나가도 미국과 소련 어느 쪽도 크게 손해를 보지 않지만, 핵전쟁이 일어날 확률은 훨씬 줄어들게 된다. 드디어 군비 축소를 심각하게 생각해야 할 시점에 도달한 것이다. 군비 경쟁을 멈추지 않고 치킨게임을 계속한다면 미소는 물론 인류 문명 자체가 공멸할 수밖에 없는 상황에 도달한다는 것을 미국과 소련이 함께 수긍하고, 이를 막기 위해 행동으로 옮기기 시작했다.

1960년대 말 미국은 1054기의 ICBM, 650기의 SLBM과 400여 기의 B-52 전략폭격기를 보유하고 있었고, 미국 의회는 이 숫자들을 앞으로 미국이 보유하게 될 전략무기의 상한으로 생각하고 있었다. 반면 1960년대 내내 미국에 뒤떨어져 있던 소련은 새로운 ICBM과 SLBM의 개발과 생산을 독려한 결과 ICBM과 SLBM의 배치가 빠른 속도로 진행되어 곧 미국을 앞지를 것으로 예측되었다. 드디어 1969년 미국과 소련은 전략무기제한협정(SALT: Strategic Arms Limitation Talks)을 맺기에 이르렀고, 1972년 5월에는 미국의 제럴드 포드(Gerald Ford Jr.) 대통령과 소련의 레오니트 브레즈네프(Leonid Brezhnev) 서기장이 제1차 전략무기제한협정(SALT-I)에 조인했다. 미국 상원은 같은 해 8월 3일 ABM 협정을 비준했다.

SALT-I은 사실상 '탄도탄 요격미사일 협정(ABM Treaty : Anti-Ballistic Missile Treaty)'과 '전략공격무기잠정합의(Interim Agreement on Offensive Strategic Arms)'의 두 가지 내용으로 구성되었다.[24] 어떤 한 나라가 탄도탄 요격미사일(ABM)을 개발할 경우 다른 나라는 ICBM 수를 늘림으로써 ABM을 비교적 쉽게 무력화시킬 수 있다. 즉 수천 기의 ICBM과 SLBM 탄두를 막아낼 수 있는 ABM 시스템을 구축하기보다는 수천 기의 공격용 무기를 만드는 것이 훨씬 쉽고 경제적이기 때문이다. 따라서 ABM의 개발은 공격무기 배치를 촉진하는 자극제가 되기 때문에 공격무기를 제한하는 방법으로 ABM의 개발과 배치를 제한하는 협정이 SALT의 주요 의제가 된 것이다. ABM 협정은 미국이나 소련이 배치할 수 있는 장소를 2곳으로 제한했고, 한 장소에 배치할 수 있는 방어 미사일 수도 100기로 제한했다. 1974년 ABM에 관한 추가 의정서에 의해 ABM을 배치할 수 있는 장소를 한 곳으로 제한했다. ABM 협정은 5년마다 재검토하지만 협정 자체는 무기한 유효한 것으로 되어 있었다.

전략공격무기잠정합의는 말 그대로 '협정'이 아닌 합의로 국회의 비준을 받을 필요가 없었다. 잠정합의 내용은 미사일의 개발과 배치에 관한 제한이지 탄두에 관한 제한은 아니었다. 미국이나 소련 모두

---

24 David B. Thomson, 'A Guide to the Nuclear Arms Control Treaties', (Los Alamos Historical Society, 2001, Los Alamos, NW 87544) p.21.

MIRV 탄두를 원했기 때문에 이에 대한 개발과 배치는 누구도 열정적으로 나서서 막지 않았기 때문이다. 잠정합의 내용은 육상 배치 ICBM을 위한 새로운 발사대를 건설하지 않으며, 기존 미사일을 중량급 미사일로 대체하지 않고, SLBM과 SSBN의 수를 늘리지 않는다는 것이었다. 이러한 합의는 1972년 3월부터 1977년 3월까지 5년간 유효했으며, 그 후에는 SALT-II에 의해 보완되었다.

1974년 11월 블라디보스토크 정상회담에서 제럴드 포드(Gerald Rudolph Ford)와 레오니트 브레즈네프(Leonid Ilyich Brezhnev)는 SALT-I을 계승할 SALT-II 협상을 시작하기로 합의했고, 양국이 각기 보유할 수 있는 핵 운반 수단의 수를 2400기로 하되 MIRV화된 미사일 수는 1320기를 넘지 않도록 기본적인 협상 방향에 대해서도 합의를 보았다. 5년에 걸친 지루한 협상 끝에 1979년 6월 제임스 카터(James Earl Cater) 미국 대통령과 브레즈네프 소련 서기장은 SALT-II에 조인했다. 총 운반 수단 수는 처음 목표한 대로 2400기로 합의했으나 1981년에 2250기로 좀 더 줄였다. MIRV화된 ICBM과 전략폭격기를 합친 수가 1320기를 넘지 않아야 하고, MIRV화된 ICBM과 SLBM 수도 1200기를 넘을 수 없으며, ICBM의 총수도 850기를 넘을 수 없도록 규정했다. 이러한 조건에서 미국과 소련은 각 나라에 유리한 운반 수단과 탄두의 결합을 자유로이 선택할 수 있도록 했다. 이 외에도 새로운 ICBM 발사대를 건설할 수 없고, 기존의 ICBM을 개조할 수 있는 수를 제한했다. 또 한 가지 이상의 새로운 ICBM을 시험비행하거나 배치할 수 없으며, 10기 이상의 RV를 탑재할 수 없도록 했다. 기존의 ICBM 1기에 탑재하는 MIRV 탄두 수를 늘릴 수 없으며, SLBM 1기에 탑재하는 탄두 수는 14개 이하로 제한했다. SALT-II는 미국 상원에서 비준하지는 않았지만 '전략무기감축협정(START: Strategic Arms Reduction Treaty)'에 의해 교체될 때까지 미국과 소련 모두 그 내용을 준수했다.

SALT는 근본적으로 운반 수단 수에 대한 제한을 규정한 협정이지 탄두 수를 제한하는 협정은 아니었다. 미소가 SALT-II의 협정 내용을 충실히 준수하는 동안에도 소련은 R-36M, R-36MUTTh, UR-100N, MRUR-100 등 MIRV화된 대형 ICBM을 계속 배치했다. 탑재할 수 있는 총 탄두 수는 거의 제한하지 않았고, 설사 SALT-II에서 정한 상한선을 넘긴다고 해도 현장 검증을 할 수 없었기 때문에 확인할 방법도 없었다. SALT-II의 이러한 문제점을 개선하기 위해 1982년 로널드 레이건 (Ronald Reagan) 미국 대통령은 새로운 군축 협상을 제의했다.

1986년 아이슬란드 레이캬비크(Reykjavik)에서 만난 두 정상, 레이건과 미하일 고르바초프(Mijail Gorbachov)는 각국이 보유할 수 있는 전략무기 운반 수단의 상한을 1600기로 하고 총 전략 탄두 수를 6000개로 제한하기로 합의했으며, 처음으로 현장 확인을 허락하기로 합의했다. 1년 뒤 워싱턴에서 만난 두 정상은 ICBM과 SLBM에 탑재할 수 있는 탄두 수를 합쳐서 4900개로 제한하고, 당시 소련이 308기를 보유하고 있던 R-36M 계열의 중량급 ICBM을 154기로 줄이고 탑재하는 탄두 수도 미사일당 10개로 제한하기로 합의를 보았다. 1989년 와이오밍 주의 잭슨빌에서 제임스 베이커(James Baker) 미국 국무장관과 예두아르트 셰바르드나제(Eduard Shevardnadze) 소련 외무장관이 만나 육지 이동식 미사일 수의 상한과 이동식 미사일의 이동 영역을 특정 범위 내로 제한하기로 합의함에 따라 START 협상은 급진전을 보게 되었다. 그 후 현장 확인, 협정 데이터 통보 방법(Notification Protocol) 등에 관한 어려운 합의를 거쳐 1991년 7월 31일 조지 부시(George Busch Sr.) 미국 대통령과 고르바초프 소련 대통령이 START 협정서에 조인했고, 1994년 12월 5일부터 발효되었다. 이것이 오늘날 우리가 START-I으로 알고 있는 제1차 전략무기감축협정이다. START-I은 2009년 12월 5일까지 효력을 가졌다.

START-I을 통해 미소는 각각 ICBM과 SLBM 및 전략폭격기 총수를 1600기, 이들이 운반할 수 있는 탄두 수를 6000개로 제한하고, 전략무기 데이터를 주기적으로 교환하며, 현장 확인을 위한 구체적인 방법에 합의했다. 그러나 1991년 12월 소련연방이 붕괴되었고, 소련이 가지고 있던 START-I에서 커버하는 전략무기들은 러시아, 카자흐스탄, 벨라루스, 우크라이나에 분산되었다. 소련의 붕괴가 START에 야기한 혼란을 수습하기 위해 위에 열거한 네 나라와 미국은 1992년 포르투갈의 리스본에 모여 '리스본 의정서(Lisbon Protocol)'를 채택했다. 리스본 의정서의 내용은 러시아가 소련 핵무기를 승계하고 나머지 3개국은 비핵보유국으로 남아 핵비확산조약(NPT)을 준수하는 데 합의하며, 러시아는 START-I을 준수하는 데 합의한다는 것이었다. 미국과 구소련연방 4개국은 1994년 말까지 비준 절차를 마치고, 5개국 수뇌들이 1994년 12월 헝가리 부다페스트에 모여 START-I의 최종 문건에 서명함으로써 START-I이 발효되었다.

미국은 소련이 붕괴된 상황에서 START-I에서 허용한 탄두와 그 운반 수단 수의 상한선이 필요 이상으로 높다고 판단했고, 소련 역시 냉전은 종식되었고 경제는 악화된 상황에서 START-I에서 허용한 상한을 줄일 필요가 있다고 느꼈다. 1992년 6월 보리스 옐친(Boris Yeltsin) 러시아 대통령과 부시 미국 대통령은 각국이 배치하는 전략 탄두 수를 3500개 미만으로 줄이고, 2003년까지는 모든 다탄두 미사일을 제거하는 새로운 군축안 'START-II'를 협의하기로 의견을 모았다. 양국은 서둘러 이견을 좁혔고, 이들 두 정상은 미국의 새 대통령 빌 클린턴(William Clinton)이 취임하기 바로 직전인 1993년 1월 모스크바에서 만나 START-II에 서명했다. START-II에서 특별히 명시하거나 바꾼 사항이 아닌 한 START-I에서 정한 바를 승계하는 것으로 정했다.

1996년 1월 미국 상원이 START-II 조약안을 비준했고, 우여곡절은 있었지만 러시아 의회 '두마(Duma)'도 2000년 4월 조약을 비준했다. 그러나 2002년 6월 13일 미국이 '국가미사일방어망(NMD)'을 구축하기 위해 ABM 협정을 일방적으로 탈퇴하자, 러시아는 바로 다음 날 START-II의 무효를 선언했다. START-II는 ABM 협정을 포함한 SALT-I과 SALT-II, START-I을 계승하는 협정이었기 때문에 ABM 협정의 무효화는 START-II 자체의 무효화라고 본 것이다. 그러나 이미 2001년 11월에 미국 대통령 조지 부시 2세(George Busch Jr.)와 러시아 대통령 블라디미르 푸틴(Vladimir Putin)은 합의했고 2002년 5월에 조인했으며, 2003년 6월 1일부터 발효되는 '전략공격무기감축협정(SORT: Strategic Offensive Reductions)'을 준비하고 있었다. 따라서 러시아가 START-II의 무효화를 선언한 이후 SORT가 자연스럽게 START를 대체했다.

SORT는 '모스크바 협약(Moscow Treaty)'으로 더 잘 알려졌으며, 효력이 만료되는 2012년 12월 31일까지 미국과 러시아의 작전 배치된 탄두의 한도를 1700~2200개로 제한하고 있다. STRAT-I은 탄두 수를 운반 수단과 연계해서 제한했지만, SORT는 작전 배치된 탄두 수를 운반 수단과 상관없이 상한을 정해놓았다. SORT의 실효성에 의문을 갖는 사람도 많았다. 첫째는 상대방의 감축 조치를 확인할 수단이 없다는 것, 둘째는 SORT의 요구에 따라 현역에서 물러난 탄두를 폐기할 필요가 없다는 것, 셋째는 1700~2200개로 줄여야 하는 마감 시간에 SORT의 효력이 상실되기 때문에 탄두 수를 줄이지 않아도 협정 위반이 되지 않는다는 것, 마지막으로 협정은 3개월의 유예 기간을 가진 후 언제든 탈퇴할 수 있기 때문에 2012년 9월이 조약 만료일이 될 수도 있다는 것이었다.

2009년 12월 5일 START-I의 유효기간이 만료되었지만, 새로운 조약을 체결할 때까지 효력을 연장했다. 2010년 4월 8일 프라하에서 미국 대통령 버락 오바마(Barack Obama)와 러시아 대통령 드미트리 메드베데프(Dmitri Medvedev)는 신전략무기감축협정 '뉴스타트(New START)'를 체결했다. 만약 New START가 비준된다면 미국과 러시아는 각각 1550개의 전략 탄두와 이들 탄두를 장착한 ICBM과 SLBM 및 전략폭격기의 총수를 700기만 배치할 수 있게 되고, 배치 여부에 상관없이 ICBM과 SLBM 및 전략폭격기의 총수는 800기로 제한된다. 즉 100기 이상의 핵탄두 운반 수단을 여분으로 비축할 수 없게 하겠다는 조치로 볼 수 있다. 이러한 목표는 New START가 발효되고 7년 안에 달성해야 한다.

New START는 1969년부터 지금까지 전략무기 제한과 감축을 위해 미국과 소련(또는 러시아)이 체결한 모든 군축 협정 중 가장 최근에 체결된 것이다. 미국은 START-II 정신에 입각해 그동안 보유했던 가장 강력하고 가장 현대적인 ICBM '피스키퍼(LGM-118)' 50기를 2005년까지 모두 퇴역시켰다. 2011년 현재 미국은 미니트맨-III ICBM 450기와 트라이던트-II D5 288기에 각각 500개와 1152개의 탄두를 탑재하고 있으며, 전략폭격기 60기에 316개의 ALCM과 중력 폭탄을 배정하고 있다. 현역 배치한 탄두 수는 1968개로 이미 SORT 목표에 도달해 있고, ICBM과 SLBM 수도 738기로 감소했다.[25] 러시아 역시 2012년 3월 현재 작전 배치된 334기의 ICBM과 96기의 SLBM에 각각 1092개와 336개의 탄두를 탑재하고 66기의 전략폭격기에 ~200개의 폭탄을 탑재하고 있

---

[25] Robert S. Norris & Hans M. Kristensen, "U. S. Nuclear Forces, 2011", Bulletin of the Atomic Scientists, May/June, vol. 67, No. 2, pp.66~76.

어 모두 ~1628개의 전략 탄두를 운용하고 있다.[26]

　　미국의 ICBM과 SLBM은 모두 새로이 제작하거나 수명 연장 프로그램을 마친 탄도탄들이지만, 러시아의 R-36MUTTh와 RT-2PM SS-25 토폴(Topol)은 수명이 거의 다해 곧 모두 퇴역할 것으로 보인다. 지금 3척이 운용되고 있는 전략 잠수함 델타 III(Project 667BDR) 역시 수명이 다해 곧 퇴역할 예정이므로 여기에 탑재된 48기의 R-29R도 퇴역할 것으로 보인다. 따라서 러시아도 이미 SORT 목표 이내에 들어와 있다. 설사 미국 상원과 러시아 의회 두마가 New START를 비준하지 않는다고 해도 양국의 전략무기는 SORT 목표를 이미 달성한 것이 확실하다.

　　아무튼 지난 50년간 미국과 소련에 의해 지속되어 온 치킨게임이 서로의 이해와 양보로 끝나가는 것은 정말 다행스러운 일이다.

---

[26] Russian Strategic Nuclear Forces, http://russianforces.org/.

제2장

탄도탄의 등장

1942년 10월 3일 독일의 '페네뮌데(Peenemuende)'에서 A4라 불리는 미사일의 네 번째 비행시험이 있었다. 발사대를 떠난 A4는 192km를 날아가 겨냥한 목표에서 그리 떨어지지 않은 북해의 한 지점에 낙하했다. 1926년 3월 16일 2.5초간 비행에 성공한 로버트 고더드(Robert Goddard)의 액체로켓 넬(Nell)을 1903년 12월 17일 12초 동안 동력비행에 성공한 라이트 형제의 '라이트 플라이어(Wright Flyer)'에 비유한다면, 1942년 10월 3일 폰 브라운 팀의 A4 비행시험 성공은 찰스 린드버그의 최초 대서양 단독 비행 성공에 비유할 수 있다. A4란 이름의 A는 조립체를 뜻하는 'Aggregate'에서 유래했으나, 비행시험에 성공한 이후 이 미사일의 이름은 연합군 폭격에 대항하는 보복 무기라는 뜻을 가진 독일어의 머리글자를 따서 V2로 바뀌었다.[27] 이후 이 V2는 이름 그대로 독일군의 무기로서 영국의 런던과 벨기에의 앤트워프에 로켓 공격을 함으로써 세상에 로켓무기 시대의 개막을 알렸다.

---

[27] Vergeltungswaffe는 독일어로 복수의 무기를 뜻한다.

1
로켓무기의 등장과 변천

V2 이전에도 로켓은 전장에서 여러 차례 사용된 역사가 있다. 1232년 남송을 쳐들어온 몽골군을 맞아 '카이-켕(Kai-Keng)' 전투에서 송나라는 흑색화약으로 추진되는 불화살로 탄막을 만들어 몽골군을 물리친 것으로 전해지고 있다. 이것이 전장에서 로켓이 무기로 사용된 첫 번째 기록이다. 불화살은 한쪽이 막힌 원통에 장약을 채우고 다른 쪽은 열어둔 채 길고 가느다란 장대에 매달아놓은 일종의 고체로켓이다. 열린 쪽의 장약(흑색화약)에 불을 붙이면 화약이 연소하면서 생기는 고온·고압가스가 열린 구멍으로 팽창해 분출하여 불화살은 그 반동으로 앞으로 나아가게 되는 것이다. 이때 매달아 놓은 장대는 로켓이 한 방향으로 날아가게 해주는 일종의 조종장치라고 보면 된다. 이러한 불화살이 몽골군에게 얼마나 피해를 입혔는지는 알 수 없지만, 불을 뿜으며 탄막을 형성하는 광경에 몽골군이 엄청난 심리적 압박을 받은 것은 사실이었다.

1232년 카이-킹 전투에서 불화살에 대해 강한 인상을 받은 몽골군은 송나라를 점령한 뒤 불화살을 제조하여 유럽을 침공했을 때 전장에서 실제로 사용했다. 이렇게 해서 중국이 발명한 로켓은 아랍과 유럽 전역으로 퍼져 나갔고 사용되는 장약도 점차 개선돼갔다. 당시 로켓 추진제로 상용되던 흑색화약은 산화제인 염초(질산칼륨)와 연료인 숯에 발화점을 낮춰주고 연소 속도를 높여주는 유황을 섞어 만들었다. 숯은 어디에서나 구할 수 있고 유황은 힘들게나마 확보할 수 있었지만, 염초는 복잡한 과정을 거쳐 제조해야 하는 소위 첨단 기술 품목이었다. 어느 나라를 막론하고 화약의 주원료인 염초의 제조 기술이 주변국으로 유출되는 것을 극히 꺼려 군사비밀로 취급했다.

우리나라는 고려시대 최무선의 끈질긴 노력으로 염초의 대량생산 기반이 마련되었다. 화약 생산에 성공해 자신감을 얻은 최무선은 1377년 화약과 무기를 연구 개발하는 화통도감을 설치할 것을 건의했고, 이것이 받아들여져 화약에 대한 연구를 국가 차원에서 추진하게 되었다. 화통도감에서 일한 10년 동안 최무선은 여러 가지 무기를 개발했다. 진포대첩에서 왜구의 배를 불사르는 데 큰 역할을 한 로켓 화살 '주화(走火)'도 그의 작품 가운데 하나였다. 왜구의 침입이 뜸해지자 예산 절감을 주장하는 대사헌 조준(趙俊)의 상소에 의해 1389년 화통도감은 폐지되었다. 그 이후 조선시대 세종조에 들어와서 주화는 혁신적 무기인 신기전으로 발전했다. 이때가 1448년이었다. 신기전은 세계 최초의 다연장 로켓 화살로 기록되고 있다.

시간이 흐르면서 로켓은 전장 무기로서의 역할은 사라지고 폭죽놀이용 볼거리로 자리 잡아갔다. 독일의 폭죽 제조업자였던 요한 슈미들라프(Johann Schmidlap)는 남들보다 더 높이 쏘아 올릴 수 있는 폭죽을 제조하기 위해 1591년 커다란 로켓 위에 작은 로켓을 얹어놓은 2단 폭죽을 개발했다.[28] 큰 로켓이 다 타고 나면 연이어 작은 로켓이 점화되어 불꽃 화약을 더 높이 쏘아 올릴 수 있기 때문에 하나의 로켓으로 만든 폭죽보다 훨씬 높은 고도에서 불꽃을 터뜨릴 수 있었다. 아마도 세계 최초로 시험된 2단 로켓이라 생각한다. 2단 또는 3단으로 된 로켓에 관해 기술한 것으로 알려져 있는 오스트리아의 포병 장교 콘래드 하스(Conrad Haas)는 1569년에 안정 핀(Aerodynamic Fin)을 가진 다단계 액체 로켓과 로켓 클러스터 개념을 소개하기도 했다.[29] 1940년대 말에나 시험되기 시작한 다단계 액체로켓 개념이 1569년 이전에도 소개되었으며, 2단 고체로켓이 1591년경에 실제로 개발되었다는 사실은 놀라울 뿐이다.

18세기 말과 19세기 초에 로켓이 잠시 무기로서 재등장하는 시기가 있었다. 1792년과 1799년 두 번에 걸친 영국과 인도 남부 마이소르(Mysore) 왕국과의 전쟁에서 마이소르군이 영국군에게 로켓으로 탄막 공격을 감행하여 영국군을 물리쳤다. 마이소르 왕국의 군주였던 파테 알리 티푸(Fateh Ali Tipu)의 군대는 케이스를 철로 만든 로켓을 사용하여 영국군을 공격했다. 티푸 군대의 로켓 공격에 깊은 감명을 받은 영국의 포병 장교 윌리엄 콩그리브(William Congreve) 대령은 영국 군대를 위해 로켓무기를 설계했다. '콩그리브 로켓'이라 불리는 이 로켓무기는 영국군의 제식 무기로 채택되었다. 콩그리브 로켓은 나폴레옹과의 전쟁에서 본격적으로 사용되었지만, 정작 이 로켓을 유명하게 만든 전투는 미국 볼티모어의 포트매켄리(Fort McHenry) 요새에서 벌어진 영국 군

---

[28] Deborah A. Shearer and Gregory L. Vogt, "Rockets: A Teacher's Guide with Activities in Science, Mathematics, and Technology. Grades K-12", NASA;
http://ds9.ssl.berkeley.edu/lws_gems/pdfs/rockets.pdf.

[29] Conrad Haas, http://en.wikipedia.org/wiki/Conrad_Haas.

함들과 미국 방어군 사이의 포격전이었다. 1814년 9월 13일 아침 6시에 시작하여 14일 아침 7시에 끝난 포트매켄리에 대한 대포와 로켓 공격은 겉으로 보기에는 아주 대단해 보였다. 포격전이 진행되는 동안 영국 군함 한 척에는 민간인 포로로 영국군에 잡혀 있는 윌리엄 빈스(William Beanes)라는 의사의 석방 교섭을 위해 미국 대통령의 재가를 받고 승선한 변호사 프랜시스 스콧 키(Francis Scott Key)가 타고 있었다.

영국군은 볼티모어 공격을 시작했고, 이들은 영국 군함에서 포트매켄리 포격 장면을 지켜볼 수밖에 없었다. 24시간 이상 쏘아대는 대포와 콩그리브 로켓의 포격으로 포트매켄리 요새는 전부 불타버리는 것 같았지만, 14일 아침이 밝아오자 성조기는 아직도 바람에 펄럭이고 있었다.[30] 스콧 키는 이때의 북받치는 감정을 「포트매켄리 요새의 방어」라는 제목의 시로 표현했다. 그는 그 시를 처남인 조지프 니컬슨(Joseph H. Nicholson)에게 주었고, 니컬슨은 스콧 키가 지은 이 시를 「술과 사랑의 노래(The Anacreontic Song)」 멜로디에 붙여 발표했다. 노래는 금방 유명해졌고 조지아 주에서 뉴햄프셔 주에 이르기까지 17개 신문사에서 이 노래를 실었다.

이어서 볼티모어에 있는 토머스 카(Thomas Carr)는 「성조기여 영원하라(The Star-Spangled Banner)」라는 제목을 붙여 이 가사와 악보를 출판했다. 스콧 키의 노래는 점점 더 친근하게 불리기 시작했고, 1916년 우드로 윌슨(Woodrow Wilson) 대통령은 모든 군 관련 행사와 정부 행사에서 공식 음악으로 연주하도록 명했다. 그 후 1931년 허버트 후버(Herbert

---

[30] 이 거대한 성조기는 영국군이 포트매켄리 요새를 공격할 것으로 예측하는 가운데 깃발을 만드는 일을 하던 메리 피커스질(Mary Young Pickersgill)이라는 여자와 그의 딸 캐롤라인이 제작했다. 피커스질은 9.144×12.192m 크기의 성조기를 제작하고 그 대가로 544달러 74센트를 받았다.

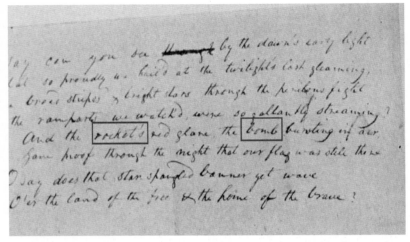

사진 2-1_ 프랜시스 스콧 키(Francis Scott Key)가 쓴 「포트매켄리 요새의 방어」의 원본 일부로 '로켓 (rocket)'과 '폭탄(bomb)'이라는 단어가 보인다(사각형으로 표시한 부분).

Hoover) 대통령은 「성조기여 영원하라」를 미국의 국가로 채택했다.[31] 이 것이 미국 국가의 가사에 '로켓'과 '폭탄'이라는 단어가 나오게 된 연유 이며, 그 배경에는 콩그리브 로켓이 있다(〈사진 2-1〉 참고).

　만 하루의 집중적인 로켓과 대포 공격으로 하늘에는 로켓의 붉은 화염이 난무하고 수많은 포탄이 터졌지만, 포연이 거치고 난 후 포트매 켄리 요새는 건재했고 인명 피해는 4명의 사망자와 24명의 부상자가 전부였다. 포트매켄리 요새 전투뿐 아니라 그 밖의 모든 전투에서 로켓 무기의 군사적 효과는 사실 미미한 편이었다. 1870년대에 와서는 후미 에서 장전하는 후장(Breech-Loading) 강선포와 폭발하는 탄환이 등장함 으로써 로켓의 군사적 입지는 더욱 좁아졌다. 로켓의 사거리는 3km 미

---

[31] The Star-Spangled Banner, from Wikipedia ;
http://en.wikipedia.org/wiki/The_Star_Spangled_Banner.

만이며 운반하는 탄두는 너무 가벼웠고 정확도도 형편없었다. 이러한 이유로 로켓은 무기로서의 역할은 대포에게 넘겨주고 여러 가지 축하 행사를 화려하고 아름답게 만들어주는 '로켓 본연의 자세'로 돌아가 불꽃놀이용으로만 사용되었다.

2
근대식 로켓 연구

1898년 러시아의 교사 콘스탄틴 치올콥스키(Konstantin Tsiolkovsky)는 로켓을 이용한 우주여행 방법을 새롭게 제시하였다. 치올콥스키는 로켓의 사거리를 늘리는 방법은 액체연료를 사용하는 것이라고 생각했다. 미국의 클라크 대학교(Clark University) 물리학과 교수였던 고더드는 1919년 『고고도에 도달하는 방법(A Method of Reaching Extreme Altitudes)』이라는 소책자를 스미스소니언(Smithsonian) 보고서로 발표했다.[32] 고더드는 이 보고서에서 로켓을 사용하면 물질을 초속도 11.2km/s로 가속할 수 있고, 공기저항을 무시한다면 이 정도 속도를 가진 물질은 달에도 도착할 수 있다고 언급했다. 또 로켓은 진공 중에

---

[32] Robert H. Goddard, "A Method of Reaching Extreme Altitudes", Smithsonian Miscellaneous Collections, vol. 71, Number 2;
http://www.clarku.edu/research/archives/pdf/ext_altitudes.pdf.

서도 작동할 뿐만 아니라 진공 중에서는 로켓의 효율이 공기 중에서보다 더 높아진다는 실험 결과를 보고했다. 고더드는 다단계 로켓을 사용하면 기구보다 높은 고도에 도달할 수 있으며, 지구 중력을 벗어날 수 있는 '탈출 속도(Escape Velocity)'에도 도달할 수 있다고 주장했다. 이 보고서는 모두 1750부밖에 출판되지 않았으나 유럽으로도 흘러 들어가 유럽의 젊은 로켓 연구가들에게 깊은 감동을 주었다.

『고고도에 도달하는 방법』은 고체로켓을 기준으로 연구한 결과를 요약한 것이었으나, 고더드도 치올콥스키와 마찬가지로 액체로켓을 사용할 때 훨씬 수월하게 높은 속도에 도달할 수 있다고 믿었다. 1920년 그는 액체로켓으로 연구 방향을 바꿨고, 1926년 3월 16일 세계 최초로 액체로켓 발사에 성공했다. 비록 비행시간이 고작 2.5초이고 비행거리는 달로켓 새턴-V(Saturn-V) 길이의 반에도 못 미치는 56m밖에 안 되었지만, 비행에 성공한 것은 새로운 가능성을 열어준 획기적인 사건이었다. 고더드는 그 후 계속하여 액체연료 엔진을 연구했고, 그가 얻은 연구 성과는 1930년 스미스소니언 내부 잡지에 89쪽짜리 보고서로 게재됐다.[33] 그는 자이로스코프를 이용한 비행 제어 방법과 터보펌프(Turbo Pump)에 의한 연료 분사 등에 관해 많은 연구를 했지만, 애석하게도 그의 연구 결과는 로켓 발전에 크게 기여하지 못했다. 당시 미국 정부나 군부가 로켓에 별 관심이 없었던 것도 하나의 원인이었고, 자신의 연구 결과를 다른 사람에게 알려주기 싫어한 고더드의 성격도 한몫을 하였다.[34]

---

[33] Robert H. Goddard, "Rockets: Two Classic Papers", (Dover Publications, Inc., Mineola, New York, 2002)에 재현되어 있음.

[34] 정규수, 『로켓, 꿈을 쏘다』(갤리온, 2010년 6월 3일). 치올콥스키, 고더드, 오베르트, 코롤료프, 폰 브라운에 대한 이야기들과 로켓 개발 과정이 자세히 기술되어 있다.

1923년 헤르만 오베르트(Hermann Oberth)는 『로켓을 이용한 행성 여행(Rocket into Planetary Space)』이란 책을 자비 보조로 출판했다. 이 92쪽짜리 책은 독일어권의 많은 젊은이에게 깊은 감명을 주었고 우주여행에 대해 연구하겠다는 강력한 동기를 부여했다. 원래 『로켓을 이용한 행성 여행』은 오베르트가 하이델베르크 대학교에 박사 학위 논문으로 제출했다가 너무 공상적이라는 이유로 거절당한 논문을 책으로 출판한 것으로 수식이 난해하여 이해하기 힘든 책이었다. 오베르트의 책은 우주여행을 꿈꾸는 젊은이들의 필독서가 되었고, 로켓 동아리인 '우주비행협회' 또는 '독일로켓클럽'으로 알려진 VfR(Verein für Raumschiffarht: the Spaceflight Society)를 위시한 여러 개의 우주여행 클럽이 생겨나는 동기가 되었다. 고등학교 1학년 때 수학과 물리학을 낙제한 베른헤르 폰 브라운도 이 책을 꼭 이해하고야 말겠다는 일념으로 수학과 물리학을 공부하기 시작했다. 그 결과 그는 곧 물리학과 수학에서 두각을 나타냈으며, 학사 학위 취득 후 21개월 만인 1934년 7월 27일 베를린 대학교(University of Berlin)에서 물리학으로 박사 학위를 받았다. 이때 폰 브라운의 나이는 겨우 22세였다.[35]

VfR는 막스 발리어(Max Valier)가 오베르트의 로켓 실험을 재정적으로 후원하기 위해 제안한 로켓 동아리로 1927년 7월 베를린에 설립되었다. VfR의 창립 멤버는 발리어와 빌리 레이(Willy Ley)였지만, 얼마 후에는 오베르트, 발터 호만(Walter Hohmann) 그리고 젊은 폰 브라운 등이 합류하여 베를린 근교에서 로켓 실험을 진행했다. 오베르트는 고더드와는 달리 자신의 생각을 널리 알려 많은 사람들이 우주여행이나

---

[35] Dennis Piszkiewciz, "The Nazi Rocketeers: Dreams of Space and Crimes of War", (Stackpole Books, Mechanicsburg, PA, 1995) p.31.

로켓에 관심을 갖도록 강한 동기부여를 해주었다. 아마도 오베르트가 없었다면 세계 최초의 탄도탄 V2와 달로켓 새턴-V를 개발한 폰 브라운이란 이름은 아무도 몰랐을 것이다. 그만큼 고등학교와 대학교 시절의 폰 브라운에게 오베르트의 영향력은 절대적이었다고 할 수 있다.

1919년 제1차 세계대전에서 패한 독일이 서명한 베르사유 조약에 의하면 독일 육군은 병력 10만 명 이상을 유지할 수 없고, 탱크를 보유할 수 없으며, 중포를 보유해서도 안 되었다. 장교 수는 1000명 미만으로 제한되었고, 장군 보직은 아예 허용되지 않았다. 여기에 더해 독일의 병기 산업 자체에 제약을 가하기 위해 독일은 170mm 이상의 구경을 가진 화포를 제작할 수 없도록 조치했다. 170mm 곡사포의 사거리는 약 27km였다.[36] 27km라는 거리는 제1차 세계대전 당시의 기동력으로 하루 동안 주파할 수 있는 거리로서 독일은 하루 거리 밖에 있는 적을 공격하는 수단이 없었다.[37]

1929년에는 우파 필름(Ufa Films)의 프리츠 랑(Fritz Lang)이라는 유명한 영화감독이 오베르트의 과학기술 자문을 받아 제작한 「달나라 여인」이라는 영화가 개봉해 대성공을 거두었다. 이 영화는 당시의 기준으로 볼 때 과학기술적으로 가장 정확한 공상 과학 영화였다. 이 영화를 본 독일 육군병기시험소의 대령 카를 베커(Karl Becker) 박사는 중포를 대신할 수 있는 장거리 로켓무기의 가능성에 대해 관심을 가지게 되었다. 베르사유 조약 그 어디에도 로켓무기에 대한 제약이나 언급은 없었기 때문에 로켓무기를 개발하는 것 그 자체는 조약 위반이 되지 않았

---

[36] Stine G. Harry, "ICBM: The Making of the Weapon That Changed The World", (Orion Books, New York, 1991) p.12.
[37] 독일은 베르사유 조약에 의해 전투기나 폭격기도 보유할 수 없었다.

다. 베커는 중포와 탄도학의 전문가였고, 고더드의 보고서와 오베르트의 책을 읽어 그들의 업적도 잘 알고 있었다.[38] 그러나 그가 본격적으로 로켓에 대해 관심을 가지게 된 것은 민간인들의 로켓에 대한 관심이 최고조에 달한 1929년경부터였다. 그는 1년 가까이 상황을 검토한 후에 이미 잘 알려진 고체로켓을 이용한 화학 탄두를 장착할 수 있는 단거리 로켓과 새로이 등장한 액체로켓을 이용해 중포를 능가하는 장거리탄도탄을 개발하기로 결심했다.

　　1931년 7월 병기국의 전폭적인 후원을 받은 베커는 쿠메르스도르프(Kummersdorf)에 있는 육군병기시험소 내에 '서부연구소(Research Station West)'라는 암호명을 가진 액체로켓 연구팀을 새로 창설하고 발터 도른베르거(Walter Dornberger) 대위를 이곳의 책임자로 임명했다. 전문 인력 부족과 예산 문제 등으로 액체로켓 연구를 육군 단독으로 추진하는 데에는 문제가 많다고 판단한 베커와 도른베르거는 VfR의 도움을 받으면 좋겠다는 생각을 하며 VfR의 로켓 연구를 눈여겨보고 있었다. 베커가 생각하는 로켓 연구는 우선 엔진의 지상 연소시험을 통해 연소실의 온도, 압력, 추력 곡선 등을 재고, 비행시험을 통해 탄도의 데이터를 축적해나가며 이를 바탕으로 설계한 로켓을 비행시험을 통해 개선해나가는 것이었다. 당시 빌리 레이가 이끌던 VfR는 무조건 로켓을 제작하여 발사하고 언론의 관심을 끌어 로켓 제작에 필요한 비용을 모금하기 위한 불꽃놀이 '쇼'나 벌이는 아마추어 수준에 불과했다. 그러니 베커의 눈에는 빌리 레이의 VfR는 애들 장난으로 보일 수밖에 없었다. VfR가 군사용 로켓 개발에 전혀 도움이 되지 않는다고 판단한 베커와

---

38 베커는 『Handbook on Ballistics』라는 책에 그의 스승 카를 크란츠(Carl Crantz)와 공동으로 탄도학과 로켓 비행에 대해 집필한 적이 있는 탄도학 전문가였다.

도른베르거는 외부의 도움 없이 쿠메르스도르프 내에서 자체적으로 액체로켓을 개발하기로 결정했다.

그러나 수확이 전혀 없었던 것은 아니다. 도른베르거와 베커는 1년 이상 VfR 시험장을 드나들면서 폰 브라운의 명민함과 로켓에 대한 열정에 크게 감동받았고, 폰 브라운이 거절하기 힘든 조건을 내걸어 쿠메르스도르프에 합류하도록 설득하는 데 성공했다. 베커는 폰 브라운을 액체로켓 개발 사업의 민간인 총책임자로 임명했고, 폰 브라운이 베를린 공과대학(Technical University of Berlin-Charlottenburg)을 졸업하면 베를린 대학교 물리학과에서 박사 학위를 받도록 육군 장학금까지 주선해주기로 약속했다. 여기에는 폰 브라운의 아버지가 바이마르 공화국 연방정부의 농림장관이었다는 배경도 작용했으리라 짐작된다. 1930~1931년 육군 로켓 개발 사업의 일환으로 베를린 대학교 물리학연구소(University's Institute of Physics)의 박사 과정 학생들에게 로켓 관련 연구 프로젝트를 배정할 수 있도록 베커와 노벨상 수상자 발터 네른스트(Walter Nernst) 사이에 묵계가 되어 있었다.

폰 브라운은 베를린 공과대학을 2년 다닌 후에 베를린 대학교 박사 학위 예비시험을 통과했다. 1932년 베를린 대학교 물리학연구소에 박사 과정 학생으로 등록했으며, 에리크 슈만의 지도로 박사 학위 연구를 시작했다. 베커는 약속대로 쿠메르스도르프 시험장에서 박사 학위 연구 실험을 할 수 있도록 주선해주었다. 베커는 탄도 및 탄약 부서 연구원이자 베를린 대학교 강사였던 에리크 슈만과 친분이 두터웠고, 그 자신도 1930년 초에 베를린 대학교 물리학과 명예교수로 발령받았다. 에리크 슈만은 작곡가 로베르트 슈만의 손자이자 아돌프 히틀러(Adolf Hitler)의 독일에서 영향력 있는 물리학자였다.

3
현대식 탄도탄의 원조: V2

    폰 브라운은 1932년 10월 1일 쿠메르스도르프의 액체로켓 연구팀의 민간인 기술 책임자로 첫 출근을 했다. 액체로켓 시험대는 아직 완성되지 않았고, 팀 멤버는 폰 브라운과 VfR의 로켓 비행장에서 같이 일한 적이 있는 기계기능원 하인리히 그뤼노프(Heinrich Grünov)뿐이었다. 폰 브라운은 처음에는 상당히 실망했지만, 곧 낙천적인 본래의 모습으로 돌아와 액체산소와 알코올(LOX/Alcohol)을 연료로 사용하는 추력 150kg · 중의 액체로켓 엔진 개발을 목표로 세웠다.[39] 알코올은 물과 잘 섞이며, 알코올 함량을 줄이면 연소 온도가 내려가 연소실 외벽을 보호하기 용이해지는 이점이 있었다. 폰 브라운은 알코올 75%와 물 25%를

---

[39] 1kg · 중이란 질량 1kg의 물체가 지상에서 받는 힘, 즉 질량 1kg에 중력가속도 g(9.8m/s²)를 곱한 무게를 말한다. 앞으로 · 중이라는 표현을 생략해도 추력을 말할 때에는 kg · 중 또는 t · 중을 의미한다고 보면 된다.

섞어서 사용했고, 그의 알코올에 대한 선호는 그 후로도 아주 오래 지속되었다.[40]

이렇게 초라하게 출발한 폰 브라운 팀이었지만 곧 발터 리델(Walter Riedel)이 팀원으로 왔으며, 아르투르 루돌프(Arthur Rudolph)와 클라우스 리델(Klaus Riedel) 등 VfR 시절 폰 브라운의 옛 친구들이 모여들었다. 그 후 앞으로 로켓엔진 개발에 획기적으로 기여하게 되는 발터 티엘(Walter Thiel) 박사도 팀에 합류했다. 1937년 봄에 팀이 페네뮌데로 이전할 때에는 팀원이 90명으로 늘어났다. 점차 더 많은 연구 인력이 페네뮌데 팀에 투입되었고, 폰 브라운 팀은 A1, A2, A3, A5와 A4를 차례로 개발했다. A1, A2, A3, A5는 모두 연구 개발용 로켓이었고 A4는 실전용으로 개발한 로켓이었다. 애초에 베커가 쿠메르스도르프에 로켓 팀을 구성할 때 팀의 개발 목표는 장거리포를 대체할 로켓탄을 개발하는 것이었지만, 정작 어떤 로켓을 개발할 것인지 구체적인 목표는 정하지 않았었다.

1936년에 이르러 액체로켓 엔진 개발의 성공 가능성이 분명해지자 도른베르거는 개발 목표를 구체화할 필요성을 느꼈다. 도른베르거는 독일이 제1차 세계대전 때 사용한 사거리 130km에 탄두 무게가 94kg인 '파리포(Paris Gun)'를 기준으로 A4의 요구 특성을 작성했다. A4의 직경과 길이는 철도나 일반 도로를 이용해 운반할 수 있도록 정했고, 사거리는 파리포의 2배인 260km 이상, 탄두 무게는 1t, CEP는 사거리의 0.2~0.3%로 잡았다. 이는 A4의 최대사거리에서 CEP가 520~780m라는 것으로 당시의 기술로는 달성하기 힘든 목표였다.

실전용 탄도탄이 가져야 할 중요한 특성으로는 목적을 달성하는

---

[40] 폰 브라운이 1950년대에 미국에서 설계한 레드스톤 미사일도 알코올을 연료로 사용했다.

데 필요한 사거리, 충분한 폭발력, 정확도와 신뢰성 등을 들 수 있다. 그러나 V2의 사거리는 특별한 표적을 염두에 두지 않고 300km 이상으로 결정했다. 1936년경에는 독일이 제2차 세계대전을 시작하기 한참 전이라 영국, 소련 또는 미국 본토를 로켓의 목표로 잡을 이유도 없었을뿐더러 누구도 300km 이상의 사거리를 가진 로켓을 개발하는 것이 가능한지 아닌지도 모를 때였다. 이때까지만 해도 베커나 도른베르거가 원하는 로켓무기는 베르사유 조약에 묶여 독일이 개발하거나 보유할 수 없는 장사정포를 대체하기 위한 무기로 개발하려고 했던 것이지 장거리 폭격기를 대체하기 위해 개발한 것이 아니었기 때문에 사거리 자체는 그리 중요하지 않았다.

액체산소와 에틸알코올을 사용하는 엔진의 연소 가스 배출 속도는 대략 2km/s 정도이므로 엔진 연소 시간 60여 초, 연소종료시점의 로켓 무게 4t, 연료 무게 8.9t으로 잡으면 연소종료속도(v_{bo}: Burnout Velocity)는 2.34km/s로 계산된다.[41] 연소종료속도는 로켓엔진의 작동이 멈추는 순간의 로켓 속도로 사거리를 좌우한다. 2.34km/s라는 속도는 공기와 중력이 없다는 가정 아래 얻은 값이고, 실제로는 중력과 공기 마찰에 의해 감속되어 이보다 훨씬 작은 연소종료속도값을 갖게 된다. 엔진 작동 기간 중 로켓 궤도가 수평면에 대해 45°를 이룬다고 가정하면 중력에 의한 감속과 공기 마찰로 생기는 감속은 대략 0.74km/s 정도가 된다. 따라서 연소종료시점의 실제 로켓 속도는 대략 1.6km/s가 된다. 연소종료속도가 1.6km/s인 로켓의 최대사거리는 대략 260km가 된다.[42]

---

[41] 치올콥스키의 로켓 방정식에 의하면 1단 로켓의 연소종료시점 속도증분은 $v_{bo}=v_{ex}ln(M_t/M_{bo})$로 주어진다. 여기서 v_{ex}, M_t 및 M_{bo}는 각각 연소 가스 배출 속도, 발사 시 이륙 질량 및 연소종료시점의 질량이다. 'ln'은 자연대수를 의미한다. 따라서 $v_{bo}=v_{ex}ln(12.9/4)=2.34$km/s이다.

그러나 실제로 로켓을 발사할 때에는 발사한 후 로켓이 연소 종료할 때까지 사거리 방향으로 동력비행으로 이동한 거리를 포함해야 하므로 V2의 최대 비행 거리는 300km 정도가 될 수 있다. 이러한 개략적인 설계 개념에서 출발한 A4는 갖가지 문제를 하나씩 극복하면서 1942년 10월 3일 드디어 200km를 비행하는 데 성공했다. 이날 도른베르거와 폰 브라운 팀은 인류 최초로 어떠한 장거리포보다도 더 멀리 물체를 날리는 데 성공한 것이다. 이것은 다가올 대륙간탄도탄(ICBM)과 달로켓의 등장을 예고하는 신호탄이기도 했다.

폰 브라운과 도른베르거는 수만 번의 시행착오와 실험 끝에 A4를 실전용으로 개발하는 데 성공했다.[43] A4 로켓을 실전에서 사용할 날이 다가오자 독일의 '홍보 및 선전부(Ministry of Public Enlightenment and Propaganda)' 장관 요제프 괴벨스(Joseph Goebbels)는 연합군 공군의 무차별 독일 공격에 대한 보복 무기라는 의미로 V2라 부르기 시작했다.[44] 1944년 8월 29일 히틀러는 가능한 한 빠른 시간 내에 벨기에에 있는 이동식 발사대를 이용해 영국 런던을 공격할 것을 명령했다. 1944년 9월 8일 오후 6시 38분, 친위대 한스 카믈러(Hans Kammler) 장군 휘하의 북부 그룹(Group North)이 워털루 역 900m 동쪽을 목표로 삼아 첫 번째 실전용 V2를 발사했다. 워털루 역은 런던의 중심에 있기 때문에 겨냥 목표가 되었을 것이다. 첫 번째로 발사된 V2는 워털루 역 서쪽에 자리

---

[42] 최대사거리가 지구 반경에 비해 많이 작을 때 최대사거리는 v^2/g로 주어진다. 여기서 g는 지표면의 중력가속도로 $9.8m/s^2$라는 값을 가진다.

[43] 정규수, 『로켓, 꿈을 쏘다』(갤리온, 2010년 6월 3일) pp.77~115.

[44] V는 독일어로 복수를 의미하는 'Vergeltungswaffe'의 머리글자를 딴 것이고 2는 두 번째 복수 무기라는 의미이다. 첫 번째 복수 무기 V1은 공군에서 개발한, 오늘날 우리가 '순항미사일(Cruise Missile)'로 알고 있는 비행폭탄의 원조로서 원래 이름은 Fi-103(Fieseler Fi 103)이다.

한 치즈윅(Chiswick) 지역에 낙하했다. 이로 인해 3명이 죽었고, 22명이 다쳤으며 집 6채가 무너졌다. 레이더도 V2를 감지하지 못했고, 사람들도 V2가 떨어져 폭발할 때까지 아무 소리도 듣지 못했다. V2는 소리 없이 다가오는 저승사자였다. 그러나 V2가 땅에 떨어지면 이중 폭발음이 울리는데, 이것은 V2의 초음속 비행으로 인한 충격파와 탄두 폭발로 인한 충격파가 위치에 따라 시차를 두고 도달하기 때문이었다.

1942년 10월 3일 발사한 A4의 설계는 광산 터널 속에 세운 미텔베르크(Mittelwerk) 공장에서 V2로 양산되기까지 6만 5000번 이상 변경되었다는 것이 도른베르거와 폰 브라운의 공통된 추정이었다.[45] 폰 브라운 팀은 비행에 필요한 25t급 추력을 내는 엔진, 정확한 유도 조종 시스템, 연소종료속도에 영향을 적게 주는 엔진의 컷오프(Cut-off) 방법, 재돌입 시의 공중분해 문제, 초속 800m/s 이상의 속도로 땅에 충돌해도 틀림없이 작동하는 신관 등을 개발했다. 그러나 그들은 그외에도 값싸고 폭발력이 강한 탄두, 이동식 발사대, 운반 및 설치 차량 '마일러바겐(Meillerwagen)', 액체산소와 연료용 알코올 생산, 액체산소 운반 차량과 지휘 차량 개발 등 다양한 문제들을 해결해야 했다. 1942년 10월 3일 발사된 A4가 2년에 걸친 개선을 통해 실전용 V2로 변모했고, 이 과정에서 수많은 설계 변동이 있었다는 이야기이다.

페네뮌데 팀이 조립한 A4 시제품의 비행시험에서는 CEP가 대략 4~5km 정도로 나타났으나, 전파 유도의 도움을 받으면 정확도가 더욱 증가하는 것으로 나왔다. 그러나 막상 런던을 향해 발사된 V2의 탄착지점으로부터 추산한 CEP는 17km(11마일)로 시험 발사 때보다는 훨

---

[45] Dennis Paszkiewicz, "The Nazi Rocketeers: Dreams of Space and Crimes of War", (Stackpole Books, Mechanicsburg, PA, 1995) p.138.

씬 큰 것으로 추정된다. 프로토타입 A4는 설계 개발팀이 직접 조립한 로켓인 데 반해 런던을 향해 발사된 V2는 강제로 동원한 비숙련 노역자들이 극도로 열악한 환경의 미텔베르크 공장에서 조립한 로켓이라는 데 따른 문제도 있을 수 있고, 사보타주(Sabotage)의 가능성도 없지 않았다. 페네뮌데 팀이 발사한 A4의 CEP보다 실전에서 발사한 CEP가 큰 또 다른 원인은 영국 정부의 역정보 때문이기도 했다. 영국은 런던의 인구 밀집 지역에 V2가 낙하하는 것을 막기 위해 이중 첩자들을 이용하여 실제 탄착지점보다 서쪽에 떨어진 것으로 독일에 보고하게끔 했다고 한다. 이러한 보고를 접한 독일 V2 발사팀은 다음번 V2를 발사할 때에는 조준점을 동쪽으로 오조준했고, 이러한 역정보가 V2의 탄착지점이 광범위하게 분포된 원인을 제공했다.[46]

CEP가 4∼5km나 되는 부정확한 탄도탄으로는 군부대, 비행장, 탄약 저장소, 군 지휘소 같은 비교적 작은 군사 목표를 공격하기에는 너무 비효율적이었다. 그러나 인구 밀집 지역인 런던 같은 대도시를 공격하는 데에는 별문제가 없었다. 정확도가 떨어지는 V2가 실제로 효과를 발휘하기 위해서는 인구밀도가 조밀한 지역에 화력을 집중하는 것이 중요했다. 이러한 화력 집중을 위해서는 한 달에 최소 1800기의 V2를 생산해야 한다는 것이 독일 지휘부의 생각이었지만, 현실적으로는 달성 불가능한 목표였다. 전쟁 포로와 수용소 인원을 강제로 동원하면 V2를 필요한 만큼 양산할 수는 있었겠지만, 로켓연료인 알코올과 액체산소 생산량이 이를 따르지 못했다. V2 1기에 필요한 알코올을 생산하기 위해서는 감자 30t이 필요했고, 독일에서 매달 최대로 생산할 수 있는 액체산소는 V2 1000기를 채울 수 있는 양이었다. 원래는 매달 V2를 1800기

---

46 http://en.wikipedia.org/wiki/V2.

씩 생산할 수 있도록 미텔베르크 공장을 확장했지만, 군수장관이었던 알베르트 슈페어(Albert Speer)는 연료와 액체산소 공급 문제 때문에 생산 목표를 900여 기로 조정할 수밖에 없었다. 이렇게 해서 남아돌게 된 미텔베르크의 생산시설을 V1의 생산시설로 전환했다. 그 결과 3만 기의 V2를 생산하려던 계획은 6400여 기에 그쳤지만, 여기서 생산한 원조 순항미사일인 V1은 V2 이전에 런던을 공격하는 데 사용되었다.

1944년 9월 8일부터 파리와 런던을 향해 발사되기 시작한 V2는 1945년 3월 17일 영국을 향해 마지막 V2가 발사될 때까지 대략 3255기가 전장에서 발사된 것으로 알려졌다.[47] 런던을 향해 발사한 1360여 기 중 1100여 기가 런던에 떨어져 2750여 명이 사망하고 6500여 명이 다쳤다. V2의 공격을 가장 많이 받은 지역은 노르망디 상륙작전 이후 연합군의 집결지와 병참의 중심이 되었던 벨기에의 앤트워프(Antwerp)였다. 약 1600여 기가 앤트워프를 향해 발사되었으나 이 중 30% 정도만 앤트워프 시내에 떨어져 1740여 명의 민간인 사망자와 4500여 명의 부상자가 생겼다. 앤트워프의 인구는 50만 명밖에 되지 않았으며, 이곳으로 발사된 V2의 대부분은 연합군의 병참 기지와 항구 등을 노렸기 때문에 인구 밀집 지역에 떨어진 V2 수가 적었던 것이 민간인 피해가 적은 이유였다.

군인 사망자는 제외하고 발사된 V2 1기당 민간인 사망자 수를 추산해보면 런던은 2.02명인 데 비해 앤트워프는 1.1명으로 런던의 절반에 불과하다. 단순한 통계 수치만 놓고 보면 발사된 V2 수에 비해 사상자 수가 상당히 적은 편이다. 그러나 통계 수치만으로 로켓의 전략적 가치를 평가할 수는 없다. 1944년 12월 16일 독일이 발사한 V2가 앤트워프

---

[47] Bob Ward, "Dr. Space", (Naval Institute Press, Annapolis, Maryland, 2005) p.51.

의 한 극장을 직격하여 567명이 죽고 291명이 다쳤다. 사망자 중 296명과 부상자 중 194명이 미국·영국·캐나다 병사들이었다.[48] 당시 극장의 1200개 좌석은 거의 매진된 상태였다. 영화배우 게리 쿠퍼와 진 아서가 출연한 영화 「평원의 사나이(The Plainsman)」의 주인공 '와일드 빌 히콕'에 대한 인기가 하늘을 찌르는 서부영화였기에 많은 병사들이 관람하다 참변을 당했다. 먼 곳에서 조용히 다가와 대량 파괴를 자행하는 무기가 사람들에게 주는 공포와 그 전략적 가치는 대단한 것이다.

페네뮌데의 폰 브라운 팀은 V2를 개발한 것 외에도 전쟁이 종료되는 시점까지 A9, A10, A11, A12 등 A4보다 훨씬 강력한 로켓을 설계하거나 개념을 발전시켰다. 1940년 여름에는 '프로젝트 아메리카'라는 이름으로 유럽 대륙에서 미국의 뉴욕과 동부 도시들을 타격할 수 있는 장거리탄도탄, 일명 '아메리카 로켓'인 A9/A10을 개발하기 시작했다.

2단 로켓(Two Stage Rocket) A9/A10은 길이가 41m, 무게는 100t, 사거리는 5000km에 달하는 세계 최초의 중거리탄도탄(IRBM: Intermediate-Range Ballistic Missile)의 원형이라 할 수 있다. A9/A10의 제2단인 A9은 A4의 변형인 A4b를 원형 모델로 개발했고, 제1단으로 사용할 A10은 A4보다 훨씬 강력한 새로운 로켓이었다. 폰 브라운 등은 A10의 제1단 로켓엔진을 A4의 연소실 6개를 묶은 클러스터 형태로 설계했으나, 나중에는 1개의 연소실과 1개의 노즐을 가진 대형 로켓으로 설계 개념을 바꾸었다. 진공 중에서 A10의 추력은 230t(2307kN)이고 연소 시간은 55초로 설정했다. A10의 연소종료속도는 1.2km/s이며, 제2단 A9이 점화되어 속도를 3.4km/s로 올려주고 최고 고도 55km에 도달하게 된다. A9이 연소

48 Antwerp, "City of Sudden Death",
http://www.v2rocket.com/start/chapters/antwerp.html.

종료한 후에는 서서히 고도 20km까지 활강한 후 고도 20km를 유지하며 활공하여 5000km의 사거리를 확보한다는 개념이었다.

하지만 실전용 A4를 개발하는 데 모든 역량을 집중할 것을 원한 군부는 1942년경 아메리카 로켓의 개발을 중단시켰다. 1944년 10월경에는 A4 개발이 어느 정도 완성 단계에 접어들자 폰 브라운 팀은 그동안 잊고 있던 A9/A10의 설계를 다시 진행하였으며 제2단 로켓인 A9의 후보로 고려하고 있던 A4b를 시험했다. A4b의 'b'는 사생아라는 의미를 가진 'Bastard'의 첫 글자를 따서 붙인 것으로, V2에 집중하지 않고 당장 필요도 없는 A9/A10에 시간을 낭비한다고 못마땅해 하던 독일 수뇌부의 눈을 속이고 안심시키기 위한 이름이었다. A4b는 A4에 날개를 부착하여 A4의 사거리를 600km로 늘리는 연구라고 설명한 폰 브라운 등은 독일 수뇌부에 이 점을 각인시키기 위해 A9 대신 A4b라고 불렀던 것이다.

1944년 말 독일 패전 막바지의 지극히 열악한 상황에서도 폰 브라운 팀은 세 번에 걸친 A4b의 비행시험을 가까스로 실시할 수 있었다. 1944년 12월 27일과 1945년 1월 13일 발사된 A4b는 모두 실패한 것으로 보인다. 1945년 1월 24일 발사된 A4b는 고도 80km, 속도 1.2km/s에 도달한 것으로 알려져 있다. 이 비행시험은 최초의 날개 달린 비행체의 극초음속 비행이었지만, 밀도 높은 대기층으로 재돌입하는 과정에서 한쪽 날개가 부러져 예정했던 사거리 비행에는 실패했다.[49] A4b의 비행시험을 통해 A4에 날개만 부착해도 300~550km 이상으로 사거리를 늘릴 수 있을 것으로 예측되었다.

폰 브라운 팀은 대형 로켓 개념 설계를 진행하면서 A10에 그치지

---

[49] A4b, http://www.astronautix.com/lvs/a4b.htm.

않고 A10보다 훨씬 강력한 추력 1200t, 무게 500t의 A11과 추력 1만t, 무게 3500t의 A12에 대한 개념 설계도 같이 진행했다. 아메리카 로켓 A9/A10과 A11을 결합하면 인공위성도 발사할 수 있고 사거리 1만km에 이르는 대륙간탄도탄도 개발할 수 있었다. 만약 A12를 부스터로 사용하여 A9/A10, A11, A12 같은 4단 로켓을 만든다면 10t 이상의 화물을 지구 궤도에 올리는 것도 가능하다고 판단했다. 물론 폰 브라운이 구상하는 모든 로켓의 연료는 에틸알코올과 액체산소(LOX)였다.

제3장

탄도탄 기술의 확산

제2차 세계대전이 끝난 후 V2와 A9/A10의 개념 설계는 미국과 소련으로 전파되었다. 2단 로켓 A9/A10에서 제1단에 의해 극초음속으로 가속된 A9은 A4b와 같이 로켓으로 추진될 수도 있었고, 극초음속에서 작동하는 램제트(Ram Jet)로 추진될 수도 있었다. 미국과 소련에 전달된 A9의 추진 개념은 램제트와 로켓 두 가지로 나뉘어 연구되었고, 그 결과 A9/A10은 미국의 나바호(NAVAHO)나 소련의 부리야(Burya) 같은 초음속 순항미사일과 미국의 아틀라스나 소련의 R-7(Semyorka) 같은 ICBM으로 발전했다.

독일의 로켓 과학기술자들과 설계 자료를 본국으로 이송하기 위해 비밀리에 미국이 추진한 '페이퍼클립 작전(Operation Paperclip)'[50]과 소련이 추진한 '오소아비아킴 작전(Operation Osoaviakhim)'[51]은 역사상 가

[50] Bob Ward, "Dr. Space", (Naval Institute Press, Annapolis, Maryland, 2005) p.59.
[51] James Harford, "Korolev: How One Man Masterminded the Soviet Drive to Beat

장 광범위하고 철저한 탄도탄 기술 확산의 본보기라 할 수 있겠다.

　미국이든 소련이든 처음에는 다 같이 독일의 첨단 무기에 대한 첩보를 수집하기 위해 관련 과학기술자들을 수용해 심문하고 V2의 '하드웨어'를 수집하여 본국으로 보내는 것으로 시작했다. 막상 독일 기술자들을 만나 이야기를 나누고 독일의 로켓 과학기술 현황을 파악해가면서 독일 현장에서 파악하기에는 알아내야 할 것이 너무나 많다는 결론을 내렸다. 자국이 갖지 못한 기술을 독일이 가지고 있다는 사실은 또 한 가지 중요한 문제를 제기했다. 만약 독일 과학기술자들을 독일에 방치한다면 미국은 소련이, 소련은 미국이 이들을 자국으로 이송할 것이라는 생각을 하게 되었다. 설사 자국에서 이들이 필요 없는 경우라도 '라이벌' 국가가 이들을 확보하도록 놔둘 수는 없는 상황이 되었다. 처음에는 목표에 떨어진 로켓 1기당 3명 사망이라는 V2의 성능에 실망하기는 했지만, 제2차 세계대전 중에 미국이 개발한 핵무기와 결합할 경우 V2의 파괴력은 수만 배 증가한다는 것을 깨닫기까지 그리 오랜 시간이 걸리지 않았다.

America to the Moon", (John Wiley & Sons, Inc., New York, 1997) pp.75~90; Boris E. Chertok, "Rockets and People, Volume II: Creating a Rocket Industry", (The NASA History Series, NASA History Office, Washington D.C., 2006) pp.43~44.

1
페이퍼클립 작전

1945년 4월 10일 미국 제3 기갑군의 혼성여단(混成旅團)이 처음으로 노르트하우젠(Nordhausen)에 도착해 104 보병사단과 연계하는 동안 병사들은 이곳에서 몇 킬로미터 떨어진 하르츠 산맥(Harz Mountains)의 한 산자락에서 도라 강제수용소(Camp Dora)와 미텔베르크 V2 생산 공장의 터널 입구를 발견했다. 그들은 터널 속에서 기차에 실려 있는 수많은 V2를 발견했고, 곧바로 미국 육군 소속 병기 기술정보 책임자였던 홀거 토프토이(Holgar Toftoy) 중령에게 보고했다. 토프토이는 즉시 'V2 특명 부대'를 구성해 100기의 온전한 V2와 특수 부품들을 미국으로 이송하도록 조치했다. V2에 대한 기술정보 수집을 원만히 하기 위해 토프토이는 진격하는 미국 육군 군단마다 병기 기술정보팀을 배치했다. 병기 기술정보팀은 카메라, 무전기, 트럭과 전문가를 대동하여 독일의 신무기 기술을 찾아내고 기록했다. 노르트하우젠의 미텔베르크 지역을 담당한 제임스 해밀(James Hamill) 소령은 V2 100기를 조립할 수 있는 부품 세트를 앤트워프 항구로 실어 보내는 데 성공했다. V2는 이곳에서 16척의 '리버티 십(Liberty Ship)' 수송선에 실려 뉴올리언스를 거쳐 화이트샌즈(White Sands) 시험장으로 옮겨졌다. 그러나 해밀 소령은 노르트하우젠 지역이 소련 점령지가 될 것이라는 말을 듣지 못했기 때문에 상당량의 V2 부품을 파기하지 않은 채 방치했고, 이 부품들은 소련군 손에 들어가게 되었다.[52]

한편 병기국의 로켓 연구 개발 부서에서 파견된 로버트 스테이버(Robert Staver) 소령은 V2를 개발한 로켓 전문가들의 심문을 지휘하도록 명령받았다. 그는 4월 30일 이후 로켓 전문가들을 찾기 위해 노르트하우젠 지역의 작은 연구소까지 샅샅이 뒤졌다. 5월 12일 그는 처음으로 V2 엔지니어 한 사람을 찾아냈는데 그가 바로 카를 오토 플라이셔어(Karl Otto Fleischer)였다. 그의 도움으로 5월 14일에는 노르트하우젠에서 95km 이상 떨어진 살펠트(Saalfeld)라는 곳의 감옥에서 페네뮌데 팀의 엔진 및 구조 설계 책임자였던 발터 리델(Walter Riedel)을 찾아냈다. 리델은 생화학무기 제조 전문가로 오인받아 미국 대간첩 요원들에게 체포되어 심문받고 있었는데, 그를 스테이버가 발견한 것이다. 리델의 협조로 스테이버는 V2 팀의 윤곽을 잡을 수 있었다. 플라이셔어는 노르트하우젠 지역에 있는 사람 중 유일하게 폰 브라운 팀이 숨겨놓은 V2 설계 관련 문서의 행방을 알고 있었다. 폰 브라운은 디테르 후첼(Dieter Huzel)에게 V2에 관련된 가장 중요한 서류를 모두 모아 은닉하라는 지시를 내렸고, 이에 후첼은 하르츠 산맥의 버려진 광산 터널 속에 14t 분량의 V2 설계도면과 중요한 서류들을 감추어놓고 입구를 폭파해서 출

---

[52] Operation Backfire Tests at Altenwalde/Cuxhaven,
http://www.v2rocket.com/start/chapters/backfire.html.

입을 막았다. 후첼은 만약의 경우를 대비해 서류들을 감추어둔 장소를 노르트하우젠에 남아 있는 플라이셰어에게 알려주었다. 스테이버는 플라이셰어를 가까스로 설득해 5월 19일에나 서류 은닉 장소를 찾을 수 있었다. 은닉 장소는 노르트하우젠에서 50km 떨어진 지역으로 5월 26일에는 영국군이 진주하기로 예정된 지역 안에 있었다. 스테이버는 우여곡절 끝에 영국군이 검문소를 설치하는 것과 동시에 2.5t 트럭 6대분인 14t의 서류를 싣고 미군 점령 지역으로 들어올 수 있었다.[53]

다른 한편에서는 바바리안 알프스에서 미군에게 항복한 폰 브라운 일행이 가르미슈파르텐키르헨(Garmisch-Partenkirchen)에 있는 포로수용소에서 연합군 소속의 심문자들에 의해 연일 반복되는 심문을 받고 있었다. 리델은 스테이버와 협조하는 과정에서 스테이버에게 V2 기술자 중 40명 정도는 미국으로 데려가는 것이 좋을 것이라고 권했다. 1945년 6월 초 스테이버는 노르트하우젠을 소련에 이양하는 6월 21일 전에 노르트하우젠 근방에 남아 있던 수천 명의 독일 기술자들 중 누구를 미군 점령 지역으로 피난시킬 것인지를 가려내기 위해 폰 브라운 팀 중 몇 명을 노르트하우젠 지역으로 파견해줄 것을 요청했다. 그리하여 1945년 6월 20일 약 1000여 명의 V2 관련자와 그 가족을 기차에 태워 65km 서남쪽에 있는 비첸하우젠(Witzenhausen)이라는 미군 점령 지역 안의 조그만 동네로 이주시켰다.[54]

같은 시기에 소련은 V2 설계도를 복원하고 V2 생산시설을 복구하기 위해 독일에 라베(RABE)라고 부르는 연구소를 설립했다.[55] 독일의

[53] Dennis Piszkiewciz, "The Nazi Rocketeers: Dreams of Space and Crimes of War", (Stackpole Books, Mechanicsburg, PA, 1995) pp.218~219.
[54] Operation Backfire Tests at Altenwalde/Cuxhaven, http://www.v2rocket.com/start/chapters/backfire.html.

미사일 전문가들을 모집하기 위해 소련은 엔지니어 바실리 하리코프 (Vasilii Zivanovich Khar'kov) 중위의 제안으로 '동방작전(Operation Ost)' 을 수립했다. 미국보다 훨씬 후한 대우는 물론 가족과 함께 살게 해준 다는 조건을 내걸어 독일 기술자들을 불러 모았고, 적어도 수적으로는 상당한 성과를 올렸다. 도른베르거도 영국군에게 심문을 받는 과정에 서 미군 진영에 머물 때 그의 옛 부하였던 사람이 찾아와서 소련의 제 안을 전했다. 그가 소련군의 제안을 받아들인다면 페네뮌데를 재건하 고 소련에도 동일한 공장을 세울 것이며, 미군이 약속한 것보다 2배 이 상의 급료를 지불하고 가족도 함께 살게 해주겠다는 것이었지만 그는 거절했다고 말했다.

헬무트 그뢰트루프(Helmut Gröttrup)는 에른스트 슈타인호프(Ernst A. W. Steinhoff)가 이끄는 페네뮌데의 유도 조종 분야 제2인자였고, 1944년 3월 22일 폰 브라운 등과 함께 독일 비밀경찰 '게슈타포'에게 체포되어 죽을 고비를 넘긴 인물이었다. 동방작전에 투입된 여성 에이 전트와 접선이 된 그뢰트루프의 부인 이름가르트 그뢰트루프(Irmgard Gröttrup)는 남편을 대신해 남편이 소련 측에 합류하는 조건에 대해 협 상했다. 가족과 함께 살게 해주겠다는 제안을 받은 이름가르트는 가족 을 동반할 수 없다는 미국의 제안 대신 소련 측 제안을 받아들이도록 남편을 설득했다. 그뢰트루프를 확보한 소련 측이 V2의 최고 영웅인 폰 브라운을 확보하려고 노력한 것은 너무나 당연했다. 실제로 소련군 이 비첸하우젠에서 폰 브라운 등을 납치하려 했지만 의도가 미리 노출 되어 납치팀이 저녁 대접만 받고 민망하게 돌아간 적도 있었다. 폰 브

---

55 라베(RABE)는 소련이 V2 설계도를 복원하고 V2 생산시설을 복구하는 한편 관련 기술자들 을 한데 모으기 위해 독일 점령지 내에 설립한 임시 연구소의 이름이다.

라운과 그의 팀은 미군으로부터 집중적인 심문을 받았고, 일어날지도 모를 소련의 유혹과 납치를 방지하기 위해 철저히 보호받고 있었다.

토프토이는 그가 지휘하는 현장 정보팀이 독일 로켓 과학기술자들을 심문하기 시작하면서 로켓에 대한 지식은 너무 방대하고 중요하여 통상적인 야전 보고서로 끝내서는 안 되며, 폰 브라운 팀의 상당수는 임시 고용을 해서라도 미국으로 데려가야 한다고 생각했다. 1945년 10월 25일을 기해 중요한 V2 로켓 기술자와 그 가족들을 뮌헨(Munich) 근방에 있는 란츠후트(Landshut)라는 조그만 동네의 옛 독일군 막사로 집결시켰다. 1945년 스테이버는 독일 기술자와 그 가족들을 미국으로 데려오는 것이 시급하다는 전문을 국방성에 보냈다. 1945년 7월 19일 독일 과학기술자와 그 가족들에 대한 사항을 '오버캐스트 작전(Operation Overcast)'이라고 명명했다. 그러나 독일 과학기술자와 그 가족들이 머무는 장소가 '캠프 오버캐스트(Camp Overcast)'라고 자연스럽게 불리면서 비밀인 오버캐스트 작전이 노출될 위기에 몰리자 새로운 작전명으로 '페이퍼클립 작전(Operation Paperclip)'이 등장했다. 페이퍼클립이라는 이름은 토프토이와 폰 브라운이 미국 육군과 1년 계약으로 미국에 데려갈 약 100명 남짓한 기술자들을 가려내는 과정에서 적합한 사람의 파일에 페이퍼클립을 꽂은 데서 유래했다.

토프토이는 폰 브라운에게 미국 육군과 계약을 체결해 미국으로 데려가야 할 꼭 필요한 인원의 명단을 작성해달라고 했다. 폰 브라운은 무려 500명의 명단을 제출했다. 페이퍼클립 작전의 기술 자문과 심문을 맡고 있던 제너럴 일렉트릭(GE: General Electric)사의 리처드 포터(Richard W. Porter) 박사는 "V2 팀은 한 팀으로 움직일 때 가장 효율적"이라는 폰 브라운의 말에 일리가 있다고 판단하여 500~600명이 한 팀으로 움직일 필요성이 있다고 추천했다.[56] 그러나 토프토이는 국방성이 그렇게 많은 인원을 승낙하지 않을 것을 알았기 때문에 300명으로 줄여 연합군 총사령관 드와이트 아이젠하워(Dwight D. Eisenhower) 원수 이름의 전보로 국방성 병기국에 추천했다. 전보의 내용은 "육군은 현재 400명의 최상급 V2 기술자를 확보하고 있으며, 이들은 가장 완벽하고 경쟁력 있는 로켓 연구 개발팀이므로 개인이 아닌 팀으로 움직여야 한다고 생각한다"는 것이었다. 그러나 워싱턴은 100명 정도의 V2 과학기술자만 받아들이기로 결정했고, 이에 폰 브라운과 토프토이는 127명의 페이퍼클리퍼(Paperclipper)를 추천했지만 이 중 그뢰트루프를 포함한 몇 명은 개인적인 이유로 독일에 남아 있기로 결정했다.

미국의 군 고위 당국자와 정치인들은 참혹한 독일과의 전쟁이 이제 막 끝난 마당에 서로 죽도록 싸웠던 적국의 인력을 미국으로 데려오는 것을 탐탁지 않게 여겼고, 때로는 적대시하는 경우도 있었다. 그러나 독일 과학자들을 심문한 현장 지휘관과 전문가들의 판단은 달랐다. 만약 지금 독일 과학기술자들의 도움을 받아 이들이 이룩한 업적을 미국 것으로 만들지 않는다면 미국은 앞으로 많은 인력과 예산을 들여 독일이 이미 개발한 과학기술을 재발견하고 재개발해야 할 것이라는 의견이었다. 1945년 9월 12일 본진에 앞서 폰 브라운 등 7명의 선발대가 미국을 향해 떠났고, 나머지 인원도 1945년 9월과 1946년 2월에 모두 미국으로 들어와 텍사스 주의 엘파소(El Paso) 근처에 있는 포트블리스(Fort Bliss)에 정착했다. 물론 작전은 비밀리에 추진되었고, 독일 로켓 기술자들은 여권도 비자도 없이 미국으로 입국했다. 이로써 100기의 V2와 118명의 엘리트 로켓 과학기술자 및 V2의 설계도가 모두 미국으로 넘어갔다.

---

56 Bob Ward, "Dr. Space", (Naval Institute Press, Annapolis, Maryland, 2005) pp.54~59.

2
오소아비아킴 작전

미국이 폰 브라운 팀을 포로로 잡은 소식을 듣고 스탈린은 격노했다. 소련이 페네뮌데뿐만 아니라 베를린을 점령했고 곧 노르트하우젠도 점령하기로 되어 있었는데, 미국이 페네뮌데의 최상급 로켓 기술자들과 V2를 모두 가로채버렸으니 화가 날 만도 했다. 소련이 독일의 V2 로켓에 관심을 가지기 시작한 것은 1944년부터였다. 런던에 대한 V2의 위협이 심각해지자 1944년 7월 13일 윈스턴 처칠(Winston Churchill) 영국 수상은 스탈린 서기장에게 비밀 친서를 보내 영국의 로켓 전문가들이 소련군 영역에 근접한 폴란드 내의 V2 시험장에 들어가 V2에 대한 정보를 수집할 수 있게 해달라고 부탁했다. 스탈린은 처칠에게 보낸 답신에서 처칠 수상의 걱정을 이해하고 있으며, 이 문제는 스탈린 자신이 직접 관장하겠다고 약속했다.[57]

처칠의 요구대로 V2 발사 위치와 탄착지점을 미리 지도에 표시해온 영국의 정보원과 전문가들이 빅토르 볼호비티노프(Viktor Bolkhovitinov),

미하일 티콘라보프(Mikhail Tikonravov), 유리 포베도노스체프(Yuriy Aleksandrovich Pobedonostsev) 등 소련 측 전문가들과 합류하여 1944년 8월 5일 폴란드 내의 독일 점령지로 잠입해 들어갔다. 독일군이 탄착지점 근처에 떨어진 V2의 잔해를 대부분 수거해갔지만, 그때까지도 남아 있던 파편이나 부품을 모두 모아 소련의 로켓 연구소 'NII-1(Scientific Research Institute-1)'으로 가져갔다. NII-1은 미하일 트하체프스키(Mikhail Tkhachevsky) 원수가 레닌그라드의 GDL(Gas Dynamic Laboratory)과 모스크바의 GIRD를 통합하여 1933년 설립한 로켓 연구소 'RNII (Reaction Propulsion Institute)'[58]가 스탈린의 항공업계 대숙청 이후 1937년 NII-3로 이름이 바뀌었다가 1944년 1월 다시 새로운 이름으로 바뀐 연구소이다.

장차 소련 미사일과 우주개발에 핵심적 역할을 하게 될 바실리 미신(Vasilii Mishin), 보리스 체르토크(Boris Chertok), 알렉세이 이사예프(Alexei Isayev), 니콜라이 필류긴(Nikolai Pilyugin) 등 소련의 떠오르는 스타 로켓 엔지니어들은 수거한 V2의 잔해를 조사하고 분석했다. 그들은 로켓의 노즐 치수만 가지고도 엔진 추력이 최소한 20t 이상은 될 것으로 추정했고, 12~14t을 수직으로 발사할 수 있다는 결론을 내렸다. 당시 소련의 액체로켓 추력은 고작 수백 킬로그램이었고, 추력이 1.5t 되는 엔진을 개발하는 것이 그들의 목표였다.[59] 이러한 이유로 V2가 전장에서 사용되기 전부터 스탈린은 V2에 대해 관심을 갖게 되었고, 그로

---

[57] Boris E. Chertok, "Rockets and People, Volume I", (The NASA History Series, NASA History Office, Washington D.C., 2005) pp.258~259.

[58] 정규수, 『로켓, 꿈을 쏘다』(갤리온, 2010년 6월 3일) p.129.

[59] James Harford, "Korolev: How One Man Masterminded the Soviet Drive to Beat America to the Moon", (John Wiley & Sons, Inc., New York, 1997) p.65.

부터 한 달도 안 된 1944년 9월 8일부터 시작된 파리와 런던에 대한 V2 공격은 스탈린의 관심을 V2에 붙잡아두기에 충분했다.

　NII-1의 엔지니어들은 소련군이 국경을 넘어 독일로 진군해 들어가자 기대와 불안에 흥분하기 시작했다. 1944년 폴란드의 뎅비차(Dębica) 지역에서 회수한 V2 부품들과 영국으로부터 전해 받은 빈약한 정보만 보더라도 독일은 소련과 미국을 포함해 어떤 연합국도 가지지 못한 강력한 로켓무기를 개발하여 생산하기 시작한 것이 분명했다. NII-1의 과학기술자들로서는 20t 이상의 추력을 가진 로켓엔진, 유도 방법, 강력한 로켓 조종장치 등 모든 것이 궁금했다. NII-1의 로켓 전문가들도 독일의 로켓 V2가 지금 벨라루스의 제2군이 진격하고 있는 우제돔(Usedom) 섬 북쪽 끝에 자리한 페네뮌데에서 개발했다는 것은 다 알고 있었다. 어떤 조치를 빨리 취하지 않는다면 독일이 로켓 관련 시설을 파괴하고 문서와 기술 자료들을 불태울 것이었다. 설사 독일이 파괴하지 않는다고 할지라도 성난 소련군이 파괴하고 불태울 것이 분명했다. 그러나 그러한 조치를 취해야 할 소련 정부나 항공기 전문가들은 오직 제트기와 같은 유인 항공기에만 관심이 있었을 뿐 V2와 같은 로켓에는 전혀 관심이 없었다. NII-1의 로켓 전문가들은 독일이 이룩한 로켓 기술을 온전히 확보하기 위해 하루속히 전진하는 소련군을 따라 전선으로 나갈 수 있는 방법을 찾아야 했다.

　NII-1의 체르토크는 상부에서 V2와 같은 유도탄에 대해 어떤 결정을 내려주기를 기다리는 대신 항공기 과학기술연구소 'NISO(=Scientific Institute of Aircraft Equipment)'와 그동안 쌓아놓은 친분을 이용해보기로 마음먹었다. 체르토크는 옛 동료들의 도움을 받아 NISO 소장 니콜라이 페트로프(Nikolay Ivanovich Petrov) 장군을 만났다. 체르토크는 페트로프에게 독일에 대한 원한이 깊은 소련군이 자료를 파괴하거나 또는 다른 부서에서 소유권을 주장하지 못하도록 독일에서 노획하는 자료와 물품을 NISO에서 제일 먼저 확보하는 것이 가장 시급한 문제라고 설명했다. 비슷한 경험을 많이 겪은 페트로프는 체르토크의 말에 전적으로 동감했다. 1945년 4월 중순경 NII-1 소장 야코프 비비코프(Yakov L. Bibikov)와 볼호비티노프 장군은 체르토크를 불러 앞으로 NISO 페트로프 소장팀의 일원으로서 독일의 기술과 무기를 조사하고 분석할 것을 지시했다. 필요하다면 독일의 레이더나 기타 기계와 소재를 압수할 수 있는 권한도 부여한다고 통고했다. 4월 20일 소콜니키(Sokolniki) 군구 사령관의 초대에 응한 체르토크는 즉석에서 소련군 소령으로 발령받았다.[60] 물론 이 모든 것은 국방위원회 GKO(=State Committee for Defense)의 허락으로 이루어진 것이다.

이렇게 해서 NISO 조사팀 일행은 4월 23일 아침 일찍 GKO의 특수 임무를 띠고 벨라루스의 제2군에 합류하기 위해 모스크바를 떠나 베를린으로 향했다. 그러나 이들은 "독일의 공장과 연구소를 조사할 때 지적인 업적에 대해서는 절대 한눈팔지 말고, 그곳에 있는 가공 및 산업용 엔지니어링 기계 기구의 목록을 작성하는 데 최우선 순위를 두라"는 이상한 지시를 받았다. 그러나 다행스럽게도 문서나 특수 전문가들에 관해서는 아무런 지시가 없었던 관계로 체르토크 일행은 이러한 사항이 NISO 조사팀의 재량에 속한다고 판단했다.

1945년 4월 29일 체르토크 일행은 아들러쇼프(Adlershof)라는 작은 도시에 있던 독일항공연구소 DVL(=German Aviation Research Institute)의

---

[60] 군사훈련조차 받은 적이 없는 체르토크가 소령으로 발령받은 일이 당시 소련에서는 그리 이상한 일이 아니라고 생각한다. GIRD에서 RNII로 통합되면서 코롤료프도 대령 계급을 받았고 이사예프 역시 중령 계급을 받았으니 말이다.

금고 안에서 수많은 1·2급 비밀 문서와 보고서를 발견했다. 페트로프 장군은 모든 문서의 목록을 만든 후 상자에 넣어 모스크바로 운송하라고 지시했지만, 상자도 없었고 목록을 작성할 시간도 없었다. 연구동 건물 안에는 소련이 탐내는 모든 측정 장비들과 사무기기가 즐비했다. 이 기계와 장비들을 모두 포장해서 본국으로 보낼 것을 생각하니 독일에 대한 원한도 미움도 사라지고, 또 무슨 새로운 것을 발견하게 될지 기대감이 앞섰다고 체르토크는 술회하고 있다.[61] NII-1의 주소를 써 넣은 수많은 상자를 보냈지만, 그중 NII-1으로 제대로 배달된 상자는 열에 하나도 안 되었다. 이에 격분한 체르토크의 상관은 NII-1의 독립적인 조사팀을 독일에 보내기로 결심했다.

이사예프와 체르토크 팀이 V2 생산시설이 있는 노르트하우젠의 미텔베르크에 도착했을 때에는 폰 브라운과 도른베르거 등은 이미 미군에 의해 비첸하우젠으로 옮겨진 지 한참 후였다.[62] 그러나 미군과 같이 가기를 거부한 수십 명의 V2 기술자들은 여전히 노르트하우젠에 남아 있었다. 이사예프와 체르토크는 인근의 블라이세로데(Bleicherode)에 자리를 잡고 미군과 함께 떠나지 않고 주변에 흩어져 있는 독일 V2 기술자들을 찾아 모으기로 작정했다. 폰 브라운 팀이 노르트하우젠을 지나가면서 잠시 머물렀을 때 사용한 큰 저택을 근거지로 삼아 이사예프와 체르토크는 12명의 독일 기술자를 지휘하여 발견한 것들을 정리하고 앞으로 활동할 계획을 세웠다. 이때 누군가가 소련인과 독일인으로

---

[61] Boris E. Chertok, "Rockets and People, Volume I", (The NASA History Series, NASA History Office, Washington D.C., 2005) p.221.

[62] 이사예프는 후에 소형 로켓엔진 설계자로 명성을 날렸고 우리 귀에 익숙한 '스커드' 미사일의 개발자가 될 사람이었고, 체르토크는 소련 우주개발과 ICBM 개발의 선구자인 세르게이 코롤료프의 측근 역할을 하게 될 사람이었다.

이루어진 작업팀을 연구소로 부르자고 제안했고, 숙의한 끝에 연구소 이름을 '라베(RABE)'라고 지었다. 독일인들은 'RABE'가 미사일 제조와 개발을 뜻하는 독일어의 약자라고 주장했지만, 사실 이 말의 진짜 의미는 '약탈자'를 뜻하는 까마귀였다. 이러한 사실을 나중에야 알게 된 소련은 라베를 그냥 '중앙작업실(Zentralwerk)'이라고 불렀다. 이로써 독일에 흩어져 있는 독일 로켓 기술자들을 불러 모을 수 있는 위장 기관인 라베 연구소가 마련된 셈이다.

소련이 독일 내에서 V2를 재현하려는 노력이 연합군과 외교적 마찰을 일으킬 수 있는 소지가 있었기 때문에 게릴라식 작전에 '커버'가 필요했던 것이다. 전쟁이 끝나고 직업을 잃어버린 독일 과학기술자들에게 일자리를 만들어주고, V2와 같은 무기를 만들던 사람들에게 그 사실을 실토하게 하여 독일이 얼마나 끔찍한 무기를 만들었는지를 전 세계에 알릴 수 있는 과학 연구소 '라베'를 설립하면 연합군과의 마찰도 피할 수 있다고 소련 고위 당국을 설득했다. 이에 따라 라베는 즉시 정식 연구소로 등록되었다. 이사예프는 이제 NII-1으로 돌아가 그곳의 분위기를 새롭게 바꾸겠다고 했다. 페네뮌데에서 이루어진 일들은 소련의 상상을 초월했기 때문에 새로운 기술에 적합하게 NII-1 지휘부의 생각을 바꿔야 한다는 것이 이사예프의 판단이었다. 이사예프는 NII-1으로 돌아가기 전에 모든 독일 기술자들을 모아놓고 체르토크 소령을 라베의 총책임자로 임명한다고 선언했다. 이어서 체르토크는 페네뮌데 출신인 군터 로젠플라엔터(Gunther Rosenplaenter)를 새 연구소 소장으로 임명하고, 모든 연구원의 임무는 페네뮌데에서 개발하던 모든 것을 재현하는 것이라고 천명했다. 그러기 위해서는 우선 독일이 숨긴 모든 것을 찾아내고 페네뮌데나 다른 지역에서 로켓 관련 일을 한 기술자들을 찾아내어 라베에 합류시키는 것이 시급한 과제였다.

    1945년 8월에는 니콜라이 필류긴이 이끄는 일단의 연구진을 파견
하여 라베를 보강했다. 필류긴은 나중에 두 번이나 '사회 노동 영웅'
칭호를 받게 되는 미래의 소련 우주 전자업계 거물이자 로켓 유도 조종
의 제1인자가 될 인물이었다. 필류긴의 군대 계급은 체르토크보다 높
았지만, 체르토크는 그를 라베의 부소장 겸 수석 엔지니어로 임명했다.
필류긴은 레오니드 보스크레센스키(Leonid Aleksandrovich Voskresenskiy)
를 대동하고 왔다. 보스크레센스키는 앞으로 소련의 로켓 영웅 코롤료
프의 비행시험을 담당하게 될 사람이었다. 그리고 코롤료프는 폰 브라
운과 함께 로켓 개발과 우주개발 역사에서 가장 중요한 자리를 차지하
게 될 사람이었다. 필류긴에 이어 미래에 코롤료프의 오른팔이 될 바실
리 미신을 포함해 몇 명의 NII-1 전문가들이 라베에 합류하여 라베는
명실공히 로켓 연구소 같은 면모를 갖추게 되었다. 8월 말경에는 자이
로 연구실, 전자회로 연구실, 지상 제어 콘솔, 라디오 제어실과 설계 연
구실 등을 갖추었고 본격적으로 V2 미사일을 조립할 수 있는 준비를
완료했다.

    한편 모스크바에서는 앞으로 라베를 어느 부처의 장관(People's
Commissars)이 담당해야 할지를 놓고 열띤 논쟁이 오갔다. 항공 관련 부
처가 담당하는 것이 가장 합리적이라고 볼 수 있었지만 항공 산업계에
서는 이미 오래전에 로켓에 대한 관심을 접었다. 그들의 관심은 오로지
비행기, 특히 제트기에만 쏠려 있었다. 1945년 8월 니콜라이 쿠즈네초
프(Nikolai N. Kuznetsov) 장군이 노르트하우젠을 방문해 둘러보고 나서
라베와 그에 딸린 모든 연구원은 앞으로 중앙위원회(Central Committee)
의 결정에 따라 '화포국(GAU: Main Artillery Directorate)'의 지휘를 받는다
고 천명했다. 그리고 이러한 결정은 담당 부처가 확정될 때까지 유효하
다고 밝혔다. 라베로서는 다행스럽게도 중앙위원회 멤버이며 군사위원

이었고 '로켓은 대포의 연장'이라고 생각하는 레프 가이두코프(Lev Mikhaylovich Gaidukov) 장군의 방문을 받게 되었다. 그는 독일 내에서 라베의 활동을 적극적으로 밀어주겠다고 약속했으며, 모스크바로 돌아가자마자 미하일 랴잔스키(Mikhail Sergeyevich Ryazanskiy), 빅토르 쿠즈네초프(Viktor Ivanovich Kuznetsov), 유리 포베도노스체프 등을 보내 라베를 더욱 보강해주었다. 이들은 여러 부처에 소속된 인물들로, 가이두코프의 주청으로 중앙위원회의 승인을 받아 파견된 사람들이다.

라베에서는 능력 있는 독일 기술자들을 불러들이기 위해 소련 기술자는 엄두도 내지 못할 만큼 파격적인 대우를 해주었다. 박사 학위나 엔지니어 자격증이 있는 기술자에게는 2주일마다 달걀 60개, 버터 2.3kg, 육류 5.5kg과 충분한 양의 빵, 설탕, 식용유, 감자 그리고 담배 등을 배급했으며 이와는 별도로 매달 1400마르크의 월급을 아무런 공제도 하지 않고 지급했다. 1942~1948년 마르크 대 달러 환율은 나와 있지 않으나, 1940년대와 1949년 이후 환율을 대략 3~4 대 1 정도로 계산하면 독일 기술자들의 월급이 대략 350~470달러가 됨을 알 수 있다. 이러한 대우는 소련 기술자들에게 허탈감을 느끼게 했고, GAU의 쿠즈네초프 장군도 월급 체계 기준이 잘못됐다고 불평했다. 이러한 파격적인 대우 덕에 상당수의 독일인 기술자들을 확보했지만, 사실 헬무트 그뢰트루프와 쿠르트 마그누스(Kurt Magnus), 한스 호크(Hans Hoch) 등을 제외하면 뛰어난 과학기술자는 별로 없었다.

그뢰트루프는 마그누스와 호크를 뺀 나머지 독일 기술자들은 솔직히 별 도움이 되지 않을 것이라고 말했다. 소련은 그뢰트루프에게는 특별히 더 많은 월급과 배려를 해주었고, 라베 내에 그뢰트루프 팀을 만들어주었다. 그러나 그뢰트루프 부인의 독선과 욕심은 라베 내에서 항상 작은 사건을 몰고 다녔다. 사실 그뢰트루프를 미국 진영에서 소련

진영으로 빼내오는 데 큰 역할을 하기는 했지만, 그뢰트루프 부인은 아이들에게 우유를 먹이겠다고 소를 두 마리나 사서 라베 내에서 키웠고 말도 두 필을 사서 고향에 굶주린 처자식을 둔 소련인들 앞에서 당당하게 승마를 하기도 했다. 심지어 새벽에 강제로 소련으로 끌려갈 때에도 젖소를 못 가져가면 안 가겠다고 우겨 기어이 소를 소련으로 끌고 가기까지 했다.[63]

가이두코프는 라베를 활성화시켜 로켓 기술을 확보하고자 열심히 노력했지만, 소련 정부는 장기적 관점에서 어느 부처가 로켓 개발을 주도해야 할 것인가를 정하지 못하고 있었다. 중앙위원회는 로켓 개발을 주도할 부처가 결정될 때까지 당분간은 라베를 포함한 독일 내의 로켓 관련 과제들을 가이두코프에게 위임했다. 가이두코프는 로켓 연구의 미래 문제를 스탈린에게 보고하고 그의 지시에 따라 추진할 수밖에 없음을 잘 알고 있었지만, 무엇인가 확실한 업적이나 대안이 나올 때까지는 보고를 미룰 수밖에 없었다. 스탈린의 지시가 없었어도 지금까지 독일에 들어와 있는 소련 로켓 기술자들은 자신들의 일에 푹 빠져 살고 있었다. 가이두코프는 모스크바에서 최종 결정이 내려질 때까지 이들을 흩어지지 않게 유지하는 것이 자신이 해야 될 일이라고 생각했다. 아무런 비전이나 계획도 없이 뛰어들고 본 초창기 소련의 로켓 조사 분석과 로켓 개발 시작 과정에서 일편단심으로 밀어주는 가이두코프 같은 후원자가 있었다는 것은 소련으로서는 큰 행운이었다.

가이두코프는 스탈린에게 보고할 준비의 일환으로 RNII의 역사는 물론 RNII에서 코롤료프와 발렌틴 글루시코(Valentin Glushko) 및 다른

---

[63] Boris E. Chertok, "Rockets and People, Volume I", (The NASA History Series, NASA History Office, Washington D.C., 2005) pp.301~303.

로켓 연구자들이 한 일을 모두 정리했고, 지금 그들이 어디서 무슨 일을 하고 있는지도 전부 조사했다. 가이두코프는 자신이 스탈린을 만나려는 사실이 비밀경찰(내무인민위원회) NKVD의 수장인 베리아의 귀에 먼저 들어가지 않도록 극도로 조심했다. 무슨 수를 썼는지는 모르지만 가이두코프는 베리아 모르게 스탈린을 만날 수 있었다. 그는 그때까지 독일에서 하고 있던 일을 보고했으며, 이제는 소련 내에서 로켓 개발을 시작해야 할 때라고 건의했다. 스탈린은 그 자리에서 누구에게 일을 맡기라고 결정하는 대신 가이두코프에게 부처 장관들을 개인적으로 만나 의견을 개진해보고, 로켓 개발을 책임지고 하겠다는 사람에게 결의안을 준비시키라고 지시했다. 마지막으로 가이두코프는 준비한 인명록을 스탈린에게 보여주고 아직도 샤라가(Sharaga : Sharashka라고도 함)에서 복역 중인 코롤료프와 글루시코를 비롯한 전문가들을 복귀시켜 달라고 청원했다. 샤라가는 NKVD에서 운영하는 수용소 형태의 연구 개발 작업장이었다. '굴라크(Gulag)' 가 육체노동을 착취하는 강제수용소였다면 샤라가는 정신노동을 시키는 강제수용소라고 할 수 있었다.

스탈린에게서 직접 관련 장관들을 만나라는 지시를 받은 가이두코프에게는 세 가지 선택이 있었다. 항공 산업을 책임지고 있는 알렉세이 샤쿠린(Aleksey Shakhurin), 탄약 분야 장관 겸 원자탄 개발 책임자인 보리스 바니코프(Boris Lvovich Vannikov), 군수 분야 장관 드미트리 유스티노프(Dmitriy F. Ustinov)가 바로 가이두코프가 설득해보려는 세 사람이었다. 샤쿠린은 제트기 개발이 독일에 비해 뒤떨어진 것을 스탈린으로부터 질책받은 뒤 이를 만회하기 위해 모든 역량을 제트기에 쏟아붓고 있는 상황이었기 때문에 가이두코프의 제안을 거절했다. 샤쿠린이 가이두코프의 제안을 거절하자 항공 산업의 부인민위원이었던 표트르 데멘티예프(Pyotr Vasilyevich Dementiev)는 독일에서 활동하고 있는 모든 항공 산업 산하 인원들에게 활동을 중지하고 모스크바로 돌아오라는 지시를 내렸다. 그러나 가이두코프가 항의하여 이 명령은 철회했다. 바니코프 역시 원자탄 개발이 무엇보다 중요한 과제이기 때문에 미사일 개발을 책임질 수 없다고 했다. 마지막으로 남은 사람은 유스티노프뿐이었다. 유스티노프가 맡은 군수 분야는 탄약을 조달하는 것으로 소총 탄환에서 대포 탄환까지 모든 탄약을 개발하고 생산해왔지만 지금까지 로켓 사업과는 전혀 관련이 없었다.

제2차 세계대전 중에 등장한 탄도탄, 원자탄, 레이더 등은 전장의 양상을 완전히 바꾸어놓았다. 세상이 바뀌었는데도 앞으로 계속 대포와 탄환(Ammunition)만 고집한다면 장래성이 없다는 점을 간파한 유스티노프는 가이두코프의 제안을 수용할 의사를 보였다. 그러나 상황을 면밀히 판단해보고 나서 결정하겠다고 마지막 승낙을 미루었다. 유스티노프는 부인민위원인 바실리 랴비코프(Vasilii M. Ryabikov)에게 상황을 알아보게 했다. 랴비코프는 블라이셰로데에 들러 필류긴, 미신, 랴잔스키, 보스크레센스키 등을 만나 보고를 받고 라베의 역사와 독일의 A4 개발에 대한 설명은 물론 장래 계획 등에 대한 이야기를 들었다. 랴비코프는 로켓이라는 새로운 무기의 등장은 막을 수도 피할 수도 없는 현실이라고 느꼈다. 이렇게 해서 소련의 로켓 개발은 새로운 대장 유스티노프를 맞게 되었다.

1946년 2월 가이두코프는 블라이셰로데에 도착하여 모든 민간인 전문가들을 집합시켰다. 그는 독일 내에 있는 모든 로켓 관련 기관을 통합하여 '노르트하우젠 연구소(Institute Nordhausen)'라는 단 하나의 로켓 연구기관을 구성할 계획임을 발표했다. 가이두코프는 노르트하우젠 연구소의 소장으로 발령받았고, 코롤료프는 그의 제1 부소장 겸 수석 설계사로 임명되었다. 라베에는 예전대로 체르토크의 지휘 아래 필류긴과 랴잔스키 등이 남아 일하게 되었다. 독일 몬타니아(Montania)에 있는 엔진 공장과 레헤스텐(Lehesten)의 엔진 시험실은 글루시코가 담당하고, 3호 공장(Factory No.3)은 예브게니 쿠릴로(Yevgeniy M. Kurilo)가 공장장이 되어 미사일 생산 공정을 연구하고 V2를 조립하도록 했다. 쇠메르다(Sömmerda) 지역에 설립한 올림피아 설계국(Olympia Design Bureau)에는 V2의 설계도면을 복원하고 제작 장비들을 재생하는 임무를 맡겼다. 처음에는 바실리 부드니크(Vasilii Budnik)가 이곳의 초대 소장을 맡았지만 곧 미신으로 바뀌었다. 그뢰트루프 팀은 노르트하우젠 연구소의 독립적인 산하 단체로 라베에서 분리되었지만, 체르토크가 계속해서 활동을 모니터하도록 조치했다. 그뢰트루프 팀에게는 단순한 A4(V2) 역사 자료를 찾는 것을 넘어 새로운 장거리 로켓에 대한 구체적인 제안과 정밀 조종 시스템을 연구하는 임무가 주어졌다.[64]

유스티노프와 GAU의 니콜라이 야코블레프(Nikolay Dmitrievich Yakovlev) 원수는 스탈린에게 보고하기 위해 독일 점령 지역과 소련 내에서 추진하려는 로켓 관련 계획에 관한 메모를 작성했으며, 1946년 4월 17일자로 베리아, 게오르기 말렌코프(Georgy Malenkov), 니콜라이 불가닌(Nikolay A. Bulganin), 유스티노프, 야코블레프, 니콜라이 보즈네센스키(Nikolay A. Voznesenskiy) 등 6명이 서명했다. 이날 이후로 로켓 개발계획에서 주동적인 역할을 맡을 사람은 유스티노프였다. 1946년 3월 13일자로 통과된 정부 결의안 No. 1017-419는 소련 로켓 개발에서 가장 중요한 결의안으로 꼽히며 1급 비밀로 분류되었다. 이 결의안은 유스티노프와 랴비코프가 주도하여 가이두코프, 랴비코프, 기오르

---

64 이때 구상한 로켓 설계 개념은 나중에 소련에서 그뢰트루프 팀이 설계한 G1, G2 시리즈의 바탕이 되었다.

기 파시코프(Giorgi Pashkov) 등이 작성한 것이었다.[65] 이 결의안은 소련 내에서 로켓을 개발하는 데 필요한 산업 하부 구조를 만드는 것부터 필요한 정부 조직 구성, 로켓 연구 개발을 위한 연구소, 로켓 생산시설과 군부대 구성까지 6쪽에 걸쳐 세세히 규정하고 있다. 이후 소련은 이 결의안에 의해 로켓 개발에 필요한 모든 것을 결정하고 추진했다.

결의안 No. 1017-419 1장 1항은 로켓무기 개발을 전담하는 특수위원회(Special Committee)를 결성하도록 정했으며, 위원장은 말렌코프가 맡고 부위원장은 유스티노프와 주보비치(I. G. Zubovich)가 맡도록 규정해놓았다. 맨 마지막에는 국무회의 위원장인 스탈린과 그의 오른팔인 예 차다예프(Ye Chadayev)의 서명으로 끝났다. 로켓 개발 특수위원회의 이름은 '특수위원회 No.2'였지만, 순서상으로는 소련에서 운용되던 3개의 특수위원회 중 맨 마지막으로 결성되었다. '특수위원회 No.1'은 1945년 8월 20일 결성되었고 무소불위의 권력을 가지고 있던 베리아가 위원장으로, 바니코프와 페르부킨(M. G. Pervukhin)이 부위원장으로 임명되어 원자탄 개발을 관장했다. 1942년 소련은 레이더 개발을 위해 레이더 심의회(Radar Council)를 설립했으며, 1947년 그 명칭을 '특수위원회 No.3'로 바꾸고 레이더 개발을 책임졌다.

1946년 5월 16일 유스티노프는 결의안 No. 1017-419 3장 9항에 의거하여 로켓무기의 과학기술, 연구와 설계를 수행하는 국가과학연구소 'NII-88(State Scientific-Research Institute No.88)'를 설립했다. NII-88는 모스크바 근교의 칼리닌그라드(Kaliningrad)에 있던 탄약 공장 No.88 시

---

[65] 이 결의안은 체르토크의 저서 『Rockets and People, Volume II: Creating a Rocket Industry』(The NASA History Series, NASA History Office, Washington D.C., 2006) pp.10~15에 수록되어 있다.

설을 접수하여 액체로켓에 관한 과학 연구, 액체로켓 설계, 액체로켓을 시험하는 근거로 삼은 것이다.[66] 1946년 8월 9일 코롤료프는 유스티노프의 지시에 따라 '1번 품목(Article No.1)'의 수석 설계사로 임명되었다. 여기서 1번 품목이란 장거리탄도탄을 의미하는 위장 명칭이었다. 이로부터 일주일 뒤인 8월 16일에는 레프 고노르(Lev R. Gonor)가 NII-88의 소장으로 임명되었고, 고노르는 NII-88 내에 SKB(Spetsialnoye Konstruktorskoye Byuro)라는 특수 설계 연구소를 신설했으며 SKB의 일부로 '제3국(Department No.3)'을 만들어 코롤료프를 이곳의 수석 설계사로 임명했다. SKB는 각종 미사일을 설계하는 임무를 띠었고, 그중에서도 제3국은 장거리탄도탄 설계를 전담하는 부서였다.

NII-88는 기존의 포드립키에 있던 NII-1을 흡수했고, NII-1의 로켓 전문가 미신과 체르토크 등 여러 사람을 NII-88로 합류시켰다. 이렇게 해서 구성된 NII-88의 부서장들은 모두 코롤료프가 독일에서 만나 서로 알고 지내던 사람들이었다. 포베도노스체프는 NII-88의 수석 엔지니어로 임명되었으며, 그의 부관으로는 체르토크가 임명되었다. NII-88 외에도 필요한 연구소나 공장이 많이 세워졌는데, 대표적인 것을 꼽자면 글루시코가 수석 설계사로 임명된 킴키(Khimki)의 로켓엔진 공장 'OKB-456'와 랴잔스키가 수석 설계사로 있는 유도장치 연구소 'NII-885' 등을 들 수 있다. 참으로 신기한 것은 장거리 로켓을 개발하기 위해 기반을 새로 구축하는 마당에 어떻게 조직을 이렇게 복잡하게 만들었는가 하는 점이다. 대부분의 연구소는 아예 다른 정부 부처에 소

---

[66] 모스크바 주의 작은 도시였던 칼리닌그라드는 코롤료프의 설계국 'OKB-1(NII-88로부터 시작)'이 자리 잡으면서 우주개발 도시로 성장했고, 1996년 세르게이 코롤료프를 기리는 뜻에서 '코롤료프(Korolev)'로 개명했다.

속되어 있었다. 더욱 놀라운 사실은 이렇게 어수선한 조직이 어떻게 일 사불란하게 움직여 세계 최초의 대륙간탄도탄(ICBM)을 성공적으로 개 발할 수 있었는가 하는 것이다. 그 해답은 개발에 관련된 주요 인물들 이 독일의 라베와 노르트하우젠 시절부터 코롤료프와 인연이 있었고, 그의 권위를 인정해준 것에서 찾을 수 있다. 이러한 인연으로 조직이 처음에는 순조롭게 돌아갔지만, 시간이 흐르면 불거져 나올 많은 문제 들이 내재된 것 또한 사실이다.

　　결의안 No. 1017-419에는 노르트하우젠에서 V2를 재현하기 위해 일하던 독일 기술자들의 운명을 결정하는 사항도 들어 있었다. 결의안 에는 1946년 말 이전에 로켓 관련 독일 기술자들을 모두 소련으로 이송 할 것을 명시했고, 특수위원회 No.2는 이에 대한 계획을 한 달 안에 소 련 국무회의에 보고하도록 규정하고 있었다. 결의안에는 독일 전문가 들에게 더 높은 월급을 지급하도록 명시했다. 물론 이러한 내용을 담은 결의안은 1급 비밀로 분류되어 꼭 알아야 될 몇몇 사람 외에는 알 수가 없었다. 따라서 독일의 로켓 전문가들과 독일에서 활동하고 있던 소련 의 전문가들은 알지 못했다. 결의안의 실천은 이들에게 크나큰 충격으 로 다가올 것이 자명했다. 소련은 독일인 로켓 기술자들의 리더로 그뢰 트루프를 지명했고, 그뢰트루프 팀의 임무는 소련이 V2 로켓의 설계 데이터, 시험 장비, 설계도면, 생산용 지그(Jig)와 기구, 지상 장비, V2 운용 지침 등 V2의 설계에서 시험, 생산 및 운용에 이르는 모든 것을 재 현하도록 소련 전문가들을 돕는 것이었다. 1945년 9월 글루시코의 지 휘 아래 진행한 첫 번째 V2 엔진 지상 연소시험이 성공했고, 1946년 가 을 그뢰트루프 팀은 소련이 그들에게 요구했던 거의 모든 것을 이루어 놓은 상태였다. V2를 생산하기 위해 필요한 설계도면을 만들었고, 레 헤스텐에 있는 엔진 제작 설비, 시험 설비와 미텔베르크의 생산시설은 모두 해체하여 소련으로 실어갈 수 있도록 준비해놓았다.

소련은 로켓 전문가뿐만 아니라 독일의 잘 훈련된 무기 과학기술자들과 그 가족을 모두 소련으로 이주시키려는 오소아비아킴 작전(Operation Osoaviakhim)을 세웠고, 1946년 10월 22일 새벽 전격적으로 실행에 옮겼다. 그뢰트루프 팀의 로켓 전문가들뿐만 아니라 잠수함, 비행기 등 무기와 관련된 과학자, 엔지니어, 기술자들 5000여 명을 이주시키는 대대적인 작전이었다. 가이두코프 장군은 그뢰트루프 일행에게 그동안의 노고를 치하한다는 명목으로 파티를 베풀어주었고, 밤늦게까지 파티를 즐기고 막 잠이 든 독일인들은 새벽에 깨워져 기차, 화물차, 자동차 등을 이용해 모스크바 근교에 마련된 연구소 등으로 강제 이송되었다. 이송 자체는 강제로 이루어졌지만, 이들에 대한 대우는 아주 특별했던 것으로 보인다. 그뢰트루프 부인은 자신이 기르던 젖소 두 마리를 포함해 가져가고 싶은 것을 모두 가져갈 수 있었고, 미혼이던 마그누스는 여자 친구도 데려갈 수 있게 허락받았다. 오소아비아킴 작전이 종료됨과 동시에 미국이 가져가고 남아 있던 독일의 V2와 부품, 관련 기술인력, V2 생산시설, 엔진 생산 및 시험 시설 등 무엇 하나 남기지 않고 소련이 싹 쓸어간 셈이다.

미국은 100기의 V2와 V2의 완전한 설계도면 그리고 주요 서류와 폰 브라운을 포함한 100명 이상의 최상급 로켓 과학기술자를 모두 확보했고, 소련은 미국이 골라서 취하고 난 나머지를 모두 확보했다. 독일에는 사실상 아무것도 남지 않았다. 독일의 탄도탄에 관련되었던 모든 인력과 기술, 장비는 미국과 소련이 완벽하게 나누어 가졌고, 독일에는 V2를 개발했었다는 전설만 떠돌 뿐 V2 로켓의 자취는 흔적만 남겨놓고 모두 사라졌다. 이로써 독일은 탄도탄의 무대에서 사라지고 미국과 소련이 새로운 주인공으로 요란하게 등장했다.

3
번민의 계절

페이퍼클립 작전은 원래 127명의 V2 로켓 과학기술자들을 육군과의 1년 계약으로 미국에 데려가기 위한 비밀 작전이었지만, 그들의 가족은 독일에 남아서 미군의 보호를 받기로 되어 있었다. 반면 오소아비아킴 작전은 기술자들과 그 가족을 기습적으로 소련으로 옮기는 비밀 작전이었다. 미국, 소련뿐만 아니라 프랑스와 영국도 V2 같은 독일의 무기에 관심을 가지고 있었지만, V2를 연구하고 생산할 만한 경제적 여력도 없었거니와 그럴 필요성도 별로 느끼지 않았던 것으로 보인다.

독일 내에서 활동하며 현장을 지켜본 토프토이 대령이나 포터 박사 등은 폰 브라운 팀을 모두 미국으로 데려와야 가장 효과적으로 그들의 능력을 발휘하게 할 수 있다고 생각했다.[67] 그러나 이러한 생각은 현장 지휘관들의 생각이었지 국방성이나 정치인들의 생각은 좀 달랐던 것 같다. 이들 최상급 V2 기술자들을 독일에 놔두면 소련이 데려갈 것이 분명했기 때문에 데려오긴 했지만, 막상 데려다 놓고 보니 이들에게

딱히 시킬 만한 일도 없고 이들의 능력이 꼭 필요할 것으로 예측되는 미래의 계획도 없었다. 그래서 미국은 이들을 텍사스 사막 한 귀퉁이에 있는 포트블리스(Fort Bliss)라는 요새에서 근 4년을 V2 조립이나 도와주면서 허송세월을 하도록 방치했다. 후에 폰 브라운은 이 당시의 자신들을 일컬어 '평화의 포로(POP: Prisoner of Peace)'라고 불렀다. 원래 '블리스'란 '천상의 기쁨'을 의미하는데 폰 브라운과 그의 동료들이 천상의 기쁨을 느꼈는지는 모르겠다.

그러나 미국 육군, 특히 미국 육군 항공대(USAAF: United States Army Air Forces)가 장거리 로켓에 관심이 없었던 것은 아니었다. 미국 육군 항공대는 1945년 10월 장거리유도탄을 개발하기 위한 제안서를 항공업계에 요청했고, 1946년 1월 10일 컨살러데이티드-벌티(Consolidated-Vultee)[68]는 로이드 스탠들리(Lloyd Standley)와 카렐 보사르트(Karel J. Bossart)라는 열정적인 엔지니어들의 주도 아래 장거리탄도탄의 비행모델인 MX-774 개발계획을 제안했다. 같은 해 4월 19일 컨살러데이티드-벌티는 미국 육군 항공대로부터 약 200만 달러를 받아 10기의 MX-774를 제작하고 비행시험을 하는 계약을 맺었다. 그러나 1947년 미국 육군 항공대가 육군으로부터 독립하여 미국 공군으로 창설되면서 예산이 삭감되는 바람에 MX-774 프로젝트는 첫 비행시험 예정 날짜를 3개월 앞둔 시점에서 취소되었다. 하지만 공군은 이미 제작한 3기의 MX-774를 7월에서 12월 사이 화이트샌즈 성능시험장(White Sands Proving

---

67 폰 브라운 팀이 미군에게 항복한 후에 CIC(Counter Intelligence Corps)는 제너럴 일렉트릭의 포터 박사, 캘테크(Caltech)의 프리츠 츠비키(Fritz Zwicky) 교수 그리고 역시 캘테크 제트추진연구소 'JPL(Jet Propulsion Laboratory)'의 클라크 밀리컨(Clark Milikan) 교수에게 폰 브라운 팀을 심문하게 했다.
68 나중에 회사 이름이 컨베어(Convair)로 바뀌었다.

Ground)에서 시험 발사할 수 있도록 허락했다.

컨베어사의 엔지니어들은 『라이프(Life)』지의 사진에서 V2의 치수를 추정했고, 알코올과 액체산소를 추진제로 사용하여 MX-774를 설계했지만, 이들은 정작 V2를 만져본 적도 없는 미국인들이었다. 따라서 이들이 개발한 MX-774는 완전히 미국 토종 V2였다.[69] 이후 MX-774는 역시 토종 나바호 초음속 순항미사일의 부스터(Booster) 로켓엔진과 결합하여 아틀라스 미사일을 만들어낸다.[70] 오소아비아킴 팀이 소련의 탄도탄 개발에 모두 직간접으로 크게 영향을 준 반면, 페이퍼클립 팀은 나중에 미국의 우주개발에는 결정적 기여를 했지만 ICBM이나 SLBM 개발에는 기여할 기회가 전혀 없었다. 오소아비아킴 작전에 의해 소련으로 옮겨간 독일 로켓팀은 무기로 사용할 수 있는 구체적인 로켓 설계를 원하는 주니어 로켓 기술자들이었다. 반면 페이퍼클립 작전에 의해 미국으로 온 독일의 시니어 팀은 어린 시절부터 우주여행을 꿈꾸던 사람들이었다. 이러한 두 부류의 팀 컬러도 소련과 미국에서 역할 분담에 한몫했으리라고 본다.

여기서 우리가 궁금한 것은 육군이 신병을 확보하고 있던 세계 최고의 탄도탄 기술자들을 미국이 왜 이용하지 않고 방치했나 하는 점이다. 1947년 공군은 육군으로부터 독립했고, 날개 없는 로켓보다는 날개를 가진 순항미사일에 더욱 애착을 느꼈으며, 순항미사일의 성공 가능성이 훨씬 높다고 판단했다. 하지만 1946년 초 MX-774를 개발하기로

---

[69] Walker, Chuck, "Atlas: The Ultimate Weapon"(An Apogee Books Publication, Burlington, Ontario, Canada, 1971) p.16.

[70] 나바호(NAVAHO)는 인디언 부족 이름에서 따온 것이 아니라 'North American Vehicle Alcohol'에서 따온 것이라고 한다. NAVAHO는 처음에는 A4b와 같은 날개 달린 V2로 잉태되었으나, 대륙 간 순항미사일로 목표가 바뀌면서 램제트 순항미사일과 램제트 점화 조건이 될 때까지 가속해주는 강력한 부스터 로켓 개념으로 바뀌었다.

계획했을 때에는 분명 육군 산하 포트블리스의 폰 브라운 팀은 미국 육군 항공대 프로젝트에 직접 기여할 수 있는 위치에 있었다. 그러나 아무도 폰 브라운 팀을 MX-774 프로젝트에 관련시키지 않았다. ICBM 개발 같은 국가 최고 비밀 사업에 참여하려면 미국 시민이라 할지라도 적합한 등급의 비밀 취급 인가가 있어야만 했을 텐데, 하물며 미국 시민도 아니고 불과 1년 전까지도 적국이었던 독일 출신 기술자들을 ICBM 개발에 참여시킬 수는 없었을 것이다.

미사일 개발 초창기에 미국 육군의 제임스 개빈(James Gavin) 장군과 워싱턴의 전문가 그룹은 비밀리에 촬영한 소련 미사일 기지 사진을 토대로 소련의 미사일 프로그램을 분석하고 있었다. 그러나 이들은 새로운 미사일 발사 기지에 대해 여러 가지 풀리지 않는 의문을 가졌다. 개빈은 폰 브라운을 불러 사진을 보게 하는 것이 어떻겠느냐고 제안했지만 "폰 브라운은 사진을 볼 수 있는 비밀 인가가 없어서 안 된다"며 거절당했다고 한다.[71] 이러한 현실 속에서 폰 브라운 팀이 미국 ICBM 개발에 참여할 수 없었던 것은 어찌 보면 너무도 당연했다. 따라서 1946년에 시작한 MX-774 사업이 미국 육군 항공대에서 이루어졌고 폰 브라운 팀도 육군과 정식으로 계약을 맺고 미국에 들어와 하는 일 없이 놀고 있었지만, 한시적으로 고용된 폰 브라운 팀을 ICBM 프로젝트에 관련시킬 의향은 전혀 없었던 것이다. 그러나 MX-774보다 등급이 훨씬 더 높은 맨해튼 계획을 기획하고 추진한 핵심 연구 인력의 대부분이 유럽, 그것도 독일과 이탈리아에서 피난 온 과학자들이었던 것을 생각하면 단순히 폰 브라운과 그의 팀이 독일인이었기 때문에 참여시키지 않은 것만은 아닌 것 같다. 맨해튼 계획에 참가한 과학자들은

---

[71] Bob Ward, "Dr. Space", (Naval Institute Press, Annapolis, Maryland, 2005) pp.84~85.

나치 독일의 핍박을 피해 도망온 사람들이고, 폰 브라운 팀은 핍박을 한 그룹에 속해 있었다는 사실이 시사하는 바가 크다고 본다.

결과적으로는 장거리 로켓에 대해 가장 많은 '아이디어'를 갖고 있고 경험이 풍부한 폰 브라운 팀은 포트블리스에서 우주여행에 대한 꿈이나 꾸고 우주여행 선전이나 하면서 때를 기다릴 수밖에 없었다. 폰 브라운과 그의 팀은 미국의 ICBM 개발에는 참가할 수 없도록 운명 지어졌으며, 그 결과 새턴-V를 개발할 기회를 잡게 되어 어린 시절의 꿈인 달 탐험 계획의 주역이 될 수 있었던 것이다. 만약 폰 브라운과 그의 팀이 ICBM에 관여했더라면 ICBM 우선순위와 비밀에 갇혀서 '아폴로 계획(Apollo Project)'을 주도하기 위해 '미국항공우주국(NASA)'으로 합류할 수는 없었을 것이다. 미국의 ICBM 개발은 폰 브라운 없이 시작되었고, 그와 페네뮌데 팀과는 무관한 또 한 명의 로켓 영웅 카렐 보사르트를 탄생시켰다. 그리고 보사르트에서 에드워드 홀(Edward N. Hall)로 이어지는 미국의 독자적인 ICBM 시스템 설계 계보를 만들어갔다.

한편 오소아비아킴 작전에 의해 소련으로 이송된 그뢰트루프 팀의 운명은 폰 브라운 팀과는 판이하게 달랐다. 소련은 장거리 로켓 기술 개발을 체계적인 국가사업으로 채택하면서 그 일환으로 독일 로켓 전문가들을 소련으로 이송했고, 독일 전문가들을 효과적으로 이용할 계획을 미리 세워놓고 있었다. 소련은 결의안 1017-419에 따라 칼리닌그라드에 NII-88를 설립함과 동시에 독일 전문가들을 수용하기 위해 고로도믈리야(Gorodomliya)라는 섬 안에 NII-88의 분소를 차렸다. 이송된 독일 전문가들 중 약 150여 명이 NII-88에 배속되었고, 나머지 독일 로켓 전문가들은 글루시코가 주관하여 로켓엔진을 개발하는 OKB-456나 로켓 컨트롤 시스템을 개발하는 랴잔스키의 NII-885에 배속되었다. NII-88에 배속된 독일인 중 상당수는 NII-88 본소에 배치되어 추진기관과 조종에 대한 연구를 했고, 나머지 인원들은 고로도믈리야에 배치되어 탄도, 공기역학, 설계, 물리학, 화학, 기계 가공 등의 기초연구를 하게 했다. 처음에 독일 전문가들은 독일에서 해체하여 들여온 V2 조립대를 설치하는 일을 도왔고, 그 후 15기의 V2를 조립했다.[72] 이후 독일 로켓 전문가와 그들의 가족은 모두 고로도믈리야로 재배치되었다. 가족을 포함한 인원수는 500여 명에 달했다.

소련은 독일 전문가팀에 일대일로 대응하여 자국 내 최고 전문가들로 이루어진 팀을 운영했다. 그들은 독일 전문가팀과 같은 공장이나 같은 연구소에 배치되어 있었지만, 독일인들과는 만나지 않도록 교묘히 분리시켜 운영하고 있었다. 그들은 독일 전문가팀의 보고서를 면밀하게 읽고 분석했다. 두 팀 간의 연락은 주로 젊은 연구원이 맡았으며, 질문과 답변이 오가는 데 시간이 지연되었다. 이러한 조직은 독일 전문가팀의 성과를 분석하고 독일 전문가팀을 통제하면서도 그들에게는 그 존재가 드러나지 않도록 안배되었다. 이러한 보이지 않는 조직의 우두머리는 물론 코롤료프였을 것으로 짐작된다.[73]

소련은 기술정보가 독일 측에서 소련 측으로 흘러갈 뿐, 소련 측에서는 독일 측으로 흘러갈 수 없도록 소련 전문가팀과 독일 전문가팀 사이에 '정보 삼투막'을 쳐놓았다. 소련이 무엇을 하고 있는지 또는 앞으로 무엇을 하고자 하는지 그 의도를 독일 전문가들에게 노출시키지 않으면서도 독일인들이 가지고 있는 모든 첨단 로켓 설계 개념과 지식, 기술을 빼낼 수 있도록 치밀하게 계산된 안배였다. 독일 전문가들은 같

---

[72] James Harford, "Korolev: How One Man Masterminded the Soviet Drive to Beat America to the Moon", (John Wiley & Sons, Inc., New York, 1997) p.79.
[73] ibid. p.81.

은 능력을 가진 소련 전문가들에 비해 2배 이상의 급료를 받았으며, 훨씬 좋은 배급과 잠자리를 제공받았다. 독일인들은 열심히 일했고, 소련 전문가들에게 아낌없이 지식과 경험을 넘겨주었다. 이러한 정보 삼투막 개념은 소련에게는 아주 성공적인 개념이었다.

그뢰트루프 팀은 그들이 알고 있는 모든 것을 짧은 시간 내에 코롤료프 팀에게 넘겨주도록 유도되었으며, 코롤료프 팀의 능력이 독일 전문가팀을 능가하게 되자 더 이상 소용없어진 독일 전문가팀을 독일로 돌려보냈다. 1952년 1월 20일 첫 번째 팀이 독일로 떠났고, 그뢰트루프와 그 가족을 포함한 독일 전문가팀은 1953년 11월 20일 독일로 돌아갔다. 마지막까지 남아 있던 마그누스 등도 1954년 독일로 돌아감으로써 오소아비아킴 작전은 종료되었으며, 소련의 ICBM 계획은 코롤료프를 중심으로 구성된 소련 기술자들에 의해 공식적으로 출범했다.

소련과는 대조적으로 미국에서는 ICBM에 대해 소련처럼 조급한 마음을 갖지도 않았고, 폰 브라운 팀이 가지고 있는 지식을 절실하게 필요로 하는 사람도 워싱턴에는 별로 없었다. 앞에서 말한 바와 같이 미국의 ICBM 개발은 폰 브라운 팀과 상관없이 미국인들에 의해 진행되었다. 그렇다고 소련과 경쟁하고 있는 상황에서 독일 전문가팀을 그대로 돌려보낼 수도 없었다. 육군은 폰 브라운 팀과 장기 계약을 맺었으며 1949년에는 영주권을 받도록 주선했다. 1955년 4월 14일 폰 브라운과 그의 팀원 중 38명과 그 가족들은 미국 시민권을 받았고, 독일 시민권을 포기함으로써 폰 브라운 팀은 미국의 우주개발을 위해 자발적으로 능력을 발휘할 기회를 얻었다. 이로써 사상 최대의 기술 이전 프로젝트였던 '페이퍼클립 작전'과 '오소아비아킴 작전'은 거의 동시에 시작되었다가 거의 동시에 막을 내렸다. 이 시점을 전후해 미국과 소련의 ICBM 개발이 본격화되었다.

제4장

미소의 ICBM 개발사

1

제1세대 미사일: 정치인을 위한 미사일

제2차 세계대전이 끝난 후 미국에서는 캘리포니아 공과대학 (Caltech: California Institute of Technology) 등 학계와 컨베어(Convair) 같은 민간 기업 과학기술자들을 중심으로 장거리탄도탄을 개발하려는 욕구가 일어나기 시작한 반면, 소련은 정부 주도로 로켓 개발 사업을 추진하고 있었다. 독일은 2단 로켓 A9/A10에서 A9에 액체 추진 로켓을 사용하는 경우와 램제트(Ramjet)를 사용하는 경우를 모두 검토했고, 미소 양국의 군부와 과학기술자들 역시 A9/A10의 개념을 검토하는 과정에서 두 가지 다른 장거리유도탄 개념을 구상하게 되었다.

첫 번째 개념은 순항미사일 개념이다. 순항미사일은 터보제트 또는 램제트로 추진되는 유도탄을 말한다. 순항미사일 개념에서는 제1단 로켓인 A10은 램제트가 작동할 수 있는 속도로 가속시키는 것을 목적으로 사용하고, 제2단에 해당하는 A9은 로켓이 아닌 램제트로 대체한다는 개념이었다.[74] A9은 램제트로 추진되는 대륙간순항미사일(ICCM:

Intercontinental Cruise Missile)인 것이다. 이러한 초음속 순항미사일 개념으로 태어난 것이 미국의 나바호(NAVAHO)와 구소련의 부리야(Burya)다. 제1단 로켓은 보조적 역할을 담당하고, 사거리의 대부분이 램제트에 의해 추진된다. 두 번째 개념은 2단 로켓으로 1단과 2단 모두 액체로켓으로 구성되었으며, 미국의 아틀라스(Atlas)와 구소련의 R-7 ICBM이 여기에 해당된다.

그러나 과학기술자들이 ICCM과 ICBM의 개발 가능성과 유용성을 주장한다고 해서 곧 ICCM이나 ICBM의 개발이 국가사업으로 채택되는 것은 아니었다. 소련에서는 스탈린이 필요하다고 결정하면 그대로 추진하지만 스탈린의 승인을 얻기까지는 나름대로 복잡한 절차를 거쳐야 했고, 미국에서는 ICBM에 대한 정부의 무관심, 공군의 강력한 반발 등 우여곡절이 특히 많았다.

만약 제2차 세계대전 중에 핵폭탄이 개발되지 않았더라면 대륙간탄도탄 개념은 미국에서나 소련에서나 상당 기간 단순한 호기심 이상의 관심을 끌 수 없었을 것이다. 그러나 1945년 중반 미국은 원자폭탄개발에 성공했고, 그 엄청난 파괴력은 일본에 투하된 두 발의 폭탄에 의해 증명되었다. 따라서 A9/A10의 대륙간탄도탄 개념과 원자탄의 결합은 이상적인 꿈의 무기 출현을 예고했다. 전술유도탄에 원자탄을 탑재하게 될 경우 전술적 측면이나 비용 대 효과 면에서 엄청나게 효율적인 무기 시스템이 될 것은 확실했지만, 탄도탄의 사거리가 8000km 이

---

74 램제트(Ramjet)는 제트엔진이 고속으로 움직일 때 엔진 공기흡입구에 생기는 압력을 이용해 공기를 압축하는 제트엔진으로, 통상적인 제트엔진에 사용되는 공기압축기(Compressor)가 없다. 따라서 구조는 간단하지만 엔진이 정지해 있으면 사용할 수 없다. 로켓 등의 도움을 받아 음속의 3배 정도로 가속되어야만 엔진이 효율적으로 작동하고 음속의 6배까지 가속할 수 있다.

상으로 연장될 때에도 과연 효율적인 무기 시스템이 될 것인가는 별개의 문제였다. 적어도 1950년대 초반의 원자탄은 부피가 너무 컸고 무게는 톤 단위로 측정해야 했다.

1945~1950년 당시의 기술로 가까운 장래에 개발 가능할 것으로 예측되는 대륙간탄도탄의 탑재량과 정확도를 고려하면, 표적을 효과적으로 제압하기에는 원자탄의 위력이 너무 미약했다.[75] 더구나 미국에서는 이미 초장거리 폭격기로 무장한 전략공군사령부(SAC: Strategic Air Command)가 군부 내에서도 막강한 힘을 발휘하고 있었다. 폭격의 정확도를 가늠하는 원형공산오차(CEP: Circle of Error Probable) 역시 450m 정도로 당시에 예측할 수 있는 어떠한 ICBM보다도 월등히 뛰어났다. 그뿐만 아니라 전후에 대대적으로 국방비 삭감 작업이 진행되고 있었기 때문에 군의 기존 조직은 각자 자기 예산 확보에 사활을 걸고 있었다. 이러한 분위기에서 ICBM 같은 새로운 고위험 프로젝트를 시작하는 것은 상황이 급변하지 않는 한 거의 불가능해 보였다.

미국 내의 이러한 분위기는 1949년 미처 예측하지 못했던 소련의 원자탄 실험 성공과 1950년 한국전쟁 발발이라는 외부의 돌발 변수가 등장하면서 반전되었다. 1950년 가을 미국 공군은 사거리 8250km, 유효 탑재 중량 3.6t에 CEP 450m인 순항 유도탄과 탄도탄의 설계 요구서를 85개 회사에 발송했다. 공군은 컨베어사와 아틀라스 ICBM의 설계와 개발에 대한 계약을 체결했다. 컨베어사는 미국 육군 항공대로부터 1946~1947년에 MX-774라는 장거리 로켓 개발을 위한 연구 용역을 받아 추진한 적이 있으므로 ICBM에 대해 이미 상당한 기술과 경험을

---

[75] 현실적으로 가능한 탄도탄의 최대 탑재량은 2~5t 정도이고, CEP는 5~10km 정도가 될 것으로 추정했다. 1945~1950년 당시 원자탄의 위력은 20~50kt 미만이었다.

축적하고 있었다. 계약 조건에서 보듯이 8000km 사거리에 CEP 450m 란 당시 기술로는 달성 불가능한 정확도를 요구하는 것이었다. CEP 450m란 잘 훈련된 승무원이 조종하는 공군 폭격기가 약 8km 고도에서 핵폭탄을 투하할 때 얻을 수 있는 최상의 정확도와 같은 값이었다. 공군이 이렇게 무리한 요구를 한 배경에는 내심 ICBM이 유인 폭격기를 대신해서는 안 된다는 의중이 깔려 있었던 것으로 보인다. 다시 말해 ICBM에 대한 반발과 성공 가능성에 대한 의구심이 아직도 내부적으로 상당히 강하게 작용하고 있었던 것이다.

그러나 1952년 미국이 수소탄 개발에 성공하면서 ICBM에 대한 분위기가 내부적으로도 바뀌기 시작했다. 수소폭탄의 위력이 원자탄의 수백 배에 이르니 CEP가 5~6km가 되더라도 표적을 효과적으로 제압할 수 있기 때문이다. 1953년 소련도 수소탄 실험에 성공했다. 당시 미국의 수소탄은 액체 중수소를 사용하는, 무게가 수십 톤에 이르는 거대한 습식폭탄(Wet Hydrogen Bomb)[76]으로 폭발력이 10Mt 이상이나 되는 데 비해 소련의 수소폭탄은 폭발력이 0.4Mt으로 작았지만 작고 가벼워 비행기에서 투하할 수 있었다. 이것은 미국에 충격적인 사건이었고 크나큰 위협으로 받아들여졌다. 1954년 드디어 미국도 건식 수소탄(Dry Hydrogen Bomb) 실험에 성공했고,[77] 과학자들은 수년 내에 아주 가볍고 강력한 핵폭탄을 생산할 수 있다고 판단했다. 1953년 이후 과학기술자들과 일부 국방 관계자들은 대륙간탄도탄이 핵탄두의 초장거리 운반 수

---

[76] 극저온에서 액화된 액체 중수소를 사용했다는 뜻이고, 중수소는 수소 원자의 동위원소로 원자핵이 하나의 양자와 하나의 중성자로 이루어졌다.

[77] 핵융합반응의 연료로 액체 중수를 사용하는 대신 리튬-중수소화물(LiD: Lithium Deuteride)이라는 백묵 가루 같은 고체를 핵융합 연료로 사용하는 폭탄을 건식 수소탄이라고 한다.

단으로 가장 적합하다는 판단을 하게 되었고 국방부, 특히 공군을 중심으로 ICBM 개발에 관한 진지한 논의가 다시 활발하게 시작되었다.

5명의 화성인

미국이 핵 개발과 ICBM 개발을 결정하게 된 배경에는 화성인이라 불리는 5명의 헝가리 출신 물리학자들이 관련되어 있었다는 사실이 흥미롭다. 시어도어 폰 카르만(Theodore von Kármán), 레오 질라드(Leo Szilard), 유진 위그너(Eugene Wigner), 존 폰 노이만(John von Neumann) 그리고 에드워드 텔러(Edward Teller)가 바로 그들이다.[78] 아주 먼 옛날에 방랑벽이 있던 화성인들이 지구까지 왔다가 우주선이 고장 나 돌아갈 수 없게 되었다고 한다. 당시 지구에 살고 있던 원시인들이 자기네와 다른 외계인을 살려두지 않을 것이라 생각한 화성인들은 어쩔 수 없이 원래 모습을 감추고 살아야 했는데, 그들이 바로 헝가리인의 조상이라는 것이다. 그러나 아무리 감추려 해도 감출 수 없는 것이 지구인보다 명석한 두뇌와 특이한 언어 구조 그리고 방랑벽이었다. 외계어를 사용하고, 지구를 반 바퀴 돌아 미국까지 방랑해 온 5명의 천재들은 화성인일 수밖에 없다는 것이 맨해튼 계획에 참여했던 동료들의 한결같은 대답이었다. 헝가리어의 구조는 주위의 어느 나라와도 같지 않기 때문에 유럽 사람들이 외계어라고 볼 수도 있었을 것이다. 헝가리어는 우랄어족의 한 계통인 데 반해 주변 국가들이 사용하는 언어는 인도-유럽어 계통에 속한다.

헝가리 부다페스트에는 자연과학, 특히 물리학 분야에서 특출한

---

[78] Istvan Hargittai, "The Martians of Science: Five Physicists Who Changed the Twentieth Centuary", (Oxford University Press, 2006).

인재들을 배출하기로 유명한 루터란 김나지움(Lutheran Gymnasium)과 민타 김나지움(Minta Gymnasium)이 있었다.[79] 폰 카르만과 텔러는 민타 김나지움 출신이고, 위그너와 폰 노이만은 루터란 김나지움을 같이 다녔다. 루터란 김나지움에서는 라슬로 라츠(Laslo Ratz)라는 유명한 수학 선생님과 산도르 미콜라(Sandor Mikola)라는 물리 선생님이 폰 노이만과 위그너를 이끌어주었다. 폰 노이만을 제외한 4명의 유대계 출신 헝가리 학생들은 모두 독일에서 박사 학위를 받았다. 5명 중 다른 4명은 동년배인 데 비해 폰 카르만은 20여 년 연상이었지만 1930년 위그너, 폰 노이만 등과 거의 동시에 미국으로 이주했다. 폰 카르만은 캘리포니아 공과대학 구겐하임 항공연구실험실(GALCIT) 소장으로 초대되었고, 위그너와 폰 노이만은 프린스턴 대학교에 교수로 초빙되었다. 텔러와 질라드 역시 나치의 유대인 박해를 피해 1933년 일단 영국으로 피신했다. 텔러는 그 후 1935년에 조지 워싱턴 대학교에서 교수직을 제의받고 미국으로 이주했지만, 질라드는 영국에서 5년 가까이 더 머물다가 1938년에 위그너의 도움으로 컬럼비아 대학교에 연구직을 구해 미국으로 이주했다.

질라드는 통찰력과 직관이 매우 뛰어났다. 그에 관련해 리처드 로즈(Richard Rhodes)의 책『원자탄 만들기(The Making of the Atomic Bomb)』에 다음과 같은 일화가 소개되어 있다.[80]

"영국의 제임스 채드윅(James Chadwick)이 중성자를 발견한 바로 다음

---

[79] 김나지움(Gimnazium)이란 10~18세의 청소년(우리나라에서는 초등학교 고학년부터 중·고등학교 학생에 해당하는 청소년)들이 다니는 교육기관이다.

[80] Richard Rhodes, "The Making of the Atomic Bomb", (Simon & Schuster, Inc., New York, 1988) p.28.

해인 1933년 9월 12일 질라드는 런던 사우샘프턴 거리에서 보행자 신호가 바뀌기를 기다리고 있었다. 그는 그날 읽은 〈타임(The Times)〉지에 실린 어니스트 러더퍼드(Ernest Rutherford)의 원자 변환(Atomic Transmutation)에 대한 강연 기사가 자꾸 생각났다. 러더퍼드는 강연에서 '양자(Proton)를 가속하여 원소와 충돌시킴으로써 사용한 에너지보다 훨씬 많은 에너지를 얻을 수는 있겠지만, 평균적으로는 에너지 이득이 별로 없을 것이기 때문에 원자 변환현상을 에너지원으로 쓰려는 시도는 바보 같은 짓'이라고 했다. 신호가 바뀌어 길을 건너면서 질라드는 생각했다. 양자나 알파 입자(α-입자: 헬륨의 원자핵) 대신 전하를 띠지 않는 중성자를 사용한다면 원자핵의 전기적 반발 없이 원자핵에 도달할 수 있을 것이다. 그는 중성자와 가볍게 충돌하기만 해도 다른 원자로 변환되는 원소가 자연에 존재할 것이라고 생각했다. 사실 여기까지 생각한 사람은 많았다. 그러나 질라드의 생각은 여기서 머물지 않았다. 만약 원소가 중성자를 흡수하고 다른 원자로 변환될 때 에너지뿐만 아니라 1개 이상의 중성자를 다시 방출한다면 완전히 새로운 에너지원을 얻을 수 있다는 데 생각이 미쳤다. 이 1개 이상의 중성자는 또 다른 1개 이상의 원자를 변환시키고, 급기야 이러한 원소로 이루어진 큰 덩어리의 물질은 연쇄적인 원자 변환반응에 의해 어마어마한 에너지와 천문학적인 숫자의 중성자를 만들면서 폭발할 것이다. 이러한 생각을 하는 사이 그는 도로를 건넜고 신호등은 다시 붉은색으로 바뀌었다."

횡단보도를 건너는 짧은 시간 동안 질라드의 머릿속에서 번개처럼 스쳐갔던 연쇄핵반응(Nuclear Chain Reaction) 개념은 12년 후에 세상을 바꿔놓았다. 1934년 질라드는 연쇄반응 원리에 대한 영국 특허를 획득했다. 그러나 중성자에 의해 연쇄반응이 일어나는 물질이 세상에 실제로 존재한다는 것을 확인하기까지는 다시 6년이라는 세월이 더 걸렸다.

오토 한(Otto Hahn)과 프리츠 슈트라스만(Fritz Strassmann)은 1938년 우라늄을 중성자로 조사한 후 바륨(Ba: Barium)이 생성되는 것을 알았지만 우라늄 원자핵이 2개로 쪼개진다고 주장하는 것은 화학적으로 이단시되었기 때문에 발표를 주저하고 있었다. 이 소식을 접한 리제 마이트너(Lise Meitner)와 그의 조카 오토 프리시(Otto Frish)는 한과 슈트라스만이 얻은 결과가 92번 원소 우라늄이 56번 원소 바륨과 36번 원소 크립톤으로 쪼개져서 생긴 현상임을 알았다. 그들은 분석 결과를 1939년 1월 논문으로 출판했고, 프리시는 이러한 현상을 핵분열(Nuclear Fission)이라고 불렀다. 뒤이어 한과 슈트라스만도 그들의 실험 결과를 발표했다.

질라드는 컬럼비아 대학교에서 한과 슈트라스만의 우라늄 핵분열 소식을 듣게 되었다. 1938년에 컬럼비아 대학교에서 만난 엔리코 페르미(Enrico Fermi)와 질라드는 1939년 초에 우라늄 핵분열에 관한 간단한 실험을 했고, 매 핵분열마다 하나 이상의 중성자가 나오는 것을 확인했다. 질라드와 페르미는 우라늄이 바로 질라드가 찾아 헤매던 중성자에 의한 연쇄반응을 지속시킬 수 있는 물질 중 하나라고 결론 내렸다. 이것은 우라늄을 사용하면 연쇄 핵분열을 이용한 폭탄 제조가 가능하다는 것을 의미했다. 수많은 유능한 물리학자가 독일에서 빠져나온 것이 사실이지만 독일에는 아직도 핵폭탄을 개발할 수 있는 능력을 가진 과학자가 많이 남아 있었다.

질라드는 분주해졌다. 그는 프랭클린 루스벨트 미국 대통령에게 보낼 비밀 편지 초안을 작성했다. 핵무기 제조 원리를 설명하고, 나치 과학자들에 의한 폭탄 개발 가능성을 경고하며, 미국이 나치보다 먼저 핵폭탄을 개발하기 위한 프로젝트를 시작해야 한다고 건의하는 내용이었다. 대통령에게 전달할 편지를 작성한 질라드는 대통령을 설득하기 위해 알베르트 아인슈타인의 명성을 이용하기로 마음먹었다. 아인슈타인 명의로 된 질라드의 편지는 몇 달 후에 루스벨트 대통령에게 전달되었으며, 시간이 많이 지연되긴 했지만 1942년 9월 17일 레슬리 그로브스(Leslie Groves) 장군이 맨해튼 계획 책임자로 부임하면서 핵폭탄 개발이 본격적으로 추진되었다. 맨해튼 계획이 시작되자 텔러, 폰 노이만, 위그너, 질라드는 한팀으로 일하게 되었지만 자유분방한 성격의 질라드는 전형적인 군인 그로브스와 끊임없는 마찰을 일으켰다.

위그너는 핸퍼드(Hanford)에 건설한 플루토늄 생산용 원자로(Production Reactor)의 예비 설계를 거의 혼자 완성했고, 텔러와 폰 노이만은 로스앨러모스(Los Alamos)에 세운 핵 설계 연구소의 원자폭탄 개발에 중추적인 역할을 하게 되었다. 그뿐만 아니라 텔러는 스타니스와프 울람(Stanisław Marcin Ulam)과 함께 수소폭탄을 만들 수 있는 현실적인 설계 원리를 찾아냈다. 폰 노이만은 텔러, 루이스 알바레즈(Luise Alvarez)와 함께 긴급 프로젝트로 수소폭탄을 개발할 것을 주장했고, 수소폭탄 설계를 계산하는 데 필요한 전자계산기를 제작하여 설계를 도왔다. 사실 맨해튼 계획에 참여한 과학자들 대부분은 로버트 오펜하이머(Robert Oppenheimer)의 주장에 동조하여 도덕적인 이유로 또는 기술적인 이유로 수소폭탄 개발 자체를 반대했다. 텔러와 울람이 그 방법을 찾아낼 때까지 수소폭탄을 어떻게 만들어야 하는지 아는 사람은 아무도 없었다. 원자탄 개발에서 시작해 수소폭탄이 완성되기까지 전 과정에 헝가리 출신 물리학자 네 사람이 결정적인 역할을 했다. 특히 텔러의 수소폭탄에 대한 편집증적 집념이 없었다면 최소 몇 년은 지난 뒤에야 수소폭탄이 등장하게 되었을 것이다. 이제 와서 돌아보면 아마도 안

드레이 사하로프(Andrei Sakharov)와 야코프 젤도비치(Yakov Borisovich Zeldovich) 등이 활약했던 소련이 미국보다 몇 년 앞서 수소폭탄 개발에 성공하지 않았을까 싶다.

한편 폰 카르만은 GALCIT에 정착한 후 네 방향에서 미국의 로켓 기술 기반을 구축하는 데 기여하였다. 그중 첫 번째는 프랭크 말리나 (Frank Malina), 첸쉐썬(錢學森), 잭 파슨스(Jack Parsons), 아폴로 스미스 (Apollo Smith) 등 로켓 과학기술 인력을 양성한 것이다.

두 번째는 1942년 말리나, 파슨스, 에드워드 포먼(Edward S. For-man), 마틴 서머필드(Martin Summerfield) 등과 함께 폭격기 이륙 보조 로켓(JATO: Jet Assisted Take Off)을 생산하기 위해 에어로제트(Aerojet Engineering Corporation)라는 로켓모터 생산 회사를 차린 것이다. 이 회사에서는 로켓에 대한 기초연구도 함께 시작하여 로켓엔진 개발을 위한 산업 기반을 구축했다. 에어로제트는 미국에서 유일하게 고체로켓 모터와 액체로켓 엔진을 함께 생산한 공장으로 지금은 NASA와 탄도탄에 필요한 로켓모터를 공급하는 중요한 우주산업체로 성장했다. 로켓에 관심을 갖는 산업체를 찾지 못한 폰 카르만과 친구 그리고 동료들은 각자 1250달러씩 투자해서 에어로제트사를 세웠고, 이 회사는 나중에 설립자들을 부자로 만들어주었다.

세 번째는 1943년 제트추진연구소(JPL: Jet Propulsion Laboratory)를 설립하여 초대 연구소장이 된 것이다. JPL의 시작은 1936년으로 거슬러 올라간다. 말리나, 파슨스, 포먼 등 GALCIT 멤버들이 패서디나 (Pasadena) 근방에 모여 로켓 실험을 시작했다. 이때까지만 해도 로켓을 연구하려면 두 가지 위험을 감수해야 했다. 첫째, 로켓은 항상 폭발할 수 있다는 것이고, 둘째는 로켓을 연구함으로써 그동안 쌓아온 명성이 하루아침에 물거품이 될 수 있다는 것이었다. 그만큼 로켓은 비현실적이고 허황된 것으로 여겨졌다. 이러한 이유로 로켓 연구소 이름도 로켓 추진연구소가 아닌 제트추진연구소가 되었고, 이륙 보조용 로켓이 RATO(Rocket Assisted Take Off)가 아닌 JATO가 된 것이다. 육군의 지원을 받아 이륙 보조 로켓엔진을 연구하던 JPL은 1944년부터 유도탄 연구를 시작했고, 지대지 유도탄인 코퍼럴(MGM-5 Corporal)과 서전트 (MGM-29 Sergeant)를 개발했다. 코퍼럴은 액체로켓 엔진을 사용했지만 서전트는 고체로켓 엔진을 사용했다.

　마지막으로 카르만은 1944년 미국 육군 항공대 사령관 헨리 아널드(Henry H. Arnold) 장군의 제안을 받아들여 과학 자문 그룹(SAG: Scientific Advisory Group)을 구성하고 이 그룹의 의장직을 맡게 되었다. SAG의 설립 목적은 미국 육군 항공대(1947년 미국 공군으로 독립)에서 로켓, 유도탄, 제트기 등 새로운 무기가 장래 공군에 미칠 영향을 분석하고 유럽의 미래 전장에서 과학의 역할을 분석하는 것이었다. 1946년 SAG는 SAB(Science Advisory Board)로 개편되었다. 카르만은 1944～1949년에 안식년을 보내면서 워싱턴과 패서디나 그리고 유럽 각지에서 SAB 일을 했고, 1949년 SAB에 전념하기 위해 GALCIT 소장직에서 물러났다. SAB는 두 가지 중요한 보고서를 작성했다. 하나는 「우리의 위치는 어디인가(Where We Stand)」라는 독일의 계획과 개발 현황에 대한 보고서였고, 다른 하나는 「새로운 지평을 향해서(Toward New Horizons)」라는 방대한 보고서였다.[81]

　아널드 장군은 미래의 미국 안보와 군사적 우월성은 과학기술에 대한 연구에 달려 있다고 보았다. 그는 폰 카르만에게 전후 또는 미래

---

[81] Theodore von Karman, "Toward New Horizons",
http://www.governmentattic.org/TowardNewHorizons.html.

전장에서 미국 육군 항공대가 당면하게 될 모든 가능성과 미래의 미국 육군 항공대가 수행해야 할 연구 개발 분야에 대한 지침을 보고서로 제출할 것을 요청했다. 이러한 요청에 대한 대답이 바로 총 13권으로 구성된 「새로운 지평을 향해서」였다. 이 보고서에서는 공군이 제공권을 유지하는 데 꼭 필요한 요소로 과학의 중요성을 파악하고, 현재 상황을 분석하는 것으로 시작하여 기술정보의 중요성, 항공역학과 항공기 설계, 미사일의 유도 및 종말 유도, 항공기 추진기관, 항공연료 및 추진제, 유도탄, 화약 및 종말 탄도, 레이더와 통신, 전쟁과 기후, 항공의학과 심리학 등을 심도 있게 분석했다. 이 보고서의 영향은 엄청났고, 전후 미국이 제공권을 장악하는 바탕이 되었다.

미국 공군과 ICBM

폰 카르만, 공군 장교 버나드 슈리버(Bernard Schriever) 그리고 공군의 연구 개발 차관보(Special Assistant for Research and Development) 트레버 가드너(Trevor Gardner) 세 사람이 미국의 ICBM 프로젝트를 이륙시킨 주인공이다. 슈리버는 1910년 독일 브레멘에서 태어나 1917년 가족과 함께 미국으로 이민 왔다. 1923년에 미국 시민권을 획득한 그는 텍사스 A&M 대학교를 졸업하고 육군 포병 장교로 입대한 후 새로 생긴 미국 육군 항공대에 매력을 느껴 다시 항공 학교에 들어갔다. 그 후 헨리 아널드 중령 휘하에서 복무하게 되었다. 아널드는 미국 공군을 창설한 신화적인 존재로 그와 슈리버의 만남은 미국 ICBM 역사에서 분수령이 되었다. 제2차 세계대전이 끝나고 아널드 장군은 슈리버를 공군의 인사 및 자재 참모부의 과학 관련 연락 책임자로 임명했다.

제2차 세계대전 중 획기적인 무기를 개발한 과학자들은 종전 후 대학이나 민간 업체로 돌아갔다. 아널드 장군은 항공계뿐만 아니라 여러 분야의 민간 과학기술계와 밀접한 관계를 유지하고 협조하는 것이 신생 공군의 미래에 매우 중요하다고 판단했다. 그 임무를 슈리버에게 맡겼고, 슈리버는 SAB 총무 역할도 함께 맡아 폰 카르만의 SAB를 적극적으로 도왔다. 슈리버는 그 지위를 이용하여 아널드가 뜻한 대로 폰 카르만을 포함해 폰 노이만, 텔러, 사이먼 라모(Simon Ramo), 딘 울드리지(Dean E. Wooldridge) 등 영향력 있는 민간인 과학기술자들과 친분 관계를 쌓았다. 1953년 슈리버는 준장으로 승진했고, 트레버 가드너가 공군 장관 직속의 연구 개발 차관보로 임명되면서 미국의 ICBM 개발 논의는 급물살을 타게 되었다.

아이젠하워 행정부가 들어서면서 공군에게 소련과 미국의 미사일 프로그램을 전반적으로 검토하여 보고하라는 지침이 떨어졌고, 공군의 연구 개발 차관보였던 가드너에게 그 임무가 주어졌다. 이 지침의 원래 목적은 미사일 개발 상황을 검토하여 미사일 개발을 정리하자는 것이었으나 가드너는 검토 위원회를 조직하여 아틀라스 개발을 촉진하는 계기로 삼으려 했다. 가드너는 이러한 의도에 뜻을 같이하는 인물들을 검토 위원회 위원으로 선정했다. 가드너는 캘리포니아 공과대학의 클라크 밀리컨(Clark Millikan)에게 아틀라스 탄도탄과 나바호 순항미사일 프로젝트를 검토할 위원회를 만들게 했다. 이것이 바로 1952년 말에 활동한 밀리컨 위원회(Millikan Committee)였다. 밀리컨 위원회는 아틀라스 프로그램은 그대로 지속하되 너무 서두르지 말 것과 나바호 프로그램은 현행대로 진행해야 한다는 원론적인 건의를 하는 데 그쳤다. 이러한 미지근한 건의를 못마땅하게 생각한 가드너는 이듬해인 1953년 10월 핵폭탄 개발 업적으로 명망이 높던 폰 노이만에게 위원회를 다시 구성하여 좀 더 구체적으로 ICBM 개발 방안을 제시할 것을 요구했다.

새로 구성한 위원회의 공식 명칭은 전략미사일평가위원회로 위원장에 폰 노이만이 임명되었다. 이 위원회는 폰 노이만 위원회(Neumann Committee) 또는 티포트 위원회(Teapot Committee)로도 알려져 있다.[82] 폰 노이만은 원래 생각했던 아틀라스보다 훨씬 크기가 작고, 페이로드 탑재 능력(680kg) 역시 작은 미사일에도 메가톤급 수소폭탄을 탑재할 수 있다고 추정했다. 티포트 위원회는 가까운 미래에 개발 가능한 탄두는 소형 · 경량일 뿐 아니라 폭발력이 원자탄보다도 수십 배 클 것으로 예측했고, 따라서 CEP를 종전의 450m에서 대폭 완화하여 5km로 늘려 잡아도 표적을 파괴하는 데 별 지장이 없다고 판단했다. 제롬 위즈너(Jerome B. Wiesner)의 계산 결과에 따르면 필요한 유도장치 역시 작은 미사일에도 탑재할 수 있을 것으로 판단되었다.

1954년 2월 10일 폰 노이만 위원회는 다음과 같은 구체적인 제안을 담은 보고서를 제출했다. 첫째, CEP에 대한 조건을 5km로 완화하고 탄두의 소형화 가능성을 염두에 두어 아틀라스 미사일의 최대 적재량(혹은 투사량: Throw Weight)과 크기를 대폭 줄여서 설계해도 된다고 건의했다. 아틀라스를 원래보다 작게 재설계하여 가능한 한 빠른 시일 안에 아틀라스를 개발할 수 있게 하는 것이 무엇보다도 중요하다고 판단했던 것이다. 둘째, 아틀라스 계획은 공군 및 전문 과학기술자들과 심도 있게 검토해가면서 추진할 것을 건의했다. 셋째, 공군 내에 아틀라스 프로젝트를 전담하는 별도 기구를 구성하도록 건의했다. 더불어 모험적인 기술을 많이 사용한 아틀라스가 실패할 경우에 대비하여 보수적으로 설계한 타이탄(Titan-I) ICBM을 동시에 긴급 프로젝트로 개발

---

82 위원 명단은 다음과 같다. Chairman John von Neumann, Simon Ramo, Louis Dunn, Dean Wooldridge, Col. Bernard Schriever, Clark Millikan, Charles Lauritsen, George Kistiakowski, Jerome Bert Wiesner, Lawrence Hyland, Allen Puckett, and Hendrik Bode.

할 것도 건의했다. 폰 노이만 보고서가 발표되기 이틀 전인 2월 8일 랜드 프로젝트(RAND Project)[83]의 브루노 아우겐슈타인(Bruno Wilhelm Augenstein)도 거의 같은 내용의 보고서를 발표했다.[84] 슈리버는 아우겐슈타인의 보고서를 폰 노이만 위원회 위원들에게 미리 보여주었다. 1954년 5월 폰 노이만 위원회의 보고와 랜드 프로젝트 보고서의 건의를 받아들여 공군 참모총장 토머스 화이트(Thomas White) 대장은 아틀라스 프로젝트에 공군 최고의 우선권을 부여했다.

폰 노이만 위원회의 건의에 따라 공군 내에 탄도탄 사업을 전담하는 WDD(Western Development Division)라는 위장 명칭을 내건 비밀 기구가 창설되었고, 슈리버가 이 기구의 책임자로 임명되었다. 라모와 울드리지가 공동으로 만든 회사인 라모-울드리지(RW: Ramo-Wooldridge)사가 WDD를 기술적으로 보좌하는 과학기술 자문과 시스템 엔지니어링을 맡았으며, 컨베어사가 아틀라스 미사일 개발의 주 계약사로 지정되었다. 슈리버와 라모, 울드리지 모두 폰 노이만 위원회 위원이었고, 더구나 라모와 가드너는 대학 시절 룸메이트였다. 사실 가드너는 뚜렷한 주관적인 목적을 가지고 위원회 멤버를 선정했다. 이들은 모두 능력이 뛰어난 각 분야의 전문가였을 뿐만 아니라 ICBM이야말로 미국을 방어할 미래 무기로 시급히 개발해야 할 필요성이 있다고 믿는 사람들이

---

[83] 1945년 10월 1일 공군의 헨리 아널드 장군, MIT의 에드워드 볼스(Edward Bowles), 더글러스 항공사의 도널드 더글러스(Donald Douglas), 커티스 르메이(Curtis LeMay), 아서 레이먼드(Arthur Raymond), 프랭클린 콜봄(Franklin Collbohm) 등이 모여 랜드 프로젝트(RAND Project)를 설립했다. 그 후 랜드 코퍼레이션(RAND Corporation)으로 이름이 바뀌었으며 간단히 '랜드'라고도 부른다. 랜드는 시민의 안녕과 미국의 안보를 위해 과학과 교육을 연구하고 자문하는 비영리 단체이다.
[84] Bruno Wilhelm Augenstein, "A Revised Development Program for Ballistic Missiles of Intercontinental Range", http://www.rand.org/pubs/special_memoranda/2009/SM21.pdf.

었다. 1954년 이전까지 ICBM 개발계획은 상황에 따라 가다 서다를 반복했다. 우선순위에서 항상 하위로 밀렸으며, 비현실적인 CEP 요구 등으로 ICBM을 개발하자는 것인지 말자는 것인지 알 수 없는 상태로 방치되어 있었다. 이러한 상황과 미국 공군 내의 ICBM 개발을 반대하는 분위기를 타파하고 ICBM 개발에 우호적인 분위기를 만들기 위해서 가드너는 자신에게 주어진 기회를 최대한 이용했다.

한편 가드너와 폰 노이만 위원회는 주 계약사인 컨베어사의 아틀라스 사업 운영 방식이 산만하고 전문적이지 못하다고 보고 새로운 사업 경영 방식을 도입해야 한다고 판단했다. 이러한 분위기를 반영한 폰 노이만 위원회의 의견이 두 번에 걸쳐 보고서로 제출되었다. 제임스 뎀프시(James R. Dempsey)라는 슈리버의 공군 동료가 제대하여 컨베어사로 자리를 옮기면서 아틀라스 프로젝트를 이끄는 역할을 했다. 폰 노이만 위원회 위원들의 전문성과 ICBM에 대한 비전이 미국의 ICBM 개발을 성공시킨 원동력이 되었음은 두말할 나위가 없다. 그중에서도 슈리버의 결단성과 설득력 그리고 탁월한 사업 경영 능력은 단연 돋보였고, 그로 인해 슈리버는 미국 ICBM의 아버지라는 칭호를 듣게 됐다.

그러나 아틀라스 개발을 앞당겨 완료하기 위해서는 공군의 최고 우선권뿐만 아니라 국가의 최고 우선권을 부여해야 한다는 주장이 거세졌다. 1954년까지만 해도 아이젠하워 정부는 미국이 전략무기 기술에서 소련을 많이 앞서 있다고 믿었기 때문에 ICBM 프로그램의 긴급한 필요성을 느끼지 못하고 있었다. 국가 최우선 순위 요청이 들어오자 1954년 말 아이젠하워 대통령은 킬리언 위원회(Killian Committee)를 구성하여 이 문제를 검토하게 했다. 1955년 2월 14일 대통령에게 전달한 킬리언 위원회 보고서에서는 "미국의 안보가 점점 위태로워지고 있기 때문에 아틀라스 프로젝트에 국가 최고 등급의 우선권을 부여해야 한다"고 건의했다. 아이젠하워의 요청에 따라 1955년 7월 28일 가드너, 폰 노이만 그리고 슈리버는 대통령과 국가안보회의(NSC: National Security Council) 위원들이 참석한 가운데 브리핑을 했다. 그 결과 국가안보회의는 아틀라스 개발에 국가 최고 우선권을 부여할 것을 건의했으며, 1955년 9월 13일 아이젠하워는 이를 승인했다. 이로써 가드너와 슈리버는 원하는 바를 얻었고, 폰 노이만은 아틀라스 개발에 결정적인 역할을 한 셈이었다. ICBM 개발을 촉진하는 과정에서 가드너는 많은 적을 만들었고, 그의 주장에 반해 공군의 소어(Thor) IRBM과 육해군의 주피터(Jupiter) 계획이 ICBM과 공동으로 국가 최고 우선권을 부여받자 1956년 2월 10일 가드너는 차관보직을 사임했다. 그는 IRBM 프로젝트들이 ICBM 프로젝트로부터 자원과 인력을 빼내가 ICBM 사업을 수행하는 데 지장을 줄 것이라 생각했고, 공군과 아이젠하워 정부에 일종의 배신감을 느꼈던 것 같다.

R-7, 스푸트니크 그리고 미사일 갭

한편 소련에서는 1954년 5월 20일 액체로켓 탄도탄인 R-7의 개발 계획이 처음으로 승인되었다. R-7의 엔진은 중앙에 위치한 1기의 주 로켓(Sustainer)과 주변에 배치한 4기의 부스터 로켓(Boosters)으로 구성된 이른바 '1.5단' 로켓이다. 모든 엔진은 지상에서 동시에 점화되지만 부스터 로켓이 소진된 후에도 주 로켓은 계속 연소된다. 이러한 이유로 부스터 로켓은 통상적 의미에서 1단이라 할 수 있고 주 로켓은 1.5단이라고 하는 것이다. 등유와 액체산소(LOX)를 연료로 사용하며 부스터 로켓에 장착된 자세제어용 엔진(Vernier Engine)으로 비행을 조종하게 되어 있다. 비록 전시 독일에 비해 많이 발전되었다고는 하나 그때까지도 미사일 관성유도장치의 정밀도가 아주 낮았기 때문에 관성유도와 레이더-무선 지령 유도를 상호 보완적으로 함께 사용함으로써 요구되는 미사일의 정확도를 겨우 유지할 수 있었다. 관성유도장치는 미사일의 피치(Pitch)와 비행자세(Attitude)를 조정하고, 무선 지령은 방위각을 통제하는 방법으로 유도장치가 설계되었다.

1957년 5월 15일부터 R-7의 비행시험이 시작되어 8000km 가까운 비행을 처음으로 성공했지만, 재돌입체(RV) 자체는 재돌입 과정에서 파괴되고 말았다. 사실 이때까지도 RV 설계가 완성되지 않았지만 비행시험 자체는 나름대로 의미 있었기 때문에 RV의 생존과 상관없이 장거리 비행시험을 추진한 것으로 보인다. 비행시험에 성공한 후 흐루쇼프 서기장은 "소련은 수소폭탄으로 무장한 대륙간탄도탄을 보유하고 있다"고 선언했다. 이러한 흐루쇼프의 주장에 대해 서방세계는 이상할 정도로 별 반응을 보이지 않았는데, 이는 소련이 대륙간탄도탄을 보유했다는 흐루쇼프의 발표를 당연히 허풍으로 생각했기 때문이었다.

한편 R-7 개발 책임자인 코롤료프는 서방세계를 경악하게 할 만한 일을 꾸미고 있었는데, 그것은 인류 최초의 인공위성을 지구 궤도에 올리려는 계획이었다. 코롤료프는 1957년 10월 4일 R-7을 이용하여 인류 최초의 인공위성 스푸트니크(Sputnik) 1호를 궤도에 진입시키는 데 성공했다. 사실 흐루쇼프를 포함한 코롤료프의 상관들은 코롤료프의 우주에 대한 집념 자체를 별로 탐탁지 않게 생각했기 때문에 처음에는 코롤료프의 위성 발사 성공에 대한 보고를 그리 대수롭게 여기지 않았다. 농구공만 한 크기의 금속 공에 뒤쪽으로 향한 안테나 4개, 전파 송신기 2개 그리고 배터리 1개를 탑재한 것이 스푸트니크 1호의 전부였다. 그러나 스푸트니크 자체는 별것 아니었을지 몰라도 위성 발사 자체가 미국과 영국 등 서방세계에는 참담한 소식이었다.

스푸트니크 1호는 약 2주 동안 20MHz와 40MHz의 주파수를 이용하여 궤도상에 있는 자신의 존재를 전 세계에 방송했다. 스푸트니크는 냉전 상태에서 소련과 대륙간탄도탄 개발 경쟁을 하고 있던 미국과 서방세계의 신경을 극도로 자극했다. 그러나 미국과 영국이 정말로 충격을 받은 것은 스푸트니크 1호의 무게 때문이었다. 당시 미국도 1957년 1월부터 1958년 7월까지 세계지구물리의 해(IGY: International Geophysical Year) 기간 중에 뱅가드라는 인공위성을 발사하기 위해 분주하게 서두르고 있었다. 그러나 당시는 냉전이 절정으로 치닫던 시절이라 미국에서도 군사적 의미가 별로 없어 보이는 뱅가드 프로젝트는 지원 우선순위에서 밀려 고전을 면치 못하고 있었다. 무게는 1.6kg밖에 안 되고 크기도 자몽만 한 위성이지만 단 한 번만이라도 뱅가드 위성을 궤도에 띄워보는 것이 뱅가드 팀의 간절한 소망이었다. 이러한 상황에서 84kg의 소련 위성이 의미하는 바는 심각할 수밖에 없었다. 소련 로켓의 적재하중이 미국 로켓의 적재하중을 크게 앞지른다는 것 자체가 미국의 ICBM 개발 관계자들에게는 불길한 소식으로 인식될 수밖에 없었다. 이것은 곧 우주개발에서 소련이 미국을·크게 앞서고 있음은 물론 ICBM 경쟁에서도 소련이 많이 앞서 있음을 알리는 직접적인 증거로 풀이되기 때문이었다. 당시 상원 의원이었던 린든 존슨(Lynden B. Johnson)은 "소련은 이제 곧 구름다리 위의 아이들이 밑으로 지나가는 차를 향해 돌을 던지듯 우리 머리 위로 폭탄을 퍼부을 것이다"라고 당시의 불편한 심정을 토로했다.

　　다음 날 미국과 영국을 비롯한 서방세계의 경악에 가까운 반응이 소련에 전해지면서 흐루쇼프의 태도는 전날과 판이하게 돌변했다. 그는 스푸트니크 발사 성공으로 미사일 경쟁과 우주 경쟁에서 소련이 미국을 누르고 쟁취한 위대한 승리를 대대적으로 선전하라고 지시했다. 스푸트니크 발사 성공은 코롤료프를 국가 영웅으로 만들었을 뿐만 아니라 그때까지도 그리 탐탁지 않게 여기던 군부에서도 미사일의 중요성을 인정할 수밖에 없는 계기가 되었다. 당시 미국은 스푸트니크와 같이 무거운 위성을 발사할 수 있는 발사체를 보유하지 못했다. 미사일 경쟁에서 정말로 우려할 만한 사실이 아닐 수 없었다. 이러한 걱정은 같은 해 11월 3일 발사된 스푸트니크 2호에 의해 더욱 증폭되었다. 스푸트니크 2호의 무게는 이 인공위성에 태운 개 라이카(Laika)를 포함해 508kg으로 추정되었다. 소련 로켓의 탑재량에 대한 공포는 1958년 5월 16일 발사된 무게 1327kg의 스푸트니크 3호에 이르러 극에 달했다. 이러한 위성을 발사하려면 최소한 아틀라스급 또는 그 이상의 성능을 가진 미사일이 필요한데, 미국은 이러한 미사일을 보유하려면 아직도 몇 년을 더 기다려야 하는 처지였다. 따라서 미국이 소련과의 미사일 경쟁에서 많이 뒤떨어졌다는, 이른바 '미사일 갭'이 심각한 문제로 떠오르게 된 것이다.

이때까지만 해도 소련이나 미국에서는 전략무기 자리를 놓고 부리야나 나바호 같은 램제트 순항미사일과 R-7이나 아틀라스 같은 탄도탄이 경쟁을 벌이고 있었다. 미국에서는 순항미사일 계획의 일환으로 아음속 스나크(Snark)와 초음속 나바호 두 가지 미사일 개발을 추진했지만, 아음속 순항미사일의 전략적 가치는 그리 높지 않았고 초음속 나바호의 개발 상황은 실패의 연속이었다. 그러나 미국 공군은 전통적인 '날개'에 대한 집착으로 나바호에 대한 미련을 쉽게 버리지 못했다. 한편 소련의 부리야는 나바호와 달리 상당한 진척을 보이고 있었다. 그러나 스푸트니크 발사 성공은 미국과 소련에서 똑같이 순항미사일과 탄도탄의 개발 우선순위가 급격히 탄도탄 쪽으로 기울게 하는 직접적인 계기가 되었고, 미소 양국의 전략 순항미사일 개발계획은 연이어 폐기되었다.

　　스푸트니크는 미국의 정치, 군사, 과학, 기술, 교육 등 거의 모든 분야에 일대 변혁을 가져온 가장 큰 단일 사건으로 기록되었다. 그러나 당시 미국 대통령 아이젠하워는 다른 사람들처럼 미사일 갭을 걱정하지 않았다. 1956년 이후 미국은 고공정찰기 U-2를 이용하여 소련의 광범위한 영역에 대한 사진 정찰 비행을 해오고 있었다. 스푸트니크 1호가 발사되었을 때 아이젠하워는 스푸트니크 발사 성공에도 불구하고 당장은 소련의 ICBM이 미국에 그리 큰 위협이 될 수 없다고 판단했다. 아무리 대통령이라고 해도 비밀 첩보기 U-2의 존재를 밝힐 수는 없는 그가 미사일 갭 논쟁이 불러온 정치적 충격을 줄이기에는 역부족이었다. 미사일 갭 논쟁은 걷잡을 수 없이 번져나갔다.

　　소련은 R-7을 이용한 위성 발사에는 성공했지만, 정작 ICBM R-7 개발은 연이은 재돌입체(RV)의 실패로 계속 지연되고 있었다. 분리된 RV가 미사일 본체와 충돌하는 문제를 해결하기 위해 RV를 미사일 몸체에서 밀어내는 푸시로드(Pushrod)의 개수를 늘려가면서 충돌 예방책을 찾았고, RV 형태를 뾰족한 원뿔형(Sharp Cone)에서 끝을 둥글게 깎은 원뿔형(Rounded Cone)으로 바꾸는 등의 노력 끝에 1958년 7월 마침내 RV 설계를 완성했다. R-7은 그 후 16회의 비행시험을 거쳐 개발을 완료했으며, 1960년 1월 뉴욕, 워싱턴, 시카고, 로스앤젤레스를 각각 겨냥하여 4기의 R-7이 플레세츠크(Plesetsk)에 배치되었다. 추가로 2기의 R-7이 카자흐스탄의 바이코누르(Baykonur) 우주기지에 있는 시험 발사대에 예비로 배치되었다.

　　R-7 개발이 막바지에 달한 시점인 1958년경에 탄두가 이미 소형·경량화되었고, 관성유도장치 역시 R-7 설계를 시작한 시점에 비해 많이 발전했다. 이러한 과학기술 발전의 이점을 최대한 살리기 위해 같은 해 7월 2일 소련 정부는 R-7을 개량하여 R-7A라는 ICBM을 개발하

기로 결정했다. R-7A의 탄두는 경량화되었고, R-7A의 연료량을 R-7의 연료량에 비해 크게 늘림으로써 사거리가 8000km에서 1만 2000km로 늘어나게 되었다. 한편 R-7A의 유도장치는 완전한 관성유도 방식을 채택하여 발사시설이 아주 간소하게 개선되었다. R-7에서 사용한 무선지령 보완 관성유도 시스템은 발사대 좌우 수백 킬로미터 지점에 무선 통제소를 건설해야 했다. 이러한 무선 통제소의 물리적 배치는 R-7을 발사할 수 있는 방위각을 40° 각도의 부채꼴 안으로 제한할 수밖에 없는 데 비해 R-7A의 100% 관성유도장치는 이러한 제한을 없애 표적 지정이 한결 자유롭게 되었다. R-7A의 사거리는 1만 2000km에 이르고, 페이로드는 대략 2.2~3.7t 사이로 추정되며, TNT로 환산한 탄두 폭발력은 500만t(5Mt)으로 상당히 강력한 탄두를 탑재했다. 이것은 R-7A의 CEP가 5km 이상으로 추정되기 때문에 아무리 도시가 표적이라 해도 목표 지역을 효과적으로 제압하려면 이 정도의 폭발력이 필요했기 때문이다. 미사일의 부족한 정확도를 탄두 폭발력으로 보완하려는 이러한 성향은 소련의 미사일에서 계속해서 나타났다.

R-7 발사 기지, 플레세츠크

플레세츠크 기지는 모스크바 북쪽 800km 지점에 있는 곳으로 소련 최초의 ICBM R-7의 배치 기지로 선정되었다. R-7의 짧은 사거리를 고려할 때 미국의 주요 도시들을 사거리에 포함시키려면 가급적 북쪽에 있는 장소를 미사일 기지로 택해야 했다. R-7의 부품을 운송하기 위해서는 철도가 놓여 있어야 했고, 보안을 위해 인적이 드문 외진 곳을 택하다 보니 북극권에 근접한 플레세츠크가 적지로 선택되었다. R-7 미사일 발사대 건설은 1957년에 시작되어 1959년 12월에 완성되었다. 그러나 플레세츠크에 발사대를 건설하면서 소련은 아주 비싼 대가를 치러야 했다.

1957년 1월 세르게이 빌레예프(Sergey Byleyev) 대령이 이끄는 공병대가 플레세츠크에 도착했을 때에는 이곳에 56가구만이 살고 있었다. 이들은 비행장과 도로를 닦고, 100km 길이에 철조망을 두르고, 미국의 정찰기를 격추하기 위해 대공포와 대공미사일을 설치했다. 발사대를 설치할 지역은 앙가라(Angara)라는 코드 네임으로 불렀다. 100만㎥의 흙을 파내고 3만㎥의 콘크리트를 부었다.[85] 이 작업은 영하 30~40℃를 오르내리는 겨울에도 진행되었고, 땅이 질척대고 지하수가 솟아나오는 여름에도 계속되었다. 펌프로 물을 빼내고 5m 깊이의 토탄층 위에 도로를 건설하고, 수많은 다리를 건설했다. 봄이면 홍수가 나서 강물이 넘쳐나 애써 만든 기초를 쓸어갔으며, 몇 달간 정말 힘들여 흙을 파낸 구덩이를 다시 메워버렸다. 녹은 지표에서는 천연가스가 솟아나오고 녹은 땅에 생긴 큰 구멍으로 사람과 기계가 사라졌다. 근 3년이 지난 1959년 말, 첫 번째 실전용 R-7과 탄두가 도착하여 발사대에 장착되었다. 발사대 1개의 건설 비용이 연간 국방비의 5%에 달했다고 한다.[86] 소련 정부는 미국을 공격할 수 있는 지점에 한시라도 빨리 R-7을 배치하겠다는 집념 하나로 이 공사를 마칠 수 있었다. 원래는 플레세츠크에 12개의 발사대를 설치하고 다른 4곳에도 비슷한 R-7 기지를 설치할 예정이었으나, 워낙 경비가 많이 소요되고 R-7 미사일에 결함이 많아 결국 플레세츠크에 4개, 바이코누르에 2개를 배치하는 것으로 계획을 바꾸었다.[87] 미국, 소련을 불문하고 제1세대 ICBM의 공통된 특징은 생산 및 유지 운영비가 엄청나게 비싸다는 것이다. 아틀라스와 타이탄

---

85 "Plesetsk is Russia's Other Cosmodrome North of Moscow",
http://www.jamesoberg.com/1967_plesetsk.pdf.
86 "R-7 Semyorka", http://en.wikipedia.org/wiki/R-7_Semyorka.

에 들어가는 미사일 생산, 발사대 건설 및 운영비는 미국에도 상당한 부담이 되었다.

1960년 4월 9일 미국의 첩보기 U-2가 앙가라 상공을 지나가며 찍은 사진으로 R-7이 배치된 증거를 잡게 되었다. 미국은 1960년 5월 1일 게리 파워스(Gary Powers)를 보내 플레세츠크에 관해 좀 더 자세한 정보를 얻고자 했으나 그의 U-2기가 우랄 산맥 상공에서 SAM-2에 의해 격추되어 실패했다.[88] 그러나 1961년 8월부터는 코로나(Corona) 첩보 위성을 사용하여 새로운 사진을 찍을 수 있었다. 미국은 이렇게 플레세츠크에 대해 자세히 알고 있었지만 전혀 아는 체하지 않았고, 소련은 미국의 첩보 위성과 정찰기로부터 앙가라에서의 활동을 숨기기 위해 갖가지 방법으로 위장하면서 플레세츠크를 숨겨왔다.

소련과 미국은 플레세츠크 기지의 존재를 비밀에 부쳤으나 1966년 영국의 고등학교 물리 교사 제프리 페리(Geoffrey Perry)와 그의 학생들에 의해 발견되었다. 영국 노샘프턴 지방의 케터링 고등학교(Kettering Grammar School) 물리 교사인 페리는 학생들에게 도플러효과를 설명하기 위해 인공위성 추적 프로젝트를 시작했다. 인공위성이 발신한 전파의 주파수는 위성이 수신기를 향해 다가오면 증가하고 멀어지면 감소하는 현상을 보이는데, 이러한 현상을 발견한 도플러(Doppler)의 이름을 따서 도플러효과라고 한다. 수신기의 위치를 정확히 알고 있다면 도플러 데이터를 이용하여 위성의 궤도를 추정할 수 있다. 이 방법은 1957년 소련 스푸트니크의 라디오 송신을 추적하던 미국 존스 홉킨스

[87] Steven J. Zaloga, "The Kremlin's Nuclear Sword: The Rise and Fall of Russia's Strategic Nuclear Forces, 1945~2000", (Smithsonian Institution Press, Washington D.C., 2002) p. 49.
[88] 'Russia's Other Cosmodrome-Plesetsk', http://www.jamesoberg.com/1967_plesetsk.pdf.

대학교 응용물리연구실의 커시너(Richard B. Kershiner) 그룹이 처음으로 발견했다. 커시너 그룹은 한발 더 나아가 위치와 송신 시간을 알고 있는 위성이 보내는 데이터로부터 지상 수신기의 위치도 역추정할 수 있다는 결론에 도달했다. 커시너의 발견은 세계 최초의 항법위성 트랜싯(Transit) 시스템을 도입케 했으며, 오늘날의 위성항법 시스템(GPS: Global Positioning System)으로 발전하는 길을 열어놓았다.

페리와 그의 학생들은 군대의 잉여 물품 판매소에서 80달러짜리 라디오와 라디오-주파수-신호 발생기를 한 세트씩 구입하고, 학교 건물 사이에 안테나를 매달았다. 그 외에 테이프리코더 하나, 작은 지구본 하나, 그리고 탁상 계산기 하나가 장비의 전부였다. 페리의 지도 아래 케터링 그룹은 미국이나 소련이 발사한 위성들이 송신하는 전파의 도플러효과를 분석함으로써 인공위성의 발사 지역, 궤도, 낙하지점 등 위성에 대한 거의 모든 자료를 추적해냈다.[89] 페리와 그의 학생들은 1966년 발사된 소련의 코스모스 112호(Cosmos 112)의 궤도가 적도면에 대해 72° 기울어진 것을 발견했다. 이미 잘 알려진 티라탐(Tyratam: 바이코누르의 옛 이름)이나 카푸스틴 야르(Kapustin Yar)에서 발사된 위성은 이러한 궤도를 그릴 수 없다는 결론과 함께 코스모스 112호는 좀 더 북쪽 어딘가에서 발사됐을 것이라고 확신했다. 다음에 발사된 코스모스 114호와 121호 궤도면의 기울기 역시 72°로 코스모스 112호의 궤도와 너무 평행하여 궤도들의 발사지점인 접점을 찾아낼 수 없었다. 하지만 코스모스 129호 궤도면의 기울기가 64.57°로 판명되었고 코스모스 112 · 114 · 121호의 궤도면과 북위 63°, 동경 41°에서 만나는 것

---

[89] "Space: The Secret of Plesetsk",
http://www.time.com/time/magazine/article/0,9171,901938,00.html.

으로 확인되었다. 북위 63°, 동경 41°는 플레세츠크라는 동네 근방으로 판명되었다. 즉 코스모스 112/114/121/129호는 아직까지 알려진 적이 없는 전혀 새로운 우주 발사장인 플레세츠크에서 발사되었다는 결론에 도달한 것이다. 이 결과를 미국 국회도서관의 소련 우주 계획 전문가인 찰스 셸던 2세(Charles S. Sheldon)가 〈뉴욕 타임스(New York Times)〉에 발표함으로써 플레세츠크라는 ICBM 발사장 겸 우주 발사장이 세상에 알려지게 되었다. 그러나 소련이 1983년 플레세츠크의 존재를 인정할 때까지 소련 정부나 미국 정부는 플레세츠크에 대해 전혀 언급하지 않았다.

R-9A와 R-16

제1세대에 속하는 소련 ICBM 중 그나마 군사적으로 의미가 있는 미사일은 코롤료프가 설계한 R-9A(SS-8 SASIN)와 미하일 얀겔(Mikhail Yangel)이 설계한 R-16이다. R-9A는 LOX/RG-1을 사용하는 소련의 마지막 ICBM이었다.[90] 코롤료프는 1958년 4월 발사 중량이 R-7의 3분의 1을 조금 넘는 100t 정도로 작으면서 LOX/RG-1을 추진제로 사용하는 ICBM을 소련 정부에 제안했고, 1959년 5월에는 개발 사업 책임자로 임명되었다. R-9A는 직렬 2단 로켓이며, 소련에서는 처음으로 짐벌 엔진(Gimbaled Engine)을 사용하여 추력 방향을 제어했다. R-9A는 엔진의 연소 가스를 이용하여 연료 탱크의 압력을 높임으로써 가압 탱크를 제거할 수 있었다. 처음에는 라디오-관성유도 방식을 채택하고자 했으나 라디오 유도의 명백한 약점 때문에 개발 중간에 100% 관성유도 방식으

---

90 순수한 등유를 기본으로 하는 연료를 미국에서는 RP-1이라 하고 소련에서는 T-1 또는 RG-1이라고 한다.

로 바꾸었다.[91] R-9의 탄두/RV는 무게가 1.7t과 2.1t 두 가지 모드가 있었다. 가벼운 모델에는 1.65Mt의 폭발력을 가진 탄두가, 무거운 모델에는 2.5Mt의 탄두가 탑재되었으며 사거리도 각각 1만 2500km와 1만 300km로 달랐으나 CEP는 두 가지 모델 모두 8km 내외였다.[92]

미사일 개발 초기에는 지상 발사대에서 발사하는 방식으로 설계했지만 1960년부터는 지하 사일로(Silo) 발사대도 함께 개발했다. 미사일이 배치될 즈음에는 각기 다른 세 가지 발사대 시설(Launcher Complex)이 준비되었다. 그중 지상 발사대 시설인 두 가지는 데스나-N(Desna-N)과 돌리나(Dolina)로, 지하 사일로 발사대 시설인 나머지 하나는 데스나-V(Desna-V)로 명명되었다. 데스나-N은 2개의 발사대와 1개의 발사통제소 그리고 미사일 저장소와 연료 저장시설로 이루어졌다. 모든 발사 절차는 수동으로 진행하도록 되어 있었다. 돌리나도 똑같은 구성으로 이루어졌으나 자동 발사 준비시설이 첨가되어 발사 준비 시간을 20분으로 단축할 수 있게 된 점이 특징이다. 이 시간 동안 미사일을 저장소에서 이동하여 지상 발사대에 설치하고 주유를 하며 유도 조종장치를 활성화한다. 2개의 발사대를 이용하여 2기의 미사일을 발사할 때 필요한 최소 시간 간격은 9분이고, 한 발사대에서 연속으로 발사할 때에는 2시간 30분 정도 필요하다.

1963년 9월부터 데스나-V 지하 사일로에서 발사시험을 시작한 R-9A는 세계 최초로 지하 사일로에서 직접 발사되는 액체로켓 미사일이었다. 지하 저장소에 액체산소를 저장하고 주유하기 위해서는 손실이

[91] 지상에 노출되는 거대한 안테나 시설은 값도 비싸지만 보안상 취약하고, 적군에 의해 전파 방해를 받을 가능성이 높다.
[92] Steven J. Zaloga, "The Kremlin's Nuclear Sword: The Rise and Fall of Russia's Strategic Nuclear Forces, 1945~2000", (Smithsonian Institution Press, Washington D.C., 2002) p.232.

별로 없이 액체산소를 장기간 저장하는 것이 중요하다. 소련은 액체산소 손실률이 1년에 2~3% 미만인 저장시설을 개발했고, 짧은 시간 내에 주유를 끝마칠 수 있는 방법도 찾아냈다. 이렇게 빨라진 주유 시간은 자이로 정렬 시간(Gyro Alignment Time)과 비슷했다. 따라서 주유로 인해 발사가 늦어지는 일은 없어졌다. R-9A는 약 1년간 고도의 경계 태세를 유지하는 것이 가능하며, 주유를 마친 상태로 24시간 대기할 수 있었다. 비슷한 시기에 개발된 미국의 아틀라스-F와 타이탄-I도 지하 사일로에 배치되었고, 발사 전에 주유하지만 발사 직전 엘리베이터를 통해 지상으로 올린 후 발사되었다. 돌리나와 데스나-V는 1965년 7월 21일 전략로켓군(RVSN)에 의해 정식으로 채택되었고, 발사 준비 시간이 2시간이 넘는 데스나-N은 폐기되었다.[93] R-9A의 개발이 자꾸 늦어지고 문제가 생기자 흐루쇼프는 R-9 계열 미사일을 배치하는 것에 반대했다. 1964년 흐루쇼프가 실각하자 드미트리 유스티노프의 강력한 압력으로 R-9A도 배치하기로 결정되었지만, 실제로 배치된 숫자는 극히 제한적이어서 23기 정도로 추정되었다.

　R-16을 개발한 미하일 얀겔은 한때 코롤료프의 부관이었으며, 코롤료프의 요청으로 우크라이나 드네프로페트로프스크(Dnepropetrovsk)에 로켓 추진 센터를 설립했다. 1954년에는 얀겔의 저장 가능한 액체 연료 로켓 개념을 선호한 유스티노프가 얀겔이 세운 로켓 추진 센터를 OKB-586라는 새로운 로켓 설계국(Design Bureau)으로 독립시켰다. 코롤료프가 액체산소와 등유(Kerosene)만을 로켓 추진제로 사용하는 반면 얀겔은 상온에서 액상을 유지하고 휘발성이 별로 없는 UDMH(Unsymmetrical

---

93 Pavel Podvig, edited, "Russian Strategic Nuclear Forces", (The MIT Press, Cambridge, Mass., 2004) pp.192~195.

Dimethyl Hydrazine)와 사산화이질소(N_2O_4) 같은 주유 후 저장 가능한 액체 추진제를 선호했다. UDMH는 강한 발암물질 중 하나이고, 산화제인 질산이나 사산화이질소는 부식성이 아주 강한 독성물질이다. 코롤료프는 이러한 저장 가능한 추진제를 '악마의 독'이라고 혐오했으나, 새로이 창설된 소련의 RVSN 입장에서는 주유 후 장기 저장이 가능한 추진제를 사용하는 ICBM보다 더 바람직한 것은 없었다. 저장 가능한 추진제를 사용하면 반응시간을 수분대로 단축시킬 수 있어 액체로켓도 고체로켓에 필적하기 때문이다.

위성 발사나 우주 탐사를 위한 발사체는 분초를 다투는 상황에서 발사되는 것이 아니므로 군이 저장 가능한 추진제를 사용할 필요가 없는 데다 독성까지 강해 주로 우주개발에 열중하고 있던 코롤료프로서는 싫어할 만도 했다. 그러나 RVSN 입장에서 보면 LOX/RG-1 같은 극저온 추진제는 군사용으로는 전혀 적합하지 않았다. 로켓의 추진제를 놓고 SKB-586의 얀겔, 신생 설계국 OKB-52의 블라디미르 첼로메이(Vladimir Chelomey)와 엔진 설계국 OKB-456의 글루시코가 한편이 되어 코롤료프와 대결했다. 하지만 미사일 문제가 되면 양상이 더욱 복잡해졌다. 경량급 미사일은 코롤료프와 첼로메이, 중량급 미사일은 얀겔과 첼로메이의 대결 구도로 복잡한 상황이 전개되기 시작했다. 이러한 상황을 지켜보던 군부에서는 "코롤료프는 타스(TASS) 통신사를 위해 일하고 얀겔은 우리를 위해 일하는데 첼로메이는 화장실을 위해 일한다"고 꼬집었다.[94]

---

[94] Steven J. Zaloga, "The Kremlin's Nuclear Sword: The Rise and Fall of Russia's Strategic Nuclear Forces, 1945~2000", (Smithsonian Institution Press, Washington D.C., 2002) p.91.

네델린의 비극(Nedelin Disaster)

R-16은 세계 최초로 저장 가능한 액체 연료를 사용하는 ICBM이었다. R-16은 직렬 2단 로켓 ICBM으로 R-7보다 전투준비 태세, 관리 및 예산 면에서 매우 유리한 ICBM으로 생각되었다. 1956년 12월 7일 소련 정부는 R-16을 개발하기로 결정하고 그 임무를 OKB-586의 얀겔에게 맡겼다.

1960년 10월 23일, R-16이 첫 번째 비행시험을 위해 발사대 위에서 발사 전 마지막 점검을 하고 있었다. 모든 예비 점검에서 이상이 없었고, 같은 날 연료 주입을 마쳤다. 극독의 추진제를 주유할 즈음에는 꼭 필요한 인원을 제외하고는 발사대 주변에서 나가야 하지만 로켓군 사령관 미트로판 네델린(Mitrofan Nedelin) 원수와 수석 설계사 얀겔은 안전 수칙을 무시하고 발사대 가까이에서 현장을 지휘하고 있었다. 안전 수칙대로라면 네델린 원수는 위험 지역에서 나가야 했지만, 티라탐 시험장 사령관이나 시험 책임자 그 누구도 네델린 원수에게 나가달라고 요구하지는 못했다. 연료가 채워진 로켓에서 분당 140방울 정도의 연료가 새는 것을 발견했지만 더 심해지지만 않으면 큰 문제가 아니라고 기술자들은 판단했다.

발사 준비가 진행되는 동안 기술자들은 컨트롤 패널을 이용해 제2단 엔진의 산화제가 파이프에 들어가는 것을 막고 있는 파이로 멤브레인(Pyro-membrane)을 활성화시키는 신호를 보냈다. 파이로 멤브레인은 추진제 탱크에서 추진제가 파이프로 들어오는 것을 막는 얇은 막으로 파이로테크닉에 의해 엔진 점화 직전 제거되도록 설계되었다.[95] 그러나

---

[95] 파이로테크닉(Pyrotechnic)이란 순간적으로 높은 열을 낼 수 있는 물질로 만든 열원으로 필요한 곳에 구멍을 내든가 파괴할 수 있는 방법이다.

컨트롤 패널의 잘못된 설계와 제작상의 결함으로 제2단의 멤브레인을 활성화하는 대신 제1단의 연료 라인 멤브레인들을 제거했다. 연료와 산화제 탱크의 멤브레인이 제거된 상태에서는 파이프 등이 부식되어 48시간 이상을 버틸 수가 없었다. 즉 24일까지 R-16을 발사하든가, 아니면 연료를 제거하고 공장으로 되돌려 보내야 했다. UDMH와 산화제 AK-27I는 독성이 너무 강해 연료를 제거하는 일은 시간이 많이 소요되고 아주 위험한 작업이었다.[96] 따라서 다음 날 발사를 못하게 되면 몇 주 후에나 발사가 가능했다. 크렘린으로부터 재촉을 받고 있던 네델린은 빨리 수리를 끝내고 다음 날 발사하기를 원했다. 발사 안전 규정에는 위배되었지만 스케줄에 쫓기던 네델린 원수는 작업하는 기술자들에게 그냥 서둘러 수리하도록 허가했다.

멤브레인이 폭파되고 수분 뒤에 제1단 엔진 중 하나의 밸브에 부착된 파이로 장치가 모두 작동했고, 로켓에 전류를 공급해주는 전기 배전 프로그램 PTR가 고장 났다.[97] 23일 오후 6시경 발사 준비(Pre-Launch Process)를 정지시키고 PTR와 밸브들을 교체했다. 24일 R-16을 관장하는 국가 위원회(State Commission) 멤버들은 발사 장면을 구경하기 위해 약 800m 떨어진 관망대에 모여 있었다. 그러는 사이 또다시 발사가 30분가량 지연된다는 안내가 나왔다. 초조하게 기다리던 네델린은 급히 발사대 쪽으로 차를 몰았고, 수많은 부하가 그의 뒤를 따라 발사대 주변으로 모여들었다. 그런데 로켓에 탑재되어 정해진 순서대로 로켓의 각 시스템을 활성화해주는 PTR의 스위치가 '발사 후 모드(Post-Launch Position)'에 놓여 있는 것이 발견되었다. 하도 많은 작업을 동시에 진행

---

[96] AK27I는 73%의 질산과 27%의 사산화이질소 혼합물에 요오드 불활성제를 약간 섞은 로켓 산화제이다.

[97] 영어로는 PCD(Programmable Current Distributor).

하다 보니 각종 테스트를 수행하면서 '발사 전 모드(Pre-Launch Position)'로 초기화하는 것을 잊어버린 것이다.

1960년 10월 24일 오후 6시 45분, 통제실의 누군가가 PTR 스위치의 위치가 잘못된 것을 알고 'Zero' 위치로 바꾸는 순간 제2단 엔진이 점화되었고, 이어서 제1단의 산화제 탱크와 연료 탱크가 터지면서 직경이 120m가 넘는 화구를 만들었다. 발사 예정 시간 30분 전이었기 때문에 아직도 250여 명의 인원이 로켓 주변에 모여 있었다.[98] 이 사고로 네델린 사령관을 포함해 100명 이상의 군과 민간 기술자들이 사망했다. 네델린 사령관의 죽음을 둘러싼 여러 가지 소문이 떠돌았지만 이 사건은 1989년 4월까지 비밀에 부쳐졌다.

사고가 나기 몇 분 전, 전략 미사일 구입을 책임지고 있던 알렉산더 므리킨 중장이 얀겔과 몇몇 엔지니어에게 벙커에 들어가 담배나 피우자고 했고, 그 덕분에 이들은 화를 면할 수 있었다. 흡연이 목숨을 살린 몇 안 되는 보고 사례가 아닌가 생각된다. 한편 코롤료프도 시베리아 유형지 콜리마에서 모스크바로 돌아오는 배를 놓친 적이 있는데, 그 배가 침몰하는 바람에 승선했던 죄수들은 전원 사망하고 배를 놓친 코롤료프만 운 좋게 살아남은 적이 있었다. 같은 우연이 라이벌인 얀겔에게도 일어났던 것이다.[99]

R-16의 비행시험은 1961년 2월에 다시 시작해서 다음 해 2월까지 계속되었지만, 몇 기의 R-16은 비행시험이 한창 진행 중이던 11월경 지상 발사대에 배치되어 경계 태세에 들어갔다. 그만큼 R-16의 배치가

---

[98] R-16 Family: Nedelin Disater, http://www.russianspaceweb.com/r16_disaster.html.
[99] James Harford, "Korolev: How One Man Masterminded the Soviet Drive to Beat America to the Moon", (John Wiley & Sons, Inc., New York, 1997) pp.52~53.

시급했던 것이다. R-16은 발사대 인근 미사일 격납고에 보관되었다. 사실 R-16은 미국과의 전쟁에서 사용하기에는 역부족인 미사일이었다. 모스크바에서 발사 명령이 떨어질 경우 미사일을 발사대로 이동하여 설치하고 똑바로 세운 후 연료 주입을 시작하게 된다. 이 작업은 짧으면 1시간, 길면 3시간 정도 소요되었다. 같은 시기에 배치된 미국 타이탄-I의 반응시간이 15분 내외인 것을 감안하면 R-16의 반응시간은 너무 느려서 미국이 선제공격을 할 경우 살아남을 R-16은 전혀 없었다. 각 발사장에는 2개의 미사일 격납고와 2개의 발사대가 있었지만, 연료 주입시설은 가격을 낮추기 위해 하나만 설치했다. 따라서 발사대가 서로 가까이 배치되었고 별다른 보호시설도 없었기 때문에 1개의 탄두로 2기의 R-16이 파괴될 수밖에 없는 형편이었다. 더구나 고도의 경계 태세를 유지하자면 연료를 주입해놓고 있어야 하는데, 연료를 주입한 후 며칠이 지나면 연료를 제거하고 공장에 보내 새로 제작해야 했다. 자이로 시스템의 내구성도 좋지 않아 미국의 관성유도 시스템처럼 지속적으로 자이로를 회전시키는 것도 불가능했다. 연료가 충전된 미국 미사일은 발사 명령을 접수하고 3~5분 안에 발사할 수 있었지만, R-16 시스템은 같은 조건에서 자이로를 회전시키고 관성유도장치를 정렬하는 데 20분 가까이 기다려야 했다.

1960년부터는 R-16의 사일로 버전인 R-16U를 개발하기 시작했다. 1958년 9월경 흐루쇼프의 아들 세르게이 흐루쇼프(Sergei Khrushchyov)가 아버지에게 미국 미사일 사일로의 스케치를 보여준 것으로 전해진다.[100] 이 이야기의 진위는 알 수 없지만 흐루쇼프는 집요하게 R-9A와

---

[100] Steven J. Zaloga, "The Kremlin's Nuclear Sword: The Rise and Fall of Russia's Strategic Nuclear Forces, 1945~2000", (Smithsonian Institution Press, Washington D.C., 2002) p.64.

R-16을 지하 사일로에서 발사해야 한다고 주장했다. 그 결과 개발 도중에 사일로 버전 개발도 병행하는 것으로 계획이 변경되었다. 1962년 7월 처음으로 사일로 버전의 비행시험이 실시되었고 1963년 7월 15일 배치가 시작되었다. R-16의 페이로드는 R-9과 마찬가지로 1.5t과 2.2t 두 가지로 3Mt 탄두 또는 6Mt 탄두를 탑재할 수 있었다. 가벼운 탄두를 탑재할 경우 사거리는 1만 3000km이고 무거운 탄두를 탑재하면 1만 1000km로 줄어들었다. 1961~1965년 사이 모두 186기의 R-16과 R-16U가 배치되었다.

아틀라스

앞 장에서 자세히 설명한 대로 우여곡절 끝에 1954년 미국이 아틀라스 ICBM을 개발하기로 결정한 후 컨베어사가 아틀라스 개발 프로젝트의 주 계약사로 선정되었다. 아틀라스 개발계획은 연구 개발을 위한 아틀라스-A/B/C와 작전용 아틀라스-D의 네 단계로 나뉘어 추진되었다. 첫 번째 연구 개발 모델인 아틀라스-A는 설계 및 부품 평가용 미사일로, 최소한의 연료와 유도장치만 탑재하여 최대사거리는 1100km, 최고 고도는 106km밖에 되지 않았다. 1957년 6월과 1958년 6월 사이에 총 여덟 발의 시험비행이 있었는데, 그중 두 발만 1100km 비행에 성공했고, 나머지 여섯 발은 발사대에서 폭발하거나 발사 후 안전상의 이유 등으로 지상 명령에 의해 파괴되었다. 아틀라스-B는 두 번째 연구 개발용 모델이지만 추진기관만은 작전용 모델과 근접한 특성이 있어 1만km 이상의 사거리를 보여주었다. 아틀라스-B의 여덟 번째 시험 모델인 10-B는 프로젝트 SCORE(Signal Communications Orbit Relay Equipment)라는 세계 최초의 통신 중계위성을 궤도에 진입시키는 발사체로 이용되었다.

제너럴 다이내믹스(General Dynamics)사의 자회사인 컨베어는 아틀라스-D와 발전형 아틀라스-E/F 세 가지 모델을 생산했고, 전략공군에서는 이들 모두를 실전용으로 배치했다. 소련의 R-7과 마찬가지로 아틀라스 미사일은 1.5단의 액체로켓을 추진기관으로 사용했다. 로켓엔진은 2개의 큰 보조 엔진(Booster)이 1개의 주 엔진(Sustainer) 좌우에 배치되었고, 발사 시에는 주 엔진과 보조 엔진 2개가 동시에 점화되었다. 모든 엔진이 점화된 후 2.5초가 지나면 주 엔진에 부착된 2개의 자세제어 로켓이 점화되어 로켓 진행 방향을 통제하기 시작한다. 비행이 시작되면 엔진은 약 140초간 연소한 후 지상의 신호에 따라 보조 엔진과 터보 펌프를 투하하게 된다. 이후로도 주 엔진의 작동은 계속되고 자세제어 엔진(Vernier Engine)에 의해 비행경로 및 연소종료속도가 제어된다. 보조 엔진이 분리된 후 대략 130초 후에는 주 엔진의 연소도 끝나고 RV는 미사일 본체로부터 분리되며 이때부터 RV는 표적을 향한 긴 자유낙하비행(탄도비행)을 시작하게 된다.

병렬식 1.5단 개념은 대기압의 안정적인 조건에서 모든 엔진을 점화하기 때문에 직렬식 다단 로켓의 단 분리 및 점화 사이클에 수반되는 기술적 위험을 피할 수 있는 이점이 있었다. 당시에는 공기가 희박한 고공에서도 2단 모터를 안정적으로 점화할 수 있는지 아무도 확신할 수가 없었다. 이러한 이유로 병렬 배치 방법은 미사일 개발 초기에 미소 양국에서 사용했던 다단 로켓 배치 방법이었다. 그러나 효율 면에서는 직렬식 단 배치 방식에 뒤지고, 최대 직경이 너무 크고 연약하여 사일로 내에서 발사가 여의치 않았기 때문에 2세대 미사일부터 병렬식 로켓 배치 방식은 직렬식 로켓 배치 방식에 자리를 내주었다.

아틀라스 미사일의 특기할 만한 사항으로는 가압식 일체형 연료 탱크(Pressurized Integrated Fuel Tank)를 들 수 있다. 연료와 적재하중을 제외한 미사일 구조물의 무게(Inert Mass)를 줄이기 위해 연료 탱크를 두께 1.0~2.54mm의 스테인리스 철판으로 제작했으며, 외부 동체나 버팀쇠 등 일체의 하중을 견디기 위한 구조물을 사용하지 않았다. 연료 탱크 자체가 미사일의 외벽이 되도록 설계하여 무게를 대폭 줄이고자 했기 때문이다. 연료 탱크가 비었을 때에는 탱크가 찌부러지는 것을 막기 위해 0.36기압의 질소 가스를 채워 자체 무게를 지탱할 수 있도록 관리했다. 이러한 가압식 일체형 연료 탱크 아이디어는 당시 컨베어사에서 아틀라스 설계를 담당했던 보사르트에 의해 도입되었다. 그 결과 아주 가벼운 기체를 가진 아틀라스 미사일이 탄생하게 되었으나 모든 사람이 가압식 일체형 탱크 개념을 지지한 것은 아니었다. 특히 WDD에 과학기술 조언과 시스템 엔지니어링을 담당하던 RW사의 엔지니어들은 아틀라스 미사일의 실패 가능성을 매우 높게 보았다.

그래서 아틀라스가 실패했을 때를 대비해 좀 더 보수적으로 설계된 타이탄-I을 아틀라스의 백업 시스템으로 채택했다. 그 결과 제1세대 미사일 두 종류가 거의 동시에 개발된 것이다. 미국에서는 이러한 경우가 이것이 처음이자 마지막인 것으로 알고 있다.

같은 아틀라스라도 유도 방식은 모델에 따라 계속 달라졌다. 아틀라스-D에서는 초기 관성유도장치의 열악한 정확도를 보완하기 위해 제너럴 일렉트릭사와 버로스(Burroughs)사가 개발한 무선 지령과 관성유도를 병용하는 무선 지령-관성유도장치(Radio-Inertial Guidance)를 채택했다. 〈사진 4-1〉에서 보는 바와 같이 3기의 아틀라스-D 발사대와 하나의 통합형 유도 제어 및 발사시설이 모여 하나의 발사 기지를 이루고, 2개(초기) 혹은 3개(후기)의 발사 기지가 모여 하나의 아틀라스 대대(Atlas Squadron)를 구성했다. 하나의 강력한 탄두에 의해 여러 기의 미사일이 한꺼번에 파괴되는 것을 막기 위해 발사 기지는 30~50km씩

사진 4-1_ 아틀라스-D의 발사대 분포를 보여주는 사진 [National Security Archive][101]

거리를 띄어놓았다. 값비싼 유도 제어 및 발사시설과 주유시설을 갖춘
발사 기지에서 미사일 1기씩만 발사하는 것은 아무리 미국이라도 경제
적으로 부담이 크기 때문에 절충하여 3기씩 배정한 것으로 생각된다.
즉 3×2 또는 3×3 구성이 아틀라스-D의 기본 배치 유형이 되었다.

　아틀라스-E와 아틀라스-F 모델은 보시 아르마(Bosch Arma)사가 개
발한 완전 관성유도장치(All-inertial Guidance)를 채택했다. 완전 관성유
도장치를 탑재한 아틀라스-E/F는 델타 유도 방식(Delta Guidance)에 의
해 유도되었다. 델타 유도 방식에서는 표적을 명중시킬 수 있는 동력비
행 궤도(Powered Trajectory) 중의 하나를 미리 계산하여 미사일에 탑재
된 유도 컴퓨터 내에 입력시켜둔다. 일단 발사된 미사일은 더 이상 지

---

[101] http://www.gwu.edu/~nsarchiv/nukevault/gallery/image16.htm.

상관제를 받지 않고 스스로 미리 입력된 비행경로를 따라 비행하게 되며, 입력된 궤도에서 벗어나면 자동 항법장치가 지정된 궤도로 돌아오도록 조종한다.[102] 따라서 값비싼 지상 통제소도 필요 없어졌으며, 미사일 발사대를 더욱 넓은 범위에 분산시켜 적의 공격에서 살아남을 확률을 높일 수 있게 되었다. 원래 보시 아르마사의 관성유도장치는 타이탄-I의 유도장치로 개발하기 시작한 것인데 우선순위에서 밀려 아틀라스에 양보하게 된 것이다.

아틀라스 시절만 해도 지하 사일로에서 ICBM을 발사하는 것은 현실적으로 시도된 적이 없었다. 아틀라스-D/E는 별다른 보호 대책 없이 지상에 노출된 채로 발사 준비를 할 수밖에 없었고, 발사를 준비하는 내내 노출되는 시스템이었다. 아틀라스의 무게를 줄이기 위해 사용한 획기적 기술인 가압식 일체형 연료 탱크는 결과적으로 아틀라스를 적의 핵 공격은 물론이고 먼 거리에서 쏘는 소총 탄환에도 취약한 미사일로 만들었다. 적의 공격과 사보타지에 대한 우려 때문에 미국 공군은 아틀라스-E를 개발하는 도중에 타이탄-I에서 채택하려던 지하 사일로 시스템을 아틀라스에도 도입하기로 결정했다. 이렇게 함으로써 아틀라스의 생존 가능성이 월등히 높아질 것으로 판단한 것이다. 후속 모델인 아틀라스-F 역시 지하 사일로에 배치되었고, 사일로 내에서 주유하고 발사 직전에 승강기를 이용해 지상으로 올라와 발사하는 개념을 채택했다. 아틀라스의 구조적인 취약성 때문에 아틀라스-F 역시 사일로 내에서는 발사할 수 없었기 때문이다.

---

102 좀 더 자세한 설명을 원한다면 Richard H. Battin, "An Introduction to the Mathematics and Methods of Astrodynamics, Revised Edition", (AIAA, Inc., Reston, VA, 1999) pp.4~7 의 델타 유도에 대한 설명을 참고하기 바란다.

사실 아틀라스-F는 지하에서 연료를 주입하기 위한 연료 주입시설만 개량한 아틀라스-E라고 볼 수 있다. 지하 사일로는 깊이가 대략 52m이고 직경은 15.6m인 콘크리트 구조물로, 핵폭탄으로 직격되지 않는 한 그 안에 배치된 아틀라스는 안전하다고 여겼다. 미사일은 지상으로 올라오는 2분간만 취약하고 그 외에는 적의 공격으로부터 비교적 안전하게 보호되었다. 아틀라스-F가 지하 사일로에 배치되면서 아틀라스-F 대대는 12개의 지하 사일로와 하나의 발사 통제실(Launch Control)을 갖춘 12×1 형태로 전개되었다. 아틀라스-F는 연료 주입 후 상당 기간 동안 저장이 가능하기 때문에 위기가 고조되었을 때에는 연료를 주입한 후 발사 대기 모드를 한동안 유지할 수 있었다. 이러한 상황에서는 속사 모드(Quick Fire)도 가능하여 미국이 보유한 아틀라스-F 전체를 5분 안에 발사하는 것도 가능했다. 쿠바 미사일 위기가 고조되었던 1962년 10월에는 실링(Schilling), 다이스(Dyess), 링컨(Lincoln), 플래츠버그(Plattsburg) 및 앨터스(Altus) 공군 기지에 있는 모든 아틀라스-F 대대가 경계 태세를 유지하고 있었으므로 모든 아틀라스-F가 속사 모드에서 대기 중이었을 것으로 추정된다.

아틀라스-F에는 무게 1.4t의 W-38/Mk-4를 탑재했다. W-38 탄두는 아틀라스-E/F와 타이탄-I을 위해 로렌스 리버모어 국립 연구소(LLNL: Lawrence Livermore National Laboratory)에서 개발한 탄두로 폭발력은 3.8Mt이었다. 재돌입체 Mk-4는 융제물질(Ablative Material)을 이용하여 아브코(Avco)사에서 개발한 것으로 타이탄-I에도 같이 사용되었다. 아틀라스-F의 사거리는 무려 1만 9000km나 되어 미국의 ICBM 중 가장 긴 사거리를 자랑했으며, CEP는 대략 3.7km 정도로 추정되었다. 아틀라스-F의 반응시간은 아틀라스 시리즈 중 가장 짧은 10분 전후로 알려졌다.

아틀라스-F는 아틀라스 시리즈 중에서 생존 가능성이 가장 높은 모델이면서 동시에 사고 위험성이 가장 높은 모델이기도 했다. 1963년 말에는 지하 사일로 내의 탄화수소 유출 문제가 심각하게 대두되었으나, 이것은 아틀라스-F와 관련된 다른 사고에 비하면 경미한 문제였다. 1963년 6월 1일 워커(Walker) 기지에 배치된 아틀라스-F가 주유 중에 폭발하여 사일로가 완전히 파괴되었으며, 다음 해에도 같은 작업을 수행하던 중에 3기의 아틀라스-F가 또 폭발했다. 아마도 미군에게 가장 위험한 ICBM은 R-7이 아니라 아틀라스-F가 아니었을까 생각한다.

1963년 2월 28일에 첫 번째 미니트맨(Minuteman) 미사일 대대(Squadron)가 완성됨에 따라 아틀라스 미사일이 누리고 있던 대륙간탄도탄으로서의 위치가 급속히 쇠락해갔다. 그해 3월 공군은 아틀라스-D/E는 군사적으로나 비용 면에서나 더 이상 운용할 가치가 없다고 판단하여 아틀라스-D는 1965년까지, 아틀라스-E는 1968년까지 퇴역시키기로 결정했다. 그런데 아틀라스의 퇴역이 계획보다 앞당겨져 1965년 4월 초 아틀라스-F를 포함한 모든 아틀라스 미사일이 현역에서 완전히 제거되었다. 원래 아틀라스의 조기 퇴역 계획에는 아틀라스-F가 포함되지 않았지만, 계속되는 개선 작업과 수리 비용 때문에 아틀라스-F 역시 유지하기에 너무 비싼 시스템이 되어버렸기 때문이다. 1964년 6월 22일부터 비공식적으로 현역에서 제거되기 시작하여 1965년 4월 12일 모든 아틀라스-F가 미니트맨에 자리를 내주고 현역에서 완전히 물러났다.

2

제2세대 미사일: 군을 위한 미사일

미니트맨

1950년대 말은 제1세대 미사일인 R-7과 아틀라스-D가 비행시험에 성공하여 막 부대 배치를 시작하던 시기였으며, 또 새로운 개념의 대륙간탄도탄 연구 개발이 활발히 추진되던 시기이기도 했다. 앞서 언급한 것처럼 아틀라스나 R-7은 실전용 미사일로는 문제가 아주 많은 무기 시스템이었다. 사실 아틀라스나 R-7은 무기로서의 효율성보다는 ICBM을 보유했다는 그 자체로 가치가 더 컸던 '정치적인 미사일'이라고 볼 수 있었다. 1960년대 초에는 상당수의 아틀라스-D/E/F와 타이탄-I 미사일이 이미 운용되고 있었지만 비싼 생산비, 운영상의 어려움, 적의 공격으로부터의 취약성 같은 문제 때문에 미국 공군 일각에서는 좀 더 작고 값싸며 쉽게 생산할 수 있는 고체 연료 ICBM 연구 개발을 서두르고 있었다.

아틀라스와 타이탄-I이 부대에 배치될 당시 ICBM을 위한 고체 연료 개발도 상당한 수준에 이르러 있었다. 단위 무게당 연료의 에너지는 액체 연료가 고체 연료에 비해 더 크지만 액체 연료는 비중이 작아 연료 탱크의 부피가 크고, 따라서 로켓의 크기 자체가 커질 수밖에 없었다. 더구나 액체 연료 로켓에는 연료펌프와 파이프 등 고체로켓에는 없어도 되는 부품이 추가되어야 하는데, 이렇게 추가되는 무게는 사거리를 감소시켰다. 게다가 주유를 위한 장비 때문에 발사장의 설비가 복잡해지고, 연료의 극도로 강한 휘발성으로 작업 환경이 매우 위험했다. 반면 고체 연료는 단위 부피당 에너지 함량이 높아 같은 사거리를 기준으로 할 때 고체로켓이 액체로켓에 비해 훨씬 작아지고 생산 비용도 저렴해질 수 있다. 발사하기 위해 연료를 주입할 필요도 없고 로켓 자체가 액체로켓에 비해 견고하므로 무인으로 운용되는 사일로에 배치하여 관리하고 발사하기가 훨씬 간편할 것으로 예측되었다. 1955년경에는 고체 연료를 이용한 중·단거리 로켓 개발이 가능할 정도로 고체 연료 기술이 발전했고, 1957년에는 과학자들이 고체 연료 ICBM을 제안할 정도로 고체 연료에 관한 기술이 충분히 발전했다.

고체 연료 ICBM의 가능성이 보이자 공군 일각에서도 고체로켓 ICBM에 관심을 가지게 되었다. 공군은 고체로켓 개발을 WDD 내에서 추진하는 대신 이미 미국 공군의 미사일 개발 용역을 맡고 있던 민간 회사 WADC(Wright Air Development Center)와 개발 계약을 새로 체결하고 WADC에 고체로켓 개발을 일임했다. WADC는 에어로제트 제너럴 (Aerojet-General), 티오콜(Thiokol), 필립스(Phillips Co.) 같은 회사들을 독려하여 고체로켓에 대한 기술적 타당성을 검토하기 시작했다.

한편 슈리버는 ICBM 추진기관을 액체로켓에서 고체로켓으로 전환한다면 훨씬 강력한 엔진, 더욱 긴 사거리 그리고 비약적으로 개선된 안전성을 확보할 수 있게 되어 미국이 소련의 ICBM 기술을 뛰어넘는 기술 도약을 이룰 것으로 내다보았다. 슈리버는 WDD 소속의 공군 중령 홀에게 당시 무기 시스템-Q(WS-Q: Weapons System-Q)라고 불렸던 고체로켓 시스템을 독자적으로 구상해볼 것을 제안했다. 추진기관 전문가였던 홀은 그때까지 공군이 추진해온 고체 연료와 미사일 연구 용역을 통해 확보한 갖가지 기술정보를 검토, 분석하고 이를 토대로 미사일 갭을 역전시킬 수 있는 미사일 설계 개념을 구체화하기 시작했다. 홀은 슈리버로부터 고체로켓 설계에 대한 전적인 권한을 위임받긴 했지만 행정 보조원 하나 없이 혼자서 모든 일을 처리했다. 홀과 유일하게 같이 일한 사람은 라모-울드리지사의 바니 아델만(Barney Adelman)이라는 기술자뿐이었는데, 이 둘은 정기적으로 만나 의견을 교환하며 신개념 미사일의 설계를 같이 완성해나갔다.[103]

홀은 미사일 갭을 역전시킬 수 있는 미사일 시스템에 대해 우선 생산이 용이해야 하고, 생산 단가와 운용 관리비가 저렴해야 한다고 생각했다. 또 적의 탄두 1개에 의해 2기 이상의 미사일이 파괴되는 것을 방지하기 위해 새로운 미사일은 적어도 5km 이상씩 떨어진 곳에 위치한 지하 사일로에 1기씩 배치하는 것으로 구상했다. 홀은 발사 인원과 운영비를 절감하는 방안으로 분산 배치된 10기의 미사일을 한 곳의 미사일 발사 통제 센터에서 관리하고 발사한다는 운용 개념을 도입했다. 각 LCC는 모든 미사일로부터 8km 이상 떨어진 지하 사일로에 배치하며, 발사 명령을 접수하면 60초 안에 모든 미사일을 발사할 수 있도록 설계했다. 홀이 제안한 이러한 미사일 배치 운용 개념은 그 후 모든 미국

---

[103] 홀이 쓴 자서전적인 책 『The Art of Destructive Management』(Vantage Press, New York, 1984)에는 당시 홀이 슈리버에게 느꼈던 섭섭함과 고체로켓 ICBM을 이해하지 못했던 WDD 관리자들에 대한 다른 견해가 피력되어 있다.

ICBM 운용의 표준이 되었고, 소련도 이와 거의 동일한 개념으로 미사일을 배치 운용하게 되었다.

새로운 미사일은 제1세대 미사일과는 달리 사일로 안에서 직접 발사하도록 설계되었으며, 사일로는 근처에서 터진 핵폭발에도 살아남을 수 있도록 견고하게 설계되었다. 미사일을 충격으로부터 격리된 사일로 안에서 바로 발사하므로 외부에 노출되는 시간이 극히 짧아지고, 그만큼 생존 가능성이 높아질 것으로 예상했다. 새로운 미사일은 100% 관성항법장치로 유도하도록 설계되었고, 미사일은 지상과 교신 없이 스스로 표적을 향해 미리 프로그램화된 궤도를 따라 비행하므로 적의 방해전파로부터도 안전했다. 그러나 관성항법만을 사용하려면 관성항법장치의 정밀도가 제1세대 미사일에 사용된 것보다 훨씬 향상되어야 했고, 자이로스코프(Gyroscope) 준비 시간도 아주 짧아져야만 했다. 이러한 미사일을 개발하기 위해 홀은 추력 방향 전환을 위한 회전 노즐(Swivel Nozzle), 고체로켓 모터를 강제로 연소 종료[104]시키기 위한 추력 중단장치(TTP: Thrust Termination Ports), 그리고 배치에서 퇴역 때까지 계속해서 회전할 수 있는 자이로와 같은 혁신적인 기술을 과감하게 적용했다.

1957년경에는 미국 공군의 고체 연료 기술이 상당한 수준에 이르렀지만, 제1세대 ICBM을 추진하는 액체로켓과 맞먹는 대형 고체로켓 모터 제조는 당시의 기술로는 불가능한 일이었다. 그러나 페이로드 무게가 400~500kg을 넘지 않는다면 당시의 기술로도 사거리 1만km의 고체로켓을 제작할 수 있었다. 문제는 Mt급 탄두(아틀라스 탄두급)와 재돌입체를 이 무게 한도 내에서 제작할 수 있느냐 하는 것이었다.

---

104 연소 종료, 동력비행 중지, 모터 중단 및 컷오프(Cut-off) 등은 다 같은 뜻으로 사용된다.

페이로드 무게는 요구되는 폭발력을 가진 탄두 자체의 무게와 재돌입 과정에서 높은 열과 충격으로부터 탄두를 보호하는 수단인 재돌입체의 무게에 의해 결정된다. 1957년경 무게와 크기를 대폭 줄이면서도 폭발력은 오히려 증대된 새로운 수폭 탄두 TNW(Thermonuclear Warhead) 개발에 성공했고, 이로 인해 탄두는 급격히 소형 · 경량화되었다. 경량화는 탄두뿐만 아니라 재돌입체 설계에서도 이뤄졌다. 그때까지만 해도 미국은 무거운 금속으로 만든 열 흡수(Heat Sink) 개념에 의한 재돌입체 설계를 해왔지만 물질의 융제(Ablation)에 의한 열 차단 방법이 새로이 개발되었다. 융제 방법을 사용한 재돌입체는 기존의 열 흡수 방식 재돌입체 무게의 3분의 1만 가지고도 같은 효과를 얻을 수 있었다. 당시의 기술 발전 추세를 감안하면 1960년대 초까지는 400~500kg의 무게 한도 내에서 1Mt급 탄두와 재돌입체를 개발할 수 있을 것으로 판단했다.

이 두 가지 요인 외에 미사일의 정확도를 개선하는 것 역시 페이로드 무게를 줄일 수 있는 요인으로 작용한다. CEP의 감소는 주어진 표적을 무력화시키는 데 필요한 탄두 폭발력의 감소를 가져오고, 폭발력의 감소는 다시 탄두 무게와 크기의 감소 요인으로 작용한다. 제1세대와 제2세대 초기 미사일은 CEP의 차이가 미미하여 이러한 효과가 페이로드 무게 감소에 크게 영향을 주지 못했지만, 현대식 미사일에서는 페이로드의 무게와 부피를 줄여주는 가장 큰 요인으로 작은 CEP를 꼽을 수 있다. 이와 같이 페이로드의 경량화가 고체 연료의 발전과 맞물려 고체 연료 ICBM이 태어날 수 있는 배경이 되었다.

1957년에 작성한 WS-Q의 최종 타당성 검토 보고서에서 홀은 고체 연료로 추진되는 일련의 탄도탄 개략 설계를 제시했다. 홀은 세 가지 다른 종류의 고체로켓 시스템을 제안했는데, 첫 번째는 센티널(Sentinel)이라는 ICBM이고, 두 번째는 미니트맨이라는 IRBM, 그리고 세 번째는 스카우트(Scout)라는 단거리 전술유도탄이었다. 슈리버는 세 가지 모델을 모두 개발하고 싶었지만 미국 공군은 BMD의 WS-Q 자체를 그리 달가워하지 않았다.[105] 하지만 공군도 곧 마음을 바꾸어 WS-Q를 수용하고 프로젝트를 적극 후원하기로 방침을 세웠다. 공군이 이렇게 태도를 바꾼 배경에는 아마도 해군이 추진하고 있던 또 다른 고체 연료 로켓 폴라리스 프로젝트(Polaris Project)가 크게 작용했을 것으로 생각한다.

당시 해군은 잠수함용 폴라리스 고체 연료 미사일을 지상 발사용 이동식 ICBM으로 발전시키려는 움직임을 보이고 있었다. 만약 공군이 계속 머뭇거린다면 고체로켓 ICBM이 해군에게 넘어갈 수도 있다는 위기감이 공군으로 하여금 WS-Q를 받아들이게 한 주된 동기가 되었을 것이다. 이 외에 커티스 르메이(Curtis Emerson LeMay) 장군의 후원도 미니트맨 프로젝트를 크게 도운 것으로 보인다. 르메이 장군은 아틀라스와 타이탄 미사일 개발을 반대했지만 미니트맨 같은 고체로켓의 생존성과 경제성이 그의 마음을 움직인 것 같다.[106] 1958년 2월 슈리버 장군과 홀 대령은 스푸트니크 발사가 몰고 온 미사일 갭 여파에 편승하여 WS-Q의 필요성을 역설하고 워싱턴을 설득하여 사업 승인을 받아내는 데 성공했다. 이 과정에서 센티널과 스카우트 미사일 계획은 폐기된 반면 미니트맨 계획은 ICBM 개발계획으로 확장되어 승인되었다.

그러나 그 후로도 공군의 미니트맨 개발 사업이 그리 순조롭게 진행된 것은 아니었다. 합동참모본부(JCS: Joint Chiefs of Staff)의 완강한 반

---

[105] BMD는 'Ballistic Missile Division'의 약자로 1957년 WDD를 새롭게 개편한 기구의 이름이지만 슈리버 장군이 계속 지휘하고 있었다.

[106] Edward N. Hall, "The Art of Destructive Management", (Vantage Press, New York, 1984) p.54.

대에 직면하게 된 것이다. 합동참모본부는 미니트맨 같은 신기술에 의존한 모험적인 대륙간탄도탄보다 소어(Thor)나 주피터(Jupiter) 같은 중거리탄도탄 계획을 선호하였다. 공군의 탄도탄 위원회(The Air Force Ballistic Missile Committee)와 국방장관실(OSD: Office of the Secretary of Defense) 보좌관들이 후원했지만 1959년도 개발비로 신청했던 1억 5000만 달러의 예산은 결국 5000만 달러로 삭감되고 말았다. 슈리버는 미국 공군 연구개발사령부(ARDC) 사령관인 샘 앤더슨(Sam Anderson), JCS 참모장 토머스 화이트(Thomas D. White), 부참모장 커티스 르메이와 공군 장관 제임스 더글러스(James Douglass)에게 미니트맨의 운용 개념과 설계 개념은 확실하다는 것을 강조했고, 미니트맨 개발은 틀림없이 성공할 것이라고 역설했다. 최소한 초기 개발을 위한 지원만이라도 해주면 6개월 내에 자신이 한 말을 증명해 보이겠다고 설득했다. 그 후 슈리버 장군과 공군은 최종 결정 권한을 가진 국방장관 닐 매켈로이(Neil McElroy), 국방차관 윌리엄 할러데이(William Holaday) 그리고 차관보 도널드 퀼스(Donald Quarles)와 한 가지 약속을 했다. '1959년 상반기에 우선 5000만 달러를 미니트맨 개발비로 배정해주면 BMD는 이 기간 중에 미니트맨이 현실적인 ICBM 모델이라는 것을 실증적으로 보여준다. 만약 이러한 슈리버의 주장이 증명되면 나머지 1억 달러의 개발비도 복원해준다'는 것이 약속의 내용이었다.

　홀이 제안한 미니트맨은 신뢰성이 높고, 대량생산과 무인 사일로에 무기한 배치가 가능하며, 사일로에서 직접 발사하는 것이 가능하도록 설계되었다. 미사일의 전투준비 태세 점검도 자동으로 할 수 있으며 관리·통제·발사에는 소수의 인력만이 필요했다. 이 사업을 시작할 때 홀이 의도했던 대로 미니트맨은 미사일 갭을 역전시킬 수 있는 미국의 획기적인 ICBM 모델이었다. 드디어 1958년 2월 27일 미국 공군은 미니트맨 미사일 개발 배치 계획을 완성하여 공식적으로 발표했다. 이 계획에 따르면 미니트맨은 1960년 12월에 초도비행을 하고, 1963년에는 부대 배치를 시작하는 것으로 되어 있었다. 이러한 야심적인 공군의 미니트맨 계획은 불가능할 것이라는 우려의 목소리도 많았지만 슈리버와 BMD 팀은 미니트맨의 성공을 확신하고 있었다. 대외적으로는 소련과의 미사일 갭을 역전시키고, 대내적으로는 공군이 전략무기의 유일한 관리자가 되기 위한 수단으로서도 미니트맨이 꼭 필요했던 것이다.

가장 빠른 시간 내에 미사일을 개발하기 위해 각 단의 로켓모터는 각기 다른 로켓 회사에 개발 용역을 주었다. 추력 90.75t의 거대한 1단 모터는 티오콜(Thiokol)사에서 개발을 맡았다. 1단 모터는 4개의 노즐(Nozzle)이 있으며 각 노즐은 추력 방향을 제어하기 위해 노즐을 회전시킬 수 있었다. 즉 회전 노즐 개념을 처음으로 적용한 미사일이 바로 미니트맨이다. 미니트맨 개발의 전 과정을 통해 기술적으로 가장 도전적인 과제가 바로 이 회전 노즐의 개발이었다.

티오콜사는 1959년에 첫 번째 모터의 연소시험을 시도했지만 그 결과는 참담한 실패로 끝나고 말았다. 모터가 점화되고 0.003초 후에 노즐 전체가 튕겨나갔기 때문이다. 그 후 몇 번 재설계를 했지만 노즐은 점화 후 2.5초 정도 견디다 튕겨나갔다. 그해 10월에만 5개의 모터와 시험대가 연속으로 폭발해 파괴되었다. 그러나 집요한 노력으로 문제의 해결책이 하나하나 제시되었다. 흑연으로 만든 노즐이 압력과 높은 온도 그리고 진동을 견디지 못하고 깨진 것으로 판명됨에 따라 텅스텐으로 만든 스로트 인서츠(Throat Inserts)가 필요하다고 판단했고, 노즐 입구의 가스 흐름도 곧게 유지해줘야 한다는 것을 알게 되었다. 1959년 12월이 되어서야 티오콜사는 1단 모터 설계에 대해 확실한 진전을 이루었다.

한편 추력이 27.23t인 2단 모터는 에어로제트(Aerojet)사가 개발을 맡았으며, 그때까지 별로 알려지지 않았던 유타 주의 허큘리스(Hercules Powder Company)사가 추력이 15.91t인 3단 모터 개발을 책임지게 되었다. 1단과 2단 모터 케이스는 강철로 만든 반면, 3단 모터는 무게를 줄이기 위해 새로운 소재인 유리섬유 복합체로 만든 케이스를 사용했다. 3단 모터는 재돌입체를 가속시키는 모터로 추진력을 극대화하기 위해 고성능의 재래식 폭약을 상당량 포함하는 추진제를 사용했다. 이로써 원하는 추력 증가 효과는 보았지만, 추진제가 예민하여 쉽게 폭발하므로 1단이나 2단 같은 큰 모터에는 사용하지 않았다.

발사 명령 접수 후 1분 안에 발사하려면 유도장치 역시 이에 적합한 형태로 개발해야 했다. 당시 개발하고 있던 다른 장거리유도탄 항법장치에 사용되는, MIT 기계연구소(MIT/IL: MIT/Instrumentation Laboratory)에서 설계한 플로팅 자이로(Floating Gyro) 시스템은 회전시키고 정렬하는 데 1시간 이상이나 소요되었다. 액체로켓은 어차피 주유하는 데 그 이상의 시간이 소요되기 때문에 정렬 시간이 그리 문제 될 것은 없었다. 폴라리스 잠수함용 탄도탄 역시 플로팅 자이로를 사용했지만 운용상 별 문제가 없었다. 수중에서 조용히 미사일 발사를 준비하는 잠수함은 적에게 발견될 가능성이 희박하므로 자이로 준비 시간이 길다 해도 잠수함에 그리 큰 위험을 초래하지 않는다. 그래서 초기의 액체로켓 ICBM과 폴라리스 미사일은 드레이퍼의 MIT/IL 제품을 별다른 불편 없이 사용할 수 있었다. 그러나 미니트맨은 발사 명령을 접수하고 1분 내에 발사할 수 있는 시스템으로 설계하려 했기 때문에 유도장치는 항상 작동 중이거나, 아니면 필요 시 자이로가 즉각 작동 상태에 도달해야 한다.

공군을 위해서는 다행스럽게도 노스 아메리칸 항공사(North American Aviation)의 오토네틱스 디비전(Autonetics Division)에 소속된 존 슬레이터(John Slater)라는 기술자가 이러한 목적에 알맞은 가스 베어링 자이로(Gas Bearing Gyro) 시스템을 이미 개발해놓고 있었다. 가스 베어링 자이로는 접촉과 마찰을 최대로 줄였기 때문에 한번 회전을 시작하면 거의 무기한 회전을 계속할 수 있었다. 1952년에 회전을 시작한 자이로가 1957년까지도 회전하고 있었기 때문에 가스 베어링 자이로의 회전 지속 성능은 이미 확인된 상태라 할 수 있었다.[107] 미사일이 일단 경계 태세에 들어가면 관성유도장치의 자이로는 회전을 시작하고 정렬을 완료하게 된다. 미사일이 경계 태세에 있는 한 자이로는 그 후로도 계속 회전하면서 언제라도 발사 가능한 상태를 유지할 수 있으므로 가스 베어링 자이로는 미니트맨의 관성유도장치 부품으로는 나무랄 데 없는 이상적인 것이라고 할 수 있었다. 슬레이터는 원래 이 시스템을 나바호 순항미사일을 위해 개발했지만 정작 나바호 프로젝트는 그 후 폐기되었기 때문에 가스 베어링 자이로를 적용할 시스템을 찾고 있었던 것이다. 이러한 이유로 관성유도장치 개발은 자연스럽게 오토네틱스 디비전이 맡게 되었다.

미니트맨-I과 나중에 개선된 모델인 미니트맨-II의 관성유도 방식은 아틀라스 후기 모델에 적용되었던 델타 유도 방식을 변형하여 채택했다. 고체로켓 모터는 추력 조절이 불가능하므로 추력 조절이 가능한 아틀라스에 비해 델타 유도 방식을 적용하는 데 더 많은 어려움이 있었을 것으로 보인다. 반면 아틀라스에서는 아날로그 컴퓨터를 사용해야 했기 때문에 델타 유도 방식을 적용하는 데 난관이 있었을 테지만, 미니트맨에서는 처음으로 디지털 컴퓨터를 도입하여 어려움을 극복했을

---

107 Donald Mackenzie, "Inventing Accuracy: A Historical Sociology of Nuclear Missile Guidance", (MIT Press, Cambridge, MA, 1993) p.157.

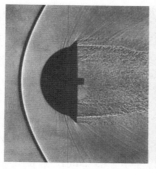

사진 4-2_ 왼쪽은 뭉뚝한 형태로 인해 생긴 분리된 충격파이고, 오른쪽은 뾰족한 형태로 인해 생긴 미분리 충격파(Attached Shock Wave) [NASA]

것으로 추정한다.

다음으로 해결해야 할 과제는 재돌입체(RV) 개발이었다. RV가 초속 6~7km 속도로 대기권으로 재돌입하면 공기와의 마찰로 열이 발생하여 RV의 정체점(Stagnation Point) 근방의 표면 온도가 8000℃ 이상으로 올라갈 수도 있었다. 이와 같이 고온에서 견딜 수 있는 물질은 사실상 존재하지 않기 때문에 RV 내부를 마찰열로부터 보호하기 위해서는 특별한 열차단 수단이 필요했다. RV를 단면이 크고 뭉뚝한 형태의 원뿔(Blunt Nose-Cone) 또는 반구 형태로 만들면 공기저항이 커져 공기 밀도가 아주 낮은 고고도에서부터 RV의 속도가 급격히 감속된다. 이렇게 높은 고도에서는 공기 밀도가 아주 낮아 열 발생도 그리 많지 않다. 더구나 이러한 형태의 RV에 의해 발생하는 충격파는 RV 표면에서 분리되어 형성되며, 발생되는 열의 90% 이상이 충격파와 RV 사이의 넓은 공간으로 흩어지므로 RV 표면 온도가 그리 높아지지 않는다. 〈사진 4-2〉의 왼쪽 그림을 참고하면 쉽게 이해될 것이다. 이러한 모양의 RV가 공기 밀도가 높은 10km 미만의 고도에 도달할 즈음이면 RV의 속도가 충분히 낮아져 더 이상 마찰열이 심각한 문제가 되지 않는다. 따라서 RV 외부로 유입되는 열량이 비교적 적으므로 열전도가 좋은 물질과 열용량이 큰 물질로 RV 외부를 충분히 둘러싸는 것만으로도 내부의 온도 상승을 막을 수 있다. 이와 같은 RV 설계 방법이 열 흡수 방식이다. 초기의 중거리유도탄이나 제1세대 아틀라스-D는 구리를 입힌 스테인리스로 둘러싼 뭉뚝한 원뿔과 반구를 합친 형태의 열 흡수 방식 RV를 사용했다.

그러나 1950년대 말에 탄도탄 요격미사일(ABM: Anti-Ballistic Missile) 개념이 등장하면서부터 '워 게임(War Game)'의 규칙이 크게 바뀌었다. 뭉뚝한 원뿔 형태의 RV를 사용하는 제1세대 미사일처럼 느린 속도의 RV는 ABM의 쉬운 표적이 될 뿐만 아니라 공기 밀도 변화나 바람에 의해 정확도가 크게 좌우되는 단점이 있었다. ABM망을 돌파하여 정확하게 표적을 가격해야 하는 RV가 직면한 문제의 해답은 빠른 재돌입 속도에 있다. 빠른 재돌입 속도를 유지하려면 뭉뚝한 원뿔 모양 대신 무겁고 길고 뾰족한 원뿔 모양의 RV로 설계해야 했다. 이 경우 RV는 큰 속도 손실 없이 고고도를 통과하여 공기 밀도가 높은 저고도로 진입하게 되므로 공기 마찰열은 심각한 수준에 이르고, 〈사진 4-2〉의 오른쪽 그림에서 보는 것처럼 충격파와 RV는 거의 분리되지 않고 접촉하고 있는 상태라 충격파로 인해 발생된 열이 주변의 공기로 흩어지지 못하고 충격파와 RV 표면 사이의 좁은 공간에 갇힌 상태가 되어 RV 표면에 상당 부분 흡수된다. 따라서 고속으로 저고도 진입을 시도할 경우 열 흡수 방식의 열 차단 시스템(TPS: Thermal Protection System)으로는 감당할 수 있는 범위를 훨씬 넘어서는 열이 발생한다.[108]

6~7km/s의 극초음속으로 대기권을 비행하면 비행체의 표면 온도

---

[108] 속도 v가 4km/s 이상이면 RV가 밀도 ρ인 대기층을 통과할 때의 최대 열 발생률은 $\rho^{0.8}v^{3.7}$에 비례한다.

가 5000~8000℃에 이르게 된다. 이러한 고온에서는 거의 모든 물질의 표면이 격렬하게 증발된다. 증발 과정에서 많은 증발열을 흡수하지만 증발이 계속되는 한 표면 온도는 그 물질의 증발 온도 이상 올라가지 않는다. 더구나 증발된 증기는 잠열과 함께 빠른 속도로 주변으로 퍼져 나가면서 공기로부터 표면으로의 열전도를 방해하는 일종의 열 차단 효과도 가져온다.

고속 재돌입에 필요한 융제물질로 개발된 것이 아브코이트(RAD 58B Avcoite)라는 실리카(Silica) 계통의 세라믹-금속 복합체였다. RV의 노즈캡(Nose Cap)은 벌집처럼 만든 인코넬(Inconel) 구조에 녹은 실리카를 가열 압착(Hot-Press)하여 만들었고, 원통형 부위와 RV 안정을 위한 꼬리 부분은 '리프라실-페놀릭(Refrasil-Phenolic)'으로 제조했다. 리프라실은 비결정질 실리카 섬유이고, 리프라실-페놀릭은 실리카 섬유로 짠 조직에 페놀릭을 흡수시켜 만든 융제물질이다. 아브코 RV는 고열에 의해 아브코이트가 증발되어 생기는 융제 효과가 열 차단막 역할을 하므로 고속으로 재돌입할 경우 높은 마찰열로부터 내부의 탄두를 보호해 준다. 더욱 중요한 것은 열 흡수 RV에 비해 무게가 3분의 1 정도밖에 되지 않아 아브코 RV의 재돌입체와 경량화된 탄두를 합친 무게가 400~500kg을 넘지 않게 되었다.[109] 아브코이트를 개발한 아브코는 GE(General Electric)와 함께 지금까지도 미국의 장거리탄도탄 RV 개발을 주도해오고 있다.

1959년 9월 15일에는 미사일을 밧줄로 묶어놓고 발사하는 '전선 밧줄 비행시험(Tethered Flight Test)'을 처음으로 시도하여 성공했다. 전

---

[109] 미니트맨-I의 주력 탄두 기종인 W-56의 무게는 모드에 따라 300kg 내외의 두 가지가 있지만 폭발력은 모두 1.2Mt이다.

선 밧줄 비행시험을 위해 2단과 3단을 모의 로켓으로 대체하고, 1단 모터의 연료는 3초간 연소할 분량만 채운 뒤 길고 잘 구부러지는 600m 길이의 전선과 나일론으로 만든 전선 밧줄(Umbilical Cable)로 미사일을 묶어놓고 지하 사일로에서 발사했다. 빠른 속도로 사일로를 빠져나온 미사일은 곧 연료가 바닥났고, 팽팽해진 밧줄에 의해 방향이 백팔십도 바뀌어 미리 정한 충돌지점에 떨어졌다. 실험은 성공했고, 3초간의 비행 데이터는 전선 밧줄을 통해 직접 받아 분석할 수 있었다. 이 실험이 중요한 이유는 그때까지 아무도 미사일을 지하 사일로에서 직접 발사할 수 있는지를 알 수 없었기 때문이었다. 사일로라는 밀폐된 공간에서 미사일이 발사될 때 생기는 엄청난 열과 충격으로 미사일이나 사일로가 파괴될 수도 있고, 정교한 유도장치가 고장 날 수도 있었다. 성공적인 전선 밧줄 비행시험 결과에 고무된 공군은 첫 번째 미사일 배치 시기를 1962년으로 앞당기기 위해 총력을 기울였다. 그 후로 1960년 5월까지 전선 밧줄 비행시험을 일곱 차례 더 시행했다.

　1961년 2월 1일 케이프커내버럴에서 시행한 첫 번째 비행시험에서 미니트맨-I 모델은 7600km를 비행한 후 모의 탄두를 충돌 예상지점에 낙하시키는 데 성공했다. 이 실험에서 로켓의 모든 단계가 완벽하게 작동했고 모든 전자 시스템도 완벽하게 기능을 발휘했다. 첫 시험에서 이렇게 성공한 것은 미국 미사일 개발 역사상 처음 있는 일이었다. 이날 발사를 지켜본 사람들에게 미니트맨은 아주 강한 인상을 심어준 것 같다. 아틀라스나 타이탄 같은 액체로켓은 점화되고 나서 속도를 얻기 전에 공중에 순간적으로 멈춰 밸런스를 잡는 것처럼 보였고, 이것은 지켜보는 사람들로 하여금 가슴을 조마조마하게 했던 데 반해 미니트맨의 가속은 신속했고 도넛 형태의 연기를 남기며 순식간에 사라져버렸다. 이 시험에서 사용한 사일로는 실제로 미니트맨을 배치할 때 사용할 규격의 사일로가 아닌 임시방편으로 만든 지하 사일로였다. 공군은 비행시험 성공 직후인 3월 16일부터 말름스트롬 공군 기지(Malmstrom AFB) 내에 미니트맨을 위한 지하 사일로들을 건설하기 시작했다.

2월의 발사 성공을 시작으로 비행시험은 계속되었다. 1961년 8월 30일 실전용 사일로에서 시행한 발사시험은 미사일 폭발로 실패했지만, 같은 해 11월 17일 반덴버그 공군 기지에서 시행한 두 번째 지하 사일로 발사시험은 성공했다. 1962년 6월 29일에는 미국 전략공군사령부의 미사일 요원들이 직접 미니트맨을 발사하는 비행시험을 성공함으로써 부대 배치 준비가 마무리되었다. 7월 23일부터는 처음으로 양산된 미니트맨-IA 미사일이 몬태나 주의 말름스트롬 공군 기지에 도착했고, 그해 10월 22일 10기의 미니트맨이 배치 완료되어 쿠바 미사일 위기를 겪고 있던 케네디 정부에 큰 힘이 되어주었다. 두 번의 추가 시험 발사를 거친 후 1962년 11월 30일 말름스트롬 공군 기지는 미니트맨-IA의 '초기 작전 능력(IOC: Initial Operational Capability)'을 보유하게 되었고, 이날을 기점으로 미국은 제2세대 ICBM 시대로 접어들었다. 이는 소련의 제2세대 ICBM UR-100(SS-11 Sego)에 비해 5년 정도 앞선 시점이었다.

이후 미니트맨의 생산과 배치는 빠른 속도로 진행되어 1963년 2월 28일 1개 대대(Squadron) 50기의 미니트맨-IA가 작전에 들어갔고, 같은 해 7월 3일에는 처음으로 3개 대대로 이루어진 1개 연대가 실전 배치 완료되었다. 미니트맨-IA는 그때까지 미국이 보유했던 미사일 중 가장 가볍고 작은 미사일이었다. 생산비가 저렴하고 운영이 용이한 시스템이었지만 아틀라스-E/F와 타이탄-I에 비해 사거리, 탄두 위력, 유도장치의 메모리 등 여러 면에서 성능이 좀 떨어지는 것이 사실이었다. 미니트맨-IA의 사거리는 원래 8250km(5000마일)로 설계되었으나, 고질적인 회전 노즐 문제를 제대로 해결하지 못한 채 배치되어 사거리가 7000km(4300마일)로 제한되었다. 공군은 이러한 사거리 문제를 해결하기 위해 쇠로 만든 2단 모터 하우징(Motor Housing)을 티타늄으로 교체하여 무게를 줄였고, 고질적인 회전 노즐 문제를 해결하는 등 다각적인 노력을 한 결과 사거리를 다시 1만km(6000마일)로 늘리는 데 성공했다. 이것이 미니트맨-IB 모델이다. 이에 따라 미니트맨-IA 모델은 말름스트롬에 1개 연대 150기를 끝으로 더 이상 생산되지 않았다.

처음 도입된 미니트맨은 탄두와 유도장치를 포함해 완전히 조립된 미사일을 공장에서 사일로까지 수송하여 사일로에 장착했다. 배치된 미사일이 고장 날 경우에는 미사일 전체를 공장으로 다시 보내 수리하도록 설계되었다. 즉 현장에서 고장 난 곳을 수리하거나 정비할 필요가 없는 이른바 우든 미사일(Wooden Missile) 개념에 입각하여 설계한 것이 원래의 미니트맨이었다.[110] 미사일이 사일로에 장착된 후 발사되거나 퇴역될 때까지 고장이 없고 새로운 유도장치나 새 탄두로 교체할 필요가 없다면 이것이 이상적일 것이다.

하지만 미사일은 설사 고장이 없다고 해도 현역으로 배치된 기간 동안 유도장치와 탄두를 포함한 각종 부품을 업그레이드(Upgrade)해야 하고 필요할 때에는 새로운 부품으로 교체해야 하는 것이 현실이었다. 그런데 그럴 때마다 미사일 전체를 사일로에서 제거하여 공장으로 보내고 수리한 후 다시 사일로에 배치해야 한다면 시간과 인원이 많이 소요될 뿐만 아니라, 이러한 과정 자체가 안전과 보안에 상당한 문제를 불러올 것이 분명했다. 현장에서 일하는 군 관계자의 제안에 따라 유도

---

110 우든 미사일(Wooden Missile)이란 현장에서 고치거나 관리할 필요가 전혀 없어 마치 나무 토막 같다는 뜻으로 쓰임.

장치와 탄두는 현장에서 분리하고 제거할 수 있도록 미사일 설계를 변경했다. 그 결과 원래 미니트맨 설계자의 의도와는 달리 미니트맨은 나무토막이 아니라 살아 숨 쉬고 진화하는 미사일로 다시 태어나게 되었다.

　미니트맨-IA는 미사일 10기를 묶어 1개 중대(Flight)로, 다시 5개 중대를 1개 대대(Squadron)로, 3개 대대를 하나의 연대(Wing)로 편성했다. 각 중대에 배속된 미사일은 각기 다른 10개의 사일로에 1기씩 분산배치했으며 하나의 LCC에서 관리했다. 미사일 사일로는 미사일을 안치하고 발사하는 발사관(Launch Tube), 외부의 충격과 열로부터 미사일을 보호하는 강화된 철근콘크리트 구조물, 사일로 덮개, 각종 통신 안테나와 전원 등으로 구성되어 있다. 이것을 그냥 사일로 또는 발사시설(LF: Launch Facility)이라고 부른다. 사일로의 깊이는 24.38m, 직경은 3.66m이고 사보타지나 재래식 공격으로부터 미사일을 완벽하게 보호할 수 있도록 설계되었을 뿐만 아니라, 적의 핵탄두가 사일로 근방에 떨어졌을 때를 대비하여 견고하게 만들었다. LF와 LCC는 각각 48기압(700psi)과 68기압(1000psi)의 초과압력에도 견딜 수 있게 설계되었으며, 적의 탄두 폭발이나 사보타지에 의해 LF의 외부 전원과 비상 발전기가 고장 날 수 있음을 고려하여 외부 전원 없이도 수일간 지탱할 수 있을 만큼 리튬전지를 예비하도록 하여 생존 가능성을 높였다.

　사일로나 LCC 설계자들은 적의 사보타지나 테러분자들에 의한 점령 가능성에 대비해 외부에서 미니트맨의 시설로 침투하는 것을 막는 갖가지 보안시설을 마련했다. 1962년 10월 미니트맨-IA 중대가 경계태세에 들어가기 훨씬 전인 1960년부터 탄도탄개발단(BMD: Ballistic Missile Division), 전략공군사령부 및 미국 국방성은 LF와 LCC의 안전과 보안에 대해 협의하고 대책을 강구했다.[111] 나쁜 의도나 실수에 의한 미사일 발사를 방지하고 각종 사보타지를 막기 위해 처음부터 세심하게 시설을 설계했다. 미사일 사일로 주위에 울타리를 치고 그 안쪽에는 움직임을 포착하여 침입자를 감지하는 지역 감시시설을 설치했으며, 내부로 통하는 입구에는 침입 방지를 위한 자물쇠와 강화 콘크리트 구조물을 설치했다. 사일로와 LCC 및 지휘 계통을 연결하는 케이블은 도청할 수 없도록 고안하고, 상당히 정교한 디지털 코드를 사용하는 발사 인가 방법도 도입했다. 고의에 의한 것이든 실수에 의한 것이든 허가하지 않은 미니트맨 발사가 있어서는 안 되기 때문이었다. 이러한 조치가 허가하지 않은 발사를 막는 데 적합한지, 아니면 허점이 있는지 알아보기 위해 벨 연구소(Bell Labs)에 용역을 주었다. 그 결과 케이블과 감시 장비 그리고 발사 과정은 대체로 적합한 것으로 나타났으나 몇 가지 허술한 점이 지적되었다. 만약 나쁜 의도를 가진 침입자가 사일로 내로 들어오는 경우 몇 군데 허술한 곳에 회로를 연결하고 간단한 장비를 부착하면 미사일을 발사할 수 있는 것으로 판단되었다. 이후 벨 연구소에서 지적한 허술한 사항들은 보완했으나 정작 사일로에 침투할 가능성에 대한 조사는 없었다.

미니트맨 사일로 자체는 근처에서 핵폭발이 일어나도 견딜 수 있도록 설계되었지만, 정작 침투 전문가들에 의한 침투에 어느 정도 버틸 수 있는지는 미지수였다. 그래서 BMD는 또 다른 '버튼 업 프로젝트(Button Up Project)'를 추진했다.[112] 이 프로젝트에는 보잉(Boeing)사와 기타 몇몇 회사가 관련되어 있었다. 실제로 침투 테스트를 하기 위해 미니트맨 사일로 출입 시스템 복제시설이 반덴버그 공군 기지 내에 건

---

111 NASM Oral History Project, Phillips #5:

http://airandspace.si.edu/research/dsh/TRANSCPT/PHILLIP5.HTM.

112 Ibid.

설되었다. 미국 육군의 폭파 전문가들과 세계 최고의 금고털이 전문가 (그중 몇 명은 가석방 중이었다고 함)들이 몇 개 조로 나누어 침투 테스트를 실시하도록 했다. 그들은 6×6 트럭 하나에 실을 수 있는 한 어떠한 장비도 사용할 수 있도록 허가되었고, 참가하는 사람 수도 제한하지 않았다. 프로젝트의 목적은 이들이 30분 내에 절대로 사일로 안으로 들어갈 수 없는 출입 시스템을 설계하는 자료를 확보하는 것이었다. 보안 부대가 출동하는 데 아무리 늦어도 30분 이상은 걸리지 않을 것으로 판단했기 때문에 30분으로 시간을 제한했던 것이다. 원래 설계대로 설치한 출입 보안 시스템은 짧게는 몇 초에서 길게는 몇 분 안에 어이없이 돌파되었다. 이들은 작업 인부 출입용 해치(Hatch)에 장착한 숫자 맞춤 자물쇠를 수초 안에 열어버렸고, 트럭에 설치한 굴착기와 성형작약을 이용하여 사일로의 가장 연약한 부분을 뚫고 안으로 들어가는 데에는 최대 몇 분밖에 소요되지 않았다.

버튼 업 프로젝트에서 얻은 데이터를 종합하여 사일로 출입 보안 시스템은 여러 겹의 다중 출입 시스템으로 재설계되었다. 외부에는 전혀 새로운 형태의 자물쇠를 마련했고, 두 번째 해치에는 시간 지연 자물쇠를 고안했으며, 마지막으로 특별히 고안된 콤비네이션 자물쇠를 풀어야만 철근콘크리트 플러그가 밑으로 내려가 사일로 내로 들어갈 수 있게 했다.[113] 성형작약을 사용하여 플러그를 우회할 것에 대비하여 사일로 윗부분의 약한 곳들은 강철과 콘크리트로 보강했다. 이렇게 재설계된 사일로 출입 시스템은 그 후 제대로 작동하는 것으로 보였다. 1980년대 중반 반핵 단체들이 체인과 휴대용 소형 착암기(Jack Hammer) 등 갖가지 장비를 동원하여 화이트맨 공군 기지(Whiteman Air Force

---

[113] ibid.

Base) 근방의 미니트맨 사일로를 근 1시간 동안 점거하고 침투를 시도한 적이 있으나 무위로 끝나고 말았다. 물론 레이더 안테나를 파손하고 낙서를 하고 콘크리트에 홈집을 내긴 했지만 그게 전부였다. 근처의 핵폭발에도 견디게 설계되었고, 테러리스트의 공격에 대비한 버튼 업 프로젝트 시험도 거쳐서 설계한 것이 사일로라는 것을 시위자들이 잠시 간과한 것이 아닌가 싶다.

LCC는 깊이 15.24m 지하에 건설되었고, 전략공군사령부 장교 2명이 미사일 요원으로 상시 당직을 서고 있다. 미사일 요원들의 평화 시 임무는 사일로에 안치된 10기의 미사일이 이상 없이 작동하는지를 점검하고, 외부로부터 침투는 없는지 감시하며, 모의 발사 훈련과 비상 훈련을 반복적으로 수행하는 것이다. 전시에는 관할하는 10기의 미사일을 발사하고, 다른 LCC와 협력하여 대대 내의 모든 미사일을 발사할 수 있도록 돕는 것이 그들의 임무였다. 1977년 이후 LCC 근무 수칙은 미사일 요원들이 24시간 동안 LCC 근무를 하고 대대에서 파견한 새로운 근무 조와 교대하는 것으로 바뀌었지만, 그 이전에는 두 번의 8~12시간 LCC 근무를 포함한 36~40시간 주기로 근무 조를 교대했다.

정식 발사 명령 없이 무단으로 발사하는 것을 막기 위해 미니트맨 시스템에는 흔히 '자동 안전장치' 또는 '페일 세이프(Fail Safe)'라고 부르는 몇 가지 안전 예방장치가 마련되어 있다. 그중 하나가 '2인 수칙(Two-Man Rule)'이라고 하는 근무 방식이다.[114] 2인 수칙이란 2인 1조의 발사 요원이 LCC에 근무하며, 올바른 발사 코드 세트를 입력한 후 2명이 동시에 일정 시간 동안 발사 키를 돌릴 때에만 미사일이 즉각 발사되도록 한 것이다. 두 키 사이의 거리는 약 3.66m로, 구조상 한 사람

---

114 'Two-Man Rule', http://en.wikipedia.org/wiki/Two-man_rule.

은 동시에 두 키를 돌릴 수 없게 되어 있다. 이것은 어느 한 사람이 임의로 미사일을 발사하는 것을 막기 위한 조치로 볼 수 있다. 미니트맨 LCC에는 2인 1조 수칙 외에 또 다른 안전장치가 마련되어 있다.

이것은 두 사람이 공모하여 미사일을 불법 발사하는 것을 막기 위한 수단으로 고안되었다. 어느 하나의 LCC에서 관할하는 미사일을 즉각 발사하려면 2개의 독립적인 LCC에서 보내는 두 세트의 발사 코드가 필요하다. 만약 한 세트의 발사 코드만 보내고 키를 동시에 돌린다면 8시간 지연장치가 작동하게 된다. 이러한 시간 지연은 발사가 불법으로 이루어졌을 경우 상부에서 발사 명령을 해제하거나, 또는 불법을 저지른 미사일 요원들을 제압할 시간을 벌 수 있게 해준다. 앞서 언급한 말름스트롬 기지에서 IOC를 선언하기 직전에 발사한 2기의 미사일은 이러한 페일 세이프를 시험하기 위한 것으로 보인다.

미니트맨 미사일의 발사 관제 시스템(Launch Control System)은 원래 한 번에 50기 단위로 발사하도록 설계되었다. 이것은 설계 당시에 전략가들의 생각을 지배하고 있던 '대량 보복' 개념을 반영한 것이라 할 수 있다. 그 후 발사 관제 시스템은 한 번에 1기씩도 발사할 수 있도록 재설계되었다. 이러한 개선은 원래 미니트맨 설계 원칙을 대폭 바꾼 것이기는 하지만 미사일의 유도 프로그램을 새로 프로그램화하거나 바꾸지 않고도 여러 개의 표적 중 하나를 선택적으로 공격할 수 있게 해주었다. 그 결과 대량 보복이 아닌 실제 당면한 위협 수준에 맞추어 선택적으로 보복할 수 있는 길이 열리게 된 것이다.

미니트맨을 배치하고 수년간 운영해오면서 미니트맨 유도장치에서 많은 문제점이 발견되었다. 유도장치의 고장을 장기간에 걸쳐 추적 분석한 결과, 부품 공급업체 중 일부가 자이로 플랫폼에 들어가는 부품을 군용 규격인 밀스펙(Mil-Spec: Military Specification) 부품이 아닌 일반

전자 부품으로 공급한 것으로 드러났다. 이러한 사건을 겪고 나서 자이로는 여러 면에서 개선되었고, 재설계하여 유도 시스템의 수명이 많이 연장되었으며 신뢰도 역시 크게 향상되어 전화위복이 되기도 했다.

　미사일의 생산과 배치는 순조롭게 진행되었지만 그때까지도 미국은 최종적으로 몇 기의 미니트맨을 배치할 것인지를 확실히 정하지 못하고 있었다. 맥나마라 국방장관은 합동참모본부, 국가안보회의, 백악관, 국회, 자문 기구 랜드와 이 문제를 가지고 오랫동안 협의를 계속해 왔다. 마침내 1964년 12월 11일 맥나마라는 미국이 1000기의 미니트맨을 지하 사일로에 배치하기로 결정했음을 발표했다. 이후 미니트맨의 생산과 배치는 신속하게 진행되었고, 1965년 6월경에 이미 800기의 미니트맨-IA/IB가 배치되었다. 중대의 각 미사일은 LCC를 중심에 둔 원의 둘레를 따라 일정한 간격으로 배치되었다. 〈그림 4-1〉에서 보듯이 1개의 적 탄두에 의해 여러 기의 미사일이 한꺼번에 파괴되는 것을 방지하기 위해 각 미사일은 서로 최소한 5km(3마일) 이상 떨어진 견고한 사일로에 배치되었고, 모든 사일로 LF는 무인으로 운용되었다. 핵무기 수가 적었던 1960년대까지는 ICBM의 이러한 사일로 배치 방법이 상당히 좋은 방법으로 생각되었다. 이때 만들어놓은 사일로는 개·보수 작업을 거쳐 다음 세대 미사일도 그대로 사용하게 된다. 그러나 다탄두 미사일이 개발되면서 가용한 탄두 수가 적의 미사일 수를 몇 배 이상 상회하게 되고 RV의 오차가 줄어들면서 사일로는 더 이상 안전한 배치 방법이 될 수 없었다.

　LF를 분산 배치한 것과 같은 이유로 LCC 역시 모든 LF로부터 최소 8km(5마일) 이상 떨어진 곳에 위치한 견고한 지하시설 속에 설치되었다. LCC와 또 다른 LCC 간의 거리는 최소 25km(15마일) 이상 떨어지도록 분산 배치했는데 이와 같은 배치 형식은 그 후 모든 미니트맨 모델

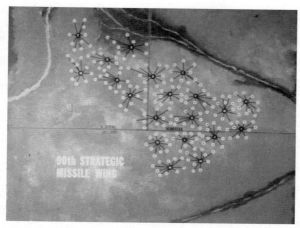

그림 4-1_ 와이오밍 주에 위치한 워런(Warren) 공군 기지의 '제90 전략미사일 연대' 배치 개략도. 흰 점으로 표시한 영역은 미니트맨 사일로를 나타내고, 10개의 사일로로 둘러싸인 진한 점은 LCC를 표시 한 것이다. [The National Security Archive][115]

과 피스키퍼에도 계속 적용되었다.

미니트맨-IA의 크기나 무게는 제1세대 미사일인 아틀라스나 타이 탄-I에 비해 훨씬 작다. 미니트맨-IA의 탄두 W-59의 무게는 250kg이 고 폭발력은 1Mt이다. 반면 아틀라스-D에 탑재된 탄두는 W-49으로 무게는 745kg이고 폭발력은 1.4Mt이다. 따라서 미니트맨-IA 탄두의 단위 무게당 탄두 위력이 아틀라스 탄두에 비해 2배 이상 증가했음을 알 수 있다. 아틀라스-D의 CEP는 약 3km인 데 비해 미니트맨-IA의 CEP는 1~2.5km로 추정된다. 탄두의 폭발력이나 CEP는 미사일의 무 기 효과를 가늠하는 중요한 인자이다. 그러나 무기 효과를 좀 더 직접 적으로 표현하는 양으로 단발 파괴 확률(SSKP: Single Shot Kill Probability)

---

[115] The National Security Archive.
http://www.gwu.edu/~nsarchiv/nukevault/gallery/image17.htm.

이 더 널리 쓰인다. SSKP는 1기의 미사일 탄두로 표적을 무력화시킬 수 있는 확률이며, 표적의 견고도(Hardness), 탑재한 탄두의 폭발력과 미사일의 CEP에 의해 결정된다. SSKP가 1에 가까우면 그 표적은 1개의 탄두에 의해서도 파괴될 것이란 뜻이고 0에 가까우면 파괴를 위해서는 많은 수의 미사일 탄두가 필요하다는 뜻이다. 탄두 위력과 CEP로부터 계산된 아틀라스-D와 미니트맨-IA의 SSKP는 CEP가 2.5km일 때에는 거의 같고, CEP가 1km일 때에는 미니트맨-IA가 훨씬 높다. 즉 길이, 직경, 무게, 페이로드, 탄두 위력 등 모든 분야에서 아틀라스-D가 미니트맨에 비해 크지만 정확도가 떨어지기 때문에 표적 파괴 능력 면에서는 오히려 미니트맨-IA가 아틀라스-D보다 어느 정도 높다는 것을 알 수 있다.

아틀라스-D에 비해 미니트맨-IA의 무게는 25%, 직경은 60%, 높이는 68%로 줄었다. 이와 같이 소형화된 미니트맨을 수용하기 위한 지하 사일로는 아틀라스나 타이탄-I용 사일로에 비해 건설하기도 쉽고 건설 비용도 훨씬 저렴했다. 따라서 미니트맨은 적은 비용으로 많은 수의 미사일을 생존 가능한 방법으로 배치하고자 한 애초의 목적에 완전히 부합하는 미사일이라 할 수 있다. 최종적으로 미니트맨은 1000기가 생산되어 무인 사일로에 배치되었고, 각 대대 내의 모든 LCC와 LF는 유·무선 통신망에 의해 2중, 3중으로 다중 연결되었다. 이러한 노력에도 불구하고 어느 LCC와 관할하는 LF의 통신이 끊어지면 대대 내 다른 2곳의 LCC가 협력하여 문제의 미사일 10기를 모두 발사할 수 있도록 안배했다. 이는 적의 공격에 의해 특정 LCC가 파괴되거나 통신 장애가 생길 것에 대한 대책으로 마련한 것으로 처음부터 이러한 대비책을 마련했던 것은 아니고 필요할 것으로 판단되어 나중에 개선한 것이다.

고체 연료 탄도탄의 생산 비용은 동등한 성능의 액체로켓 탄도탄의 5분의 1 수준으로 추정되었고, 생산 측면에서 보아도 처음에 의도한 대로 고체 연료 ICBM은 대량생산에 적합했다. 그뿐만 아니라 고체 연료 로켓을 운영하는 데에는 액체 연료 로켓을 운영하는 데 필요한 연료 운반 차량, 연료 보관시설, 연료 펌프 및 부대 안전시설이 필요 없었고, 이러한 시설 운영 요원이 필요치 않아 운영·관리비를 대폭 절감할 수 있었다. 아틀라스나 타이탄 1기를 발사하려면 통상적으로 6명의 인원이 필요한 데 비해 10기의 미니트맨을 발사하는 데는 2명이면 충분했다. 이 모든 경비 절감 요인을 종합해볼 때 미니트맨 1기의 연간 운영·관리비는 아틀라스 1기의 연간 운영·관리비의 10분의 1 수준으로 추정되었다. 처음부터 의도한 대로 미니트맨 시스템은 값싸고, 운용이 간편하고, 효과적이고, 신뢰도가 높고, 적의 공격으로부터 생존할 확률이 높은 미사일로 태어났으며, 시작 모델인 미니트맨-IA의 짧은 사거리로 인한 문제점도 미니트맨-IB 모델 이후부터는 많이 개선되었다.

미국이 미니트맨을 생산, 배치하기 시작한 1963년 이후 대륙간탄도탄 전력은 급격히 미국의 일방적인 우세로 기울기 시작했다. 〈표 4-1〉에서 보는 것처럼 1960~1961년 무렵에 소련의 핵전력은 미국에 비해 미미한 수준이었고, 미국이 우려했던 '미사일 갭'은 가상의 위험이었음을 확실하게 보여준다. 그러나 당시 미국은 자국의 미사일 전력이 소련에 비해 많이 뒤진다고 믿었고, 이러한 미사일 갭을 줄이기 위해 온갖 노력을 다했다. 그러나 실상은 처음부터 미사일 전력에서 뒤지고 있었던 쪽은 미국이 아닌 소련이었던 것이다. 흐루쇼프 수상의 호언장담에도 불구하고 소련은 1962년까지 대륙간탄도탄 전력의 질과 양 모든 면에서 한 번도 미국을 앞선 적이 없었다. 그러나 실체가 있건 없건 대부분의 미국인들에게 미사일 갭은 엄연히 존재했고 극복해야 할 대상이었다.

표 4-1_ 1960년대 초 미소의 핵전력 비교[116]

국가별 미사일	연도	1961	1962	1963	1964
미국	아틀라스	57	129	129	99
	타이탄-I/II	0	54	108	108
	미니트맨	0	20	360	700
	폴라리스 A1/A2/A3	80	144	160	320
	폭격기(현역: PAA)	1526	1595	1335	1111
소련	R-7A	4	4	4	4
	R-16	6	32	90	170
	R-9A	0	0(2)	5	17
	잠수함 발사 탄도탄	57	72	72	72
	폭격기(현역: PAA)	133	138	150	173

　　1962년 미국 공군은 미니트맨-IB보다도 훨씬 강력한 미니트맨-II
에 대한 개발 요구서를 제출했다. 공군에서 부르는 미니트맨의 공식 명
칭은 LGM-30였고 미니트맨-IA/B는 LGM-30A/B로, 미니트맨-II는
LGM-30F로 불렸다. F 모델의 2단 모터는 LGM-30A/B의 2단보다 크고
강력하며 페이로드, 사거리, 정확도가 A/B 모델에 비해 크게 향상되었
다. 미니트맨-II에서는 신뢰도를 높이기 위해 1단 모터를 개선했으며,
2단의 고정된 노즐에 액체를 분사하는 추력 벡터 조절장치(TVC)를 사
용하여 추력 조절에 의한 진행 방향의 추력 감소를 막았다. 반도체 집
적회로를 사용한 디지털 컴퓨터와 소형화된 전자회로로 구성된 유도장
치는 무게와 크기가 대폭 줄었고, 표적 정보도 여러 개 중에서 선택할
수 있게 했다. 전반적으로 미니트맨-II의 신뢰도는 미니트맨-I에 비해
크게 향상되었으며 특히 정확도에서 큰 진전을 보였다. 미니트맨-II의
재돌입체 Mk-11C의 CEP는 200m로 미니트맨-I의 CEP 1000m보다

---

116 Archive of Nuclear Data, http://www.nrdc.org/nuclear//nudb/datainx.asp.

5배 정도 더 정확해졌다.

강력한 2단 모터와 무게를 감소시키려는 노력 덕분에 사거리는 1만 2500km로 늘어났고, W-56 탄두의 위력은 1.2Mt으로 미니트맨-IA에 비해 폭발력이 약 20% 증가했다. F 모델은 모스크바 주위에 설치되는 ABM을 돌파하기 위한 펜에이즈(Penetration Aids)[117]도 탑재하여 명실공히 카운터포스 능력을 가지게 되었지만, 미니트맨-II가 소련의 미사일 기지를 겨냥했는지 카운터밸류(Countervalue) 표적을 겨냥했는지는 알 수가 없다. 카운터밸류 표적이란 상대방이 가장 중요하게 여기고 또 지키고 싶어 하는 가치를 표적으로 삼는 것으로, 민간인과 도시 같은 연표적(Soft Target)이 이에 해당한다. 미니트맨-II는 1966년부터 배치되기 시작하여 1969년에는 500기에 달했다. 맥나마라가 제시한 목표 미사일 수가 1000개였으므로 나머지 500기는 미니트맨-III(LGM-30G)로 교체될 때까지 미니트맨-IB가 배치되었을 것으로 추정된다.

타이탄-II(Titan-II)

미니트맨이 미사일 갭을 성공적으로 역전시켰지만 미국 공군은 아직도 러시아 ICBM에 비견될 만큼 폭발력이 큰 ICBM을 원했다. 1958년 공군은 타이탄-I 프로그램의 여러 가지 문제를 재검토하기 시작했다. 공군은 LOX/RP-1 대신 저장 가능한 추진제를 사용하고, 사일로에서 직접 발사하고, 라디오-관성유도 방법도 외부에서 방해할 수 없는 순수 관성항법으로 바꾸기를 원했다. 마틴(Martin)사의 로버트 볼스(Robert Bolles)가 이끄는 팀이 이 과제를 맡았으며, 이들은 분석한 결과를 매주 WDD와 RW에 보고했다. 볼스의 연구 검토 결과로 제기된 프로그램이

---

117 펜에이즈나 ABM 대응 수단(Countermeasures)은 같은 의미로 사용하겠다.

타이탄-II 시스템이다.

타이탄-II는 저장 가능한 자동 점화성 연료를 사용하는 2단 로켓이며, 순수한 관성유도장치에 의해 유도되는 ICBM으로 타이탄-I보다 2배 정도 무거운 페이로드를 운반하도록 설계되었다.[118] 타이탄-I과는 달리 지하 사일로에서 직접 발사되며 반응시간도 2세대 미사일답게 몇 분밖에 걸리지 않았다. 타이탄-II에서 사용할 저장 가능한 연료로 히드라진(Hydrazine)이 자연스러운 선택으로 떠올랐으나 히드라진은 빙점이 -2.2℃로 미사일이 고공의 저온 환경에서 오랜 시간 비행하는 중에 얼어버리므로 ICBM 연료로는 부적합했다. 밀스펙에 의하면 액체로켓 추진제는 -53.9℃에서 액체로 유지되어야 한다고 명시하고 있다.[119] 히드라진 유도체들을 조사한 결과 모노메틸 히드라진(MMH: Monomethyl Hydrazine)과 비대칭 디메틸 히드라진(UDMH: Unsymmetrical Dimethyl Hydrazine)은 빙점이 각각 -52.2℃와 -56.7℃로 매우 낮다는 것을 알았다. 더구나 MMH는 촉매작용에 의해 쉽게 분해되는 성질이 있는 데 반해 UDMH는 안정적이며, UDMH나 MMH를 히드라진과 섞으면 빙점이 -53.9℃ 이하로 내려간다는 것을 확인했다. 그래서 UDMH와 히드라진을 부피비로 50:50으로 섞은 에어로진(Aerozine)이라는 혼합물을 타이탄-II의 연료로 사용하기로 결정했다.[120] 히드라진을 복열 방식 냉각제(Regenerative Coolant)로 사용하면 폭발 가능성이 높지만 에어로진은 복열 방식 냉각제로도 사용할 만큼 안정적이다.[121]

---

118 자동 점화성 연료란 UDMH와 사산화이질소와 같이 연료와 산화제가 접촉하는 순간 별도의 점화장치 없이도 자동으로 점화되는 추진제를 말한다.

119 David K. Stumpf, "Titan-II", (The University of Arkansas Press, 2000) p.34.

120 ibid.

121 복열 방식 냉각제란 로켓의 액체 연료 혹은 산화제를 이용해 연소실과 노즐을 냉각하는 방식을 말한다.

산화제 선정도 쉽지만은 않았다. 질산을 사용하면 좋겠지만 부식성이 너무 컸고, 사산화이질소는 부식성은 약하지만 빙점이 너무 높았다. 일산화질소가 자연스러운 선택이 될 수도 있지만 증기압이 너무 높다는 단점이 있었다. 보온을 할 수 있는 경우라면 사산화이질소와 일산화질소 혼합물을 사용하는 것이 최적의 답이라는 결론에 도달했다.

타이탄-II의 1단과 2단의 직경은 모두 3.08m이고 3.6t 무게의 Mk6 RV를 탑재할 경우 사거리는 1만 200km(5500nm), 2t 무게의 Mk4 RV를 탑재할 경우 사거리는 1만 5700km였다. W-53/Mk6를 탑재할 경우 CEP는 1.8km 미만이며 W-53의 폭발력은 9Mt으로 미국이 보유한 가장 강력한 미사일 탄두가 되었다. 1962년 3월 타이탄-II의 첫 번째 비행시험이 시작되었고, 1963년부터는 타이탄-II를 배치하기 시작하여 54기의 타이탄-I을 모두 대체했다. 9Mt 위력의 탄두를 탑재한 타이탄-II는 도시 격파용(City Buster)이라고도 불리며 소련의 미사일 기지나 도시를 표적으로 삼았다. 배치된 수량은 54기로 적은 편이었지만 강력한 탄두 위력 때문에 미국 공군전략사령부에서는 각별한 관심을 가지고 관리했다. 타이탄-II는 피스키퍼를 개발하여 1988년 배치할 때까지 미국이 보유했던 유일한 헤비급 ICBM으로 1963년부터 1987년까지 운영되었다.

쿠바 미사일 위기와 붉은 미니트맨(Red Minuteman)

미국이 미니트맨 개발을 성공적으로 끝내고 대량생산 체제로 돌입하자 이번에는 반대로 소련이 심각한 미사일 갭에 직면하게 되었다. 과거 미국이 직면했던 미사일 갭과는 달리 소련이 직면한 미사일 갭은 실존하는 것이었다. 1962년 미국과 소련이 보유한 전략 핵미사일 수는 각각 347기와 108기로 얼핏 격차가 그리 크지 않다고 볼 수도 있지만, 그 내용을 보면 격차가 심각하다는 것을 알 수 있다. 미국의 장거리 미사일은 대부분 견고한 지하 사일로에 배치되었거나 아니면 잠수함에 탑재되었고, 수중에서 발사할 수 있었기 때문에 생존성이 소련의 전략 미사일에 비해 월등히 높았다. 더구나 미사일 갭으로 한창 분위기가 고양된 미국의 정가나 군부에서는 1000기 이상의 미사일을 배치해야 한다는 주장이 만연하고 있었다. 값싸고 생산이 용이한 미니트맨 개발이 완료됨에 따라 이러한 주장은 군사적으로나 경제적으로나 타당한 전략으로 받아들여졌으며, 드디어 1964년 12월 맥나마라에 의해 1000기 ICBM 시대가 활짝 열리게 되었다.

반면 미국의 미니트맨 대량 배치 계획에 따라 흐루쇼프를 위시한 소련 군부와 지도부는 위기를 맞게 되었다. ICBM이 아니더라도 소련은 이미 영국, 이탈리아, 서독, 이란, 터키 등 주변국에 배치된 미국의 중거리유도탄과 폭격기 때문에 심한 압박을 받고 있던 터에 ICBM마저 미국이 절대 우위를 지키게 되자 소련 군부와 지도부의 불안은 날로 커졌다. 값비싼 미사일을 소량 배치할 것이라는 흐루쇼프의 기대와는 달리 미국이 값싸고 생존성이 높은 소형 미사일을 대량 배치할 것으로 예측됨에 따라 소련의 ICBM 전략이 근본적으로 흔들리게 된 것이다. 소련은 미국이 일단 충분한 수의 ICBM을 배치하고 나면 도시나 군부대 같은 연표적뿐만 아니라 소련 내 미사일 발사 기지에 대한 선제공격을 감행할 수도 있다고 판단했다. 그리고 소련의 이와 같은 우려는 1962년 6월 16일 "소련의 ICBM 기지도 미니트맨의 표적이 될 수 있다"고 언급한 맥나마라 미국 국방장관의 연설에 의해 위협이 현실로 확인되었다. 이에 따라 1961년 이후 소련은 전략적으로 심각한 공황 상태를 맞이하게 되었다.

흐루쇼프는 1962년 2월 흑해의 피춘다(Pitsunda)에서 군 원로들을 소집하여 소련이 당면한 미사일 갭 문제를 타개하기 위한 특별 대책 회의를 열었다. 열띤 논쟁 끝에 원로들은 제1세대 미사일 생산은 적정선에서 끝내고 생존성이 높은 제2세대 미사일 연구에 집중해야 한다는 결론을 내릴 수밖에 없었다. 피춘다 회의가 있은 직후 소련군 참모본부는 미국의 미니트맨 전력에 대항하기 위한 소련의 새로운 미사일 전력 개발 방안을 내놓았다. 소련은 상호 보완적인 네 종류의 ICBM을 개발하는 통합된 ICBM 개발계획을 세우는 한편 현재 진행 중인 얀겔 설계국의 R-26 개발을 중단하고 R-9과 R-16 발사대 추가 건설도 중단하도록 조치했다. 새로운 통합 계획에 의한 소련의 ICBM 개발 방향은 다음과 같이 요약할 수 있다.[122]

- 미니트맨과 동급의 고체 연료 ICBM을 개발하여 미니트맨과 같은 수량을 배치한다.
- 미국의 타이탄과 동등한 ICBM을 개발하여 타이탄 효과를 상쇄한다.
- 당시 개발 중인 100Mt급 탄두를 탑재할 수 있는 초중량급 ICBM을 개발하여 미국의 샤이엔 산(Cheyenne Mountain)에 있는 핵 지휘 통제소 같은 초견고표적 파괴 능력을 보유한다.
- 북극을 넘어오는 미사일을 탐지, 추적하도록 배치된 미국의 대탄도탄 조기 경계 시스템(BMEWS: Ballistic Missile Early Warning System)을 피해 남쪽으로부터 접근할 수 있는 초장거리 세계 미사일(Global Missile)을 개발한다.

---

[122] Steven J. Zaloga, "The Kremlin's Nuclear Sword: The Rise and Fall of Russia's Strategic Nuclear Forces, 1945~2000", (Smithsonian Institution Press, Washington D.C., 2002) p.81.

　　이러한 통합 개발계획이 제대로 추진된다 해도 그 결과가 나타나
려면 최소한 5~10년은 더 기다려야만 했다. 앞의 〈표 4-1〉에서 확인한
것처럼 1962년 초의 소련 핵전력은 미국에 비해 절망적인 상황이었기
때문에 통합 계획도 당장의 열세를 만회하는 데에는 별 도움이 되지 못
했다. 게다가 소련 주변국에 배치된 미국의 중거리 미사일의 존재는 소
련 지도부를 더욱 초조하게 만들었다. 소련이 느꼈을 절박한 상황과 이
러한 상황이 불러온 쿠바 미사일 위기를 살펴봐야지만 그 후 소련이 취
한 미사일 정책과 그로 인한 전략무기 구성 요소의 변화를 이해할 수
있다고 생각한다.

　　앞서 말한 것처럼 답답한 상황에 직면한 흐루쇼프에게 뜻밖에도
상황을 반전시킬 수 있는 기회가 찾아왔다. 당시 쿠바의 피델 카스트로
(Fidel Castro)는 미국이 쿠바를 침공할 것을 몹시 우려하고 있었다. 그래
서 미국의 침공에 대비해 소련에 방어용 미사일을 공급해줄 것을 요청
했다. 흐루쇼프는 카스트로의 요청에 기꺼이 응했을 뿐만 아니라 한 걸
음 더 나아가 중거리 핵미사일까지 쿠바에 배치해주겠다고 제안했다.
흐루쇼프는 미국의 뒷마당인 쿠바에 중거리 핵미사일 수십 기만 배치
해도 현재의 핵전력 열세를 일거에 뒤집을 수 있고, 또한 얼마 전에 베
를린에서 당한 패배를 설욕할 수 있는 절호의 기회라고 판단했다. 소련
군부 지도자들은 미국이 알아차리기 전에 중거리 미사일을 쿠바에 은
밀히 반입하여 작전 배치를 끝낸 후 1962년 11월쯤 케네디 정부에 이
사실을 통보하면 상황이 종료될 것이라고 믿었다. 이렇게 되면 미국도
어쩔 수 없이 쿠바에 배치한 소련 중거리 미사일을 기정사실로 받아들
일 수밖에 없다고 군부는 흐루쇼프를 설득했다. 카스트로가 흐루쇼프
의 이러한 제안을 받아들임에 따라 흐루쇼프의 중거리 미사일 쿠바 반
입 계획인 작전명 '아나디르(Anadyr)'는 즉각 실천에 옮겨졌다.

'아나디르'는 극소수를 제외한 소련군 하급 지휘관들과 외국 스파이들에게 작전을 숨기기 위한 위장 명칭이었다. 아나디르는 베링 해(Bering Sea)로 흘러 들어가는 시베리아의 강 이름으로 강 유역에 소련 폭격기 기지가 있다. 따라서 쿠바로 향하는 로켓과 무기의 목적지를 시베리아의 어느 곳으로 짐작하게끔 유도하기 위한 것이었다. 실제로 미사일 관계자들에게는 미사일의 최종 목적지가 노바야제믈랴(Novaya Zemlya)라고 이야기했고, 쿠바로 파병될 병사들에게는 추운 지방으로 전략 훈련을 떠난다고 말해두었다.[123] 소련은 이러한 위장을 '마스키롭카(Maskirovka)'라고 한다.

다급한 김에 급조된 위험한 발상이었지만 흐루쇼프의 아나디르 계획은 거의 성공할 뻔했다. 어떤 이유에서인지는 몰라도 당시 미국은 쿠바 내에 5000여 명의 소련 기술자가 존재하고 있다는 것을 알면서도 이들의 쿠바 내 활동 자체에는 별 관심을 두지 않았다. 더구나 쿠바 난민들의 입을 통해 전해진 쿠바의 마리엘(Mariel)에서 보았다는 긴 원통형 물건도 으레 대공미사일로 치부했다. 그러나 뉴욕 출신 상원 의원 키팅(Kenneth Keating)은 쿠바와 관련된 여러 가지 핵무기 소문에 각별한 관심을 가지고 있었다. 그는 이러한 소문에 대한 미국 정보기관의 분석이 미심쩍었고, 특히 쿠바에서 소련 기술자들이 하는 일이 마음에 걸렸다. 그래서 중앙정보국(CIA: Central Intelligence Agency)에 이 문제를 자세히 알아보도록 계속 압력을 행사했다. 키팅에게 시달림을 받은 CIA는 이 문제를 좀 더 조사했다. CIA는 카스트로의 전용기 조종사가 아바나의

---

[123] James H. Hansen, 'Soviet Deception in the Cuban Missile Crisis',
https://www.cia.gov/library/center-for-the-study-of-intelligence/kent-csi/vol46no1/pdf/v46i1a06p.pdf.

술집에서 "소련이 쿠바에 핵미사일을 배치했다"고 자랑했다는 첩보를 접했지만, 분석가들은 술김에 대공미사일을 핵미사일로 착각한 것이란 결론을 내리고 말았다. 이러한 분석 배경에는 흐루쇼프가 카스트로를 별로 신임하지 않는다는 것은 모두 아는 사실인데 어떻게 핵미사일 같은 전략무기를 넘겨줄 수 있겠는가 하는 믿음이 깔려 있었던 것으로 보인다. 이들은 분석 과정에서 소련 수뇌부가 겪고 있는 미사일 갭 스트레스가 얼마나 심각했는지를 간과했던 것이다.

10월이 되자 키팅은 국회 연설과 순회강연을 통해 쿠바 내 소련의 움직임에 대한 경고성 연설을 계속했지만 아무도 그의 말에 귀 기울이지 않았다. 그러나 CIA 국장인 매콘(John A. McCone)만은 키팅의 주장을 허튼소리로 듣지 않고 사태를 지켜보았다. 우연한 기회에 매콘은 쿠바 서부 지역이 소련제 대공미사일로 철저히 방어되어 있고, 이 지역은 지난 한 달 동안 U-2기가 정찰비행을 한 적이 없다는 것을 알게 되었다. 그래서 이 지역에 U-2기를 보내 항공사진을 찍어올 것을 명령했으나 날씨 관계로 촬영이 계속 미뤄지고 있었다.

드디어 1962년 10월 14일 〈사진 4-3〉과 같은 여러 장의 고해상도 사진을 찍을 수 있었고, 사진 분석 결과는 키팅 의원의 말이 옳았음을 입증했다. 몇 시간 내에 국방차관 로즈웰 길패트릭(Roswell Gilpatrick)과 국무장관 딘 러스크(Dean Rusk)를 포함한 대여섯 명도 이 사진들을 보게 되었다. 10월 16일 아침 이 사진들에 관해 보고받은 케네디(John F. Kennedy) 대통령은 즉시 국가안보의 집행위원회를 소집했다. 이른바 '쿠바 미사일 위기'로 알려진 미소의 핵 대결이 시작된 것이다. 이후 쿠바 미사일 위기는 10월 28일 흐루쇼프가 케네디 대통령에게 친서를 보내 쿠바 내의 모든 핵무기를 철수하라는 명령을 내렸다고 알려올 때까지 13일간 반전에 반전을 거듭하며 숨 막히게 진행되었다.

사진 4-3_ 1962년 10월 14일 산크리스토발에서 U-2기가 촬영한 중거리탄도탄과 보급 차량 행렬. 쿠바 미사일 위기의 발단이 된 사진이다. [CIA][124]

쿠바 미사일 위기 때 소련의 ICBM 전력은 4기의 R-7(추가로 2기를 바이코누르 미사일 시험장의 시험 발사대에 장착했지만 미국에는 도달 불가), 임시로 설치한 32기의 R-16 발사대와 긴급으로 마련한 2기의 R-9A 발사대가 전부였다. 소련은 골프-I(GOLF-I) 22척, 골프-II(Golf-II) 1척과 호텔(Hotel)급 1척 등 모두 24척의 핵 발사 잠수함을 보유하고 있었다. 골프-I은 사거리 500km급 탄도탄 3기를 탑재했고, 골프-II와 호텔은 사거리 1500km급 미사일 3기를 탑재했지만 발사를 위해서는 해면으로 부상해야만 했다. 소련의 핵 폭격기 전력은 TU-95 Bear-A 80기, MYA-4 Bison 58기 등 모두 138기로, 각 폭격기는 1개의 핵폭탄을 미

---

[124] 쿠바에 배치되어 쿠바 미사일 위기의 발단이 된 SS-4 사진: CIA 사진.
https://www.cia.gov/library/center-for-the-study-of-intelligence/csi-publications/csi-studies/studies/vol46no1/cubamisslesite.jpg.

국가까지 운반할 수 있었다. 이론상으로는 248개의 탄두가 미국을 공격할 수 있는 숫자이지만 248개를 다 사용할 수 있는 상태는 물론 아니었을 것이라 생각한다.

한편 쿠바에는 40기의 발사대로 구성된 R-12 중거리 미사일 3개 중대와 R-14 2개 중대가 배치될 예정이었지만, 미국의 해상봉쇄로 R-14 2개 중대는 쿠바에 도착할 수 없었다. 당시 쿠바에 진주한 스타첸코(Maj. Gen. Igor D. Statsenko) 장군이 이끄는 51미사일 사단에는 7956명의 미사일 부대원들이 42기의 미사일과 36기의 핵탄두와 함께 배속되었다. 이들은 R-12 3개 중대의 발사대를 최대한 빨리 완성하기 위해 밤낮없이 공사를 진행하였다. 51미사일 사단 외에도 소련 공군은 FKR-1 메테오르(Meteor)라는 지대지 공격용 순항미사일 2개 중대를 쿠바에 파견해놓았다. 각 메테오르 발사대에는 미사일이 5기씩 배정되어 있으므로 50~120kt급 핵탄두 80기가 공군 소관으로 쿠바에 배치되었던 것이다. 배치된 순항미사일 메테오르는 사거리가 미국 내 표적에는 미치지 못했던 점을 고려하면 미국에 의한 쿠바 상륙을 억제하기 위한 순수한 방어용이었을 것으로 추측된다. 여기에 경폭격기 IL-28 편대에 배정된 6기의 핵폭탄이 추가로 쿠바에 배치되었다. 이 외에도 루나 로켓(FROG Rocket) 12기가 탄두와 같이 배치되었는데, 아마도 쿠바에 배치된 기계화 보병 3개 연대를 지원하기 위해 반입한 것으로 보인다. R-14 자체는 해상봉쇄로 반입이 저지되었지만 24개의 R-14 탄두는 이미 쿠바 내에 반입되어 있었던 것으로 나중에 밝혀졌다. 따라서 쿠바 미사일 위기로 인해 해상봉쇄가 이루어지기 전에 모두 158개의 탄두가 이미 쿠바에 반입되어 있었던 것이다. 이는 소련이 미국을 공격할 수 있었던 전략탄두의 최대 개수인 250개에 비해 결코 적지 않은 숫자라고 할 수 있다. 반면 쿠바 미사일 위기 때 미국 본토로부터 소련을 직접 공격할 수 있는 전략무기는 아틀라스 129기, 타이탄-I 54기, 폴라리스 잠수함에 탑재한 폴라리스 A1 96기, B-52 555기에 탑재할 수 있는 폭탄 1830개 등 총 2200개의 탄두를 보유하고 있었다. 물론 2200개가 모두 사용 가능한 상태는 아니었다 하더라도 소련에 비하면 월등이 많은 숫자임에는 틀림없다.

지금까지 살펴본 것처럼 쿠바 미사일 위기 당시 미국과 소련의 전략 탄두비는 대략 9:1 정도로 미국의 우세였다. 1962년 미국은 총 2만 7000개, 소련은 총 3300개의 탄두를 보유하고 있었는데 이 비율 역시 8.2:1로 미국의 압도적인 우세였다. 물론 전략무기를 숫자로만 비교하는 것은 큰 의미가 없다는 점을 감안하더라도 소련의 전력이 미국에 비해 매우 열세인 것은 틀림없었다. 1962년 10월 28일, 압도적으로 우세한 미국의 전략무기 앞에 소련은 쿠바로부터 중거리탄도탄을 포함한 모든 전략무기를 철수하라는 미국의 요구를 들어줄 수밖에 없었다. 흐루쇼프는 케네디로부터 쿠바를 침공하지 않겠다는 약속과 터키에서 6개월 내에 주피터 미사일을 철수하겠다는 약속을 받아내는 대신 미국의 요구대로 모든 핵무기를 쿠바로부터 철수했다. 케네디는 어차피 쿠바를 침공할 생각이 없었던 것이고, 터키에 배치했던 주피터 미사일은 미니트맨 양산 계획으로 인해 미국에 더 이상 큰 전략적 가치가 없어진 것을 감안한다면 쿠바 미사일 위기는 결국 흐루쇼프의 일방적인 양보와 소련의 굴복으로 막을 내리게 된 것이다.

쿠바 미사일 위기는 소련으로서는 받아들이기 힘든 치욕적인 사건이었으며, ICBM의 유용성에 대한 논쟁을 일거에 잠재운 일대 사건으로 기록되었다. 소련 군부는 초강대국들 간의 대결에서 전략무기의 중요성을 뼈저리게 느꼈고, 이로 인해 전략로켓군에 대한 불만과 질시가 사라지게 되었다. 쿠바 미사일 위기를 계기로 소련 군사력의 장래 목표는 미국과 대등한 또는 그 이상의 전략 미사일 전력을 구축하는 것으로 확고하게 정해졌다. 스푸트니크가 미국에 끼친 영향 그 이상을 쿠바 미사일 위기가 소련에 끼쳤던 것이다.

RT-2

앞에서 말한 것처럼 1962년 4월 러시아 정부는 네 가지 다른 종류의 미사일을 개발하도록 한다는 포고를 내렸다. 그중 가장 중요한 미사일이 미니트맨에 대응하는 경량급 ICBM이었다. 이는 싼값으로 미국과 대등한 숫자의 미사일 전력을 보유함으로써 핵전력의 평형(Parity)을 유지하겠다는 소련 당국의 의지를 표현한 것이었다. RVSN은 처음에는 고체 연료 로켓으로 추진되는 미니트맨과 동등한 ICBM을 개발하여 숫자 면에서뿐만 아니라 질적인 면에서도 대등해지길 원했다.

경량급 ICBM에 대한 소련 정부의 포고가 발표되기 훨씬 전부터 미사일 설계국 OKB-1의 수석 설계사 코롤료프는 사정거리가 1만~1만 2000km급인 고체 연료 로켓을 연구하고 있었다. 따라서 OKB-1은 자연스럽게 경량급 미사일 개발기관 중 하나로 선정되었다. OKB-1은 고체 연료 ICBM을 두 단계로 나누어 개발하는 계획을 세웠다. 첫 단계는 사정거리 2500~3000km급의 고체로켓 RT-1을 개발하는 것이었고, 두 번째 단계는 RT-1 개발에서 얻은 경험을 토대로 사거리 1만km를 상회하는 ICBM RT-2를 개발하는 것이었다. RT-1은 발사 무게가 35.5t이고 유효 탑재량이 800kg이며 사거리는 2000km로 비교적 짧았다. RT-1은 그럭저럭 비행시험까지는 마쳤지만 아직도 많은 문제점이 내포되어 있었다. RT-1을 개발하는 동안 여러 번의 정부 포고를 통해 ICBM 버전인 RT-2의 요구 성능이 변경되었고, 1963년경에야 겨우 예비 설계가 완성되었다.

RT-2는 3단 고체로켓으로 가속 단계(Boost Phase)에서는 4개의 공기역학 핀(Fin)에 의해 비행 안정을 유지하도록 설계되었다. RT-2는 두 가지 종류의 탄두를 탑재하도록 설계되었다. 500kg짜리 탄두를 장착할 경우에는 사거리가 1만~1만 2000km에 이르지만, 이보다 훨씬 더 무거운 1400kg짜리 탄두를 장착하면 사거리가 4000~5000km로 줄어들었다. RT-2는 미니트맨과 마찬가지로 견고한 사일로 내에 배치하도록 설계되었으며, 미사일 자체가 매우 무겁기 때문에 사일로 내에서 조립할 수밖에 없었다. 탄두를 장착하고 난 다음에는 온도와 습도를 조정하여 로켓연료의 성능 저하나 동체가 부식되는 것을 방지하기 위해 사일로를 밀봉했다.

RT-2의 발사 방식은 압축가스 발사 방식(Cold Launch)으로 아주 독창적인 것이었다. 이러한 발사 방법은 이후 거의 모든 현대식 미사일에 채택되었다. 압축가스 발사 방식은 처음부터 로켓모터를 점화시켜 발사관을 빠져나가는 직접 발사(Hot Launch) 방식과는 달리, 먼저 압축가스나 수증기로 미사일을 발사관에서 밀어낸 후 로켓모터를 점화하는 발사 방식이다. RT-2의 사일로 바닥에는 물이 저장되어 있고, 가스 발생용 로켓모터가 분사를 시작하면 물이 증발하여 생긴 수증기와 가스가 로켓 몸체를 사일로 밖으로 밀어낸다. 미사일이 사일로를 벗어나면 비로소 로켓모터가 점화되어 정상적인 동력비행을 시작하는 것이다. RT-2의 비행시험은 두 시리즈로 나뉘어 진행되었다. 첫 번째 시리즈는 1966년 2월부터 6월까지 카푸스틴 야르에서 진행되었으며, 총 7회의 비행시험 중 6회를 성공적으로 마쳤다. 플레세츠크 시험장을 이용한 두 번째 시리즈에서는 1966년 11월 4일부터 1968년 10월 3일까지 시행한 총 25회의 비행시험 중 16회가 성공을 거두었다. 그중 21기는 캄차카(Kamchatka)에 있는 쿠라 시험장(Kura Test Site)을 향해 발사되었으며,

189

나머지 4회는 태평양을 향해 최대사거리로 발사되었다.

RT-2 시스템은 1968년 12월 18일 정식으로 작전 임무에 들어갔지만 배치된 RT-2 수량은 총 60기에 그쳤다. 당시 소련의 고체 연료 성능과 내구성은 미국에 비해 많이 뒤떨어져 있었다. 따라서 발사 중량은 51t이나 되지만 투사량(Throw Weight)은 600kg밖에 되지 않았고, 탄두 무게는 470kg 정도로 제한될 수밖에 없었다. 위력 75kt의 단일 탄두를 탑재한 RT-2의 사거리는 9400km이고 CEP는 약 1.9km인 것으로 알려져 있다. RT-2의 대응 시간은 대략 3~5분으로 추정되어 미니트맨에 비해 별로 손색이 없었으나 RT-2의 초기 설계 수명(Service Life)은 대략 10년 정도로 비교적 짧았다. 그 후 미사일의 수명을 연장시킬 수 있는 새로운 종류의 고체 연료가 개발되면서 후속 모델의 수명이 훨씬 길어졌다. 개선된 연료, 더 정밀한 항법장치와 탄도탄 방어망 돌파를 위한 디코이(Decoy)를 장착한 개선된 RT-2 모델인 RT-2P가 1972년 12월 28일부터 경계 임무에 들어갔는데 이 모델의 CEP는 약 1.5km로 추정된다.

UR-100(Red Minuteman)

RT-2 개발은 첫 단계인 RT-1 때부터 순조롭지는 못한 편이었다. 1965년 9월부터 11월까지 세 번의 시험 발사에서 겨우 한 번만 성공했을 뿐이다. RT-1의 개발이 부진하자 흐루쇼프는 RT-2 개발이 실패할 경우에 대비하여 같은 목적의 액체로켓 개발을 지시했다. 항공 설계 연구소 OKB-52의 첼로메이는 1950년대부터 UR-100이라는 경량급 액체로켓을 구상해왔고, 첼로메이는 자신이 제안하는 UR-100이 RT-2 대신 경량급 ICBM으로 채택되도록 하기 위해 아주 적극적으로 정치적 캠페인을 벌여왔다. 그는 RT-2를 개발하는 대신 UR-100을 개발해야 하는 이유를 다음과 같이 요약하여 설명했다. "고체 연료는 시간이 흐르면

갈라져 틈이 생기고 이 틈은 계속 전파될 수 있는데, 이 틈을 미리 발견할 방법이 없다. 그리고 현재 RT-2 개발을 지원하는 낙후된 군수업체들의 기술력과 운영 방식으로는 ICBM 같은 첨단 무기를 대량으로 생산할 수가 없다. 따라서 항공기 같은 최신 무기를 대량생산한 경험이 있는 항공계의 도움을 받을 수 있는 OKB-52 같은 항공 관련 설계 연구소에서 사업을 주도해야 한다. 이미 과도한 부하가 걸려 있는 킴키의 글루시코 설계국(Glushko Bureau in Khimki) 같은 기존의 부품 생산시설을 이용하는 대신, 여유가 있는 코스베르크(Kosberg)의 엔진 생산시설을 이용함으로써 다른 국가사업에 영향을 주지 않고도 ICBM을 성공적으로 개발할 수 있다." 이러한 첼로메이의 주장은 가뜩이나 코롤료프의 잦은 실패로 불안해하고 있던 흐루쇼프의 마음을 움직였다. 첼로메이는 RT-2와 병행하여 UR-100를 미니트맨에 대응하는 경량급 ICBM으로 승인을 받아내는 데 성공했다.[125]

첼로메이의 개발계획은 보수적이고 단순했다. 그의 설계 목표는 생산비가 싸고 운영비가 저렴한 미사일을 개발하는 것이었다. 설계에는 아주 단순하고 확실한 기술만 사용했으며, 그 결과 사업 추진이 순조로웠고 곧 RT-2를 따라잡을 수 있게 되었다. UR-100 설계 개념 중 유일하게 새로운 것은 운반 및 발사용 캐니스터(TLC: Transport-Launch Canister)라는 미사일 용기를 사용한 것인데 이것도 이미 첼로메이가 순항미사일을 개발할 때 사용했던 개념이다. TLC는 미사일을 미리 캐니스터 속에 넣고 각종 테스트에 필요한 전선, 소켓, 연결줄(Umbilical

---

[125] 이와 같이 비슷한 성능과 같은 목적을 가진 미사일을 두 가지 이상 동시에 생산하는 것이 흐루쇼프 이후 브레즈네프 시절에는 일종의 관행으로 굳어졌다. 군에 혼란을 가중시키고 국가 경제에 엄청난 부담을 준 것은 말할 필요도 없다.

Cable)과 기타 연결 부위가 장착된 상태로 공장에서 출고함으로써 사일 로 안에 미사일을 배치하는 데 걸리는 시간을 많이 절약할 수 있었다. TLC는 사일로에 내려진 후 캐니스터 위에 있는 4개의 지지대에 의해 사일로 내에 고정되고, 캐니스터에 장치된 연료 주입구를 통해 연료를 주입하게 된다. 일단 연료를 주입한 후에는 미사일과 캐니스터는 완전 히 밀봉되고, 미사일은 언제라도 발사할 수 있는 상태로 대기하게 된 다. TLC와 미사일은 TLC 안에서 미사일을 발사하는 데 필요한 레일을 장착하고 있으며, 발사 시 화염을 TLC의 외부와 사일로 내벽 사이로 돌 려 미사일을 보호하는 역할도 한다. 이러한 발사 방법은 당시에는 획기 적인 개념이었으나 지금은 러시아(소련)의 통상적인 사일로 발사 방법 이 되었다.

UR-100의 비행시험은 1965년 4월 19일에 시작해서 1966년 10월 27일 성공리에 마무리되었다. 그러나 R-9과 R-16 배치에 대한 마무리 문제로 여유가 없었던 지도부는 근 1년 동안 UR-100 양산에 관련하여 아무런 결정도 내리지 않다가 1967년 7월이 되어서야 UR-100를 새로 운 경량급 ICBM으로 채택하기로 결정했다. RT-2 대신 UR-100가 경량 급 ICBM 모델로 선정된 데에는 다음과 같은 이유가 있었다. 첫째, 하루 속히 미국과 대등해지고자 하는 RVSN의 바람과는 달리 RT-2 개발이 계속 늦어지고 있었다. 둘째, 미니트맨과 수량 면에서 대등해지려면 1000여 기의 ICBM을 생산해야 하는데 RT-2와 같이 비싼 시스템은 이 렇게 많은 양을 생산하기가 곤란했다. 셋째, UR-100는 기존의 항공기 산업체를 이용할 수 있도록 설계된 시스템이기 때문에 RT-2와는 달리 양산을 위해 별도의 새로운 공장을 짓거나 새로운 취급 장비를 제작할 필요가 없었다.

UR-100에 대한 나토 코드네임은 '세고(Sego)'였으며, 미국 국방정보국(DIA: Defense Intelligence Agency)의 코드네임은 'SS-11'이다.[126] 그래서 서방측에서 UR-100을 지칭할 때에는 보통 'SS-11 세고'라고 병기하는 것이 관습처럼 되어 있다. UR-100은 UDMH를 연료로 사용하고 산화제로는 사산화이질소를 사용하는 2단 액체로켓이다. UDMH나 사산화이질소는 미사일에 주입한 후 장기 저장이 가능하기 때문에 UR-100는 비록 액체 연료 로켓이지만 고체 연료 로켓처럼 즉시 발사가 가능한 상태로 수년간 대기할 수 있었다. UR-100의 사정거리는 1만 1000km, CEP는 대략 1.4km이며 1.1Mt 탄두를 1개 탑재하여 미니트맨-IB와 성능이 아주 비슷하고 맡은 역할도 유사했다. 미니트맨-I과 마찬가지로 탄두 위력에 비해 CEP가 비교적 크기 때문에 도시와 같은 연표적을 염두에 두고 개발한 시스템이다. 그리고 미니트맨과 마찬가지로 발사 명령을 받은 후 수분 내에 발사될 수 있도록 반응시간 역시 충분히 짧게 설계했다. 1966년 11월에 처음으로 3개 연대의 UR-100가 경계 임무에 들어갔으며, 1966년부터 1972년까지 총 990기의 UR-100 발사대가 건설되어 처음 의도대로 질과 양 모든 면에서 미니트맨에 일대일로 대응했다고 볼 수 있다.

---

[126] 나토 코드네임(NATO Reporting Name)이란 나토가 소련, 중국과 바르샤바 조약국들의 군사 장비에 붙인 별명을 말한다. 유·무선 통신에서 헷갈리지 않고 알아듣기 쉬운 영어 단어를 붙이되, 무기 시스템마다 단어의 첫 알파벳이 정해져 있다. 지상, 수상, 수중에서 발사하여 지상의 표적을 공격하는 미사일은 모두 'S'로 시작하는 단어를 사용한다. 마찬가지로 전투기(Fighter)는 'F'로 시작하고, 폭격기(Bomber)는 'B'로 시작하는 단어로 명명되지만, 단음절 단어는 프로펠라기를, 두 음절 단어는 제트기를 의미한다. 이러한 지식을 가지고 옛 공산권 국가 무기 이름의 나토 코드네임을 보면 그 무기가 어떤 무기인지, 또는 추진기관이 무엇인지를 알 수 있으니 좀 더 재미있게 볼 수 있을 것이다. 그러나 잠수함의 이름은 시작하는 단어의 첫 알파벳이 정해져 있지 않고 무선에서 주로 사용하는 'Phonetic Name'을 사용하여 '알파(Alpha)', '브라보(Bravo)', '찰리(Charlie)', '델타(Delta)' 등으로 부른다. http://en.wikipedia.org/wiki/NATO_reporting_name.

이후 UR-100의 좀 더 개선된 모델인 UR-100K와 UR-100U가 등장해 UR-100와 교체됐다. UR-100K의 제1단 모터를 UR-100의 제1단보다 큰 모터로 바꿈으로써 사거리도 1만 2000km로 증가했다. UR-100K의 개발은 1960년대 말 시작되었으며, 개발 목표는 정확도를 개선해 CEP를 1km 정도로 줄이고 궁극적으로는 3기의 RV를 탑재하는 것이었다. 여기서 3기의 RV는 각각 독립적인 목표로 유도되는 MIRV가 아니라 조준한 목표를 중심으로 1.5~2.0km의 삼각 형태 안에 떨어지는 MRV(Multiple Reentry Vehicle) 형식의 다탄두였다. MRV는 각각의 RV를 따로따로 다른 표적에 유도하는 것이 아니라 하나의 목표를 향해 탑재한 모든 RV를 한꺼번에 내려놓는 개념이다. MRV는 하나의 표적을 겨냥하여 한 발의 산탄을 발포하는 것에 비유할 수 있다. MRV는 ABM망을 돌파하거나 넓은 지역을 제압하는 데에는 효과적이지만 적의 사일로나 견고한 지휘 통제소 등 정밀 표적에는 효과가 별로 없다. 이에 비해 독립된 표적을 향해 하나하나 겨냥할 수 있는 다탄두인 MIRV는 속사 가능한 총과 같아서, 여러 개의 표적을 놓고 순차적으로 한 번에 1개의 표적을 조준해 속사 모드로 발사하는 것과 같다고 볼 수 있다.

MRV화된 미사일로는 1964년에 실전 배치된 미국의 폴라리스 A3가 처음이었고, 1970년에 배치된 소련의 R-9 Mod-4에 이어 UR-100K의 다탄두 모델이 세 번째 MRV 미사일이 되는 셈이다. 단일 탄두를 탑재하는 UR-100K와 차별화하여 3개의 탄두를 탑재하는 UR-100K를 UR-100U라고 불렀다. 3기의 MRV는 특별히 고안한 설치대에 장착되고 유선형 덮개(Nose Fairing)에 의해 보호된다. 두 부분이 맞물린 형태의 덮개는 공기가 희박해지면 떨어져나가면서 RV를 노출시킨다. 동력 비행이 끝나는 시점이 되면 RV를 스프링이나 작은 보조 로켓으로 로켓 본체로부터 분리시켜 각각의 RV가 한 표적을 향해 자유낙하운동을 하도록 했다. 또 UR-100U는 탄도탄 방어망을 돌파하기 위해서 팔마 (Palma) 시스템이라 부르는 디코이도 탑재했다. 디코이는 제2단 모터 위쪽, RV 아래쪽에 장착되고, 모터가 분리되면 곧바로 전개되도록 되어 있다. 이 외에도 UR-100U의 사일로는 UR-100K 사일로에 비해 견고하게 보강되었다. 사일로는 세미팔라틴스크(Semipalatinsk)에 있는 탄두 실험장에서 핵실험을 통한 충격파 내구성 시험을 거쳐 설계를 마무리한 것으로 알려져 있다. 폭발의 충격으로부터 미사일을 보호하기 위해 플라스틱 충격 완충제를 사용했고, 각종 통신용 안테나를 인접한 곳에서 발생하는 핵폭발로부터 보호할 수 있는 여러 가지 기술을 적용했다. 결과적으로 UR-100U의 사일로는 당시 세계에서 가장 견고한 사일로였다는 것이 미국 측의 판단이다.

UR-100U 모델의 시험비행은 1971년 6월에 시작해 1973년 1월에 완료되었으며, 1974년 9월 26일부터는 경계 임무에 들어갔다. 1973년부터 1977년까지 총 420기의 UR-100K/U 모델이 배치되었으며, 그 대신 1974년까지 UR-100 미사일은 모두 일선에서 퇴역했다. 1994년에는 대부분의 UR-100 미사일이 수명을 다했을 뿐만 아니라 제1차 전략무기제한협정(SALT-I)이 발효됨에 따라 모든 UR-100K/U 모델도 현역에서 물러났다.

R-36

1962년 2월 흑해의 피춘다 회의에서는 미국의 타이탄-II에 대응하는 중량급 미사일 레드 타이탄, 100Mt급 황제 폭탄(Tsar Bomba)을 탄두로 탑재할 수 있는 초중량급 미사일과, 지구 남쪽을 돌아 미국의 조기경보 레이더를 우회하는 글로벌 미사일 등 세 가지 중량급 미사일을 개발하고자 했다. 그러나 이 세 종류의 미사일을 따로따로 개발하는 대신 소련은 중량급, 초중량급과 궤도무기로 두루 사용할 수 있는 한 가지 미사일을 개발하기로 전략을 다시 수정했다. 이렇게 하나의 미사일로 세 가지 목적을 달성하기 위해 개발한 것이 R-36이다. R-36은 세 가지 목적을 위해 세 가지 모드로 설계되었다. 첫 번째가 경량급으로 5Mt급 탄두를 운반하는 모드-1(Mod-1)이고, 두 번째는 10Mt 혹은 18~25Mt급 탄두를 탑재하는 모드-2이며, 세 번째는 지구 저궤도에 진입하여 지구를 반 바퀴 이상 돌아 목표에 낙하하는 모드-3 R-36O였다.[127]

1962년 4월 R-36 개발이 승인되었고 OKB-586의 얀겔이 개발 사업을 맡게 되었다. R-36는 서방세계에서는 SS-9 스카프(Scarp)라고 불리는 직렬식 2단 로켓으로 UDMH를 연료로 사용했으며, 사산화이질소를 산화제로 사용했다. 여러 가지 면에서 이 미사일은 R-16을 이어받은 것으로 보인다. 제1단 엔진은 R-16의 경우와 마찬가지로 2개의 연소실을 갖춘 열린 사이클(Open Cycle) 엔진 3기와 4개의 연소실을 갖춘 자세 제어 엔진으로 구성되어 있다.[128] 제2단은 2개의 연소실을 갖춘 하나의 엔진으로 되어 있다. 제2단의 연료 탱크와 산화제 탱크는 소련 최초로 하나의 격벽으로 분리되는 단일 격벽(Common Bulkhead) 시스템을 채택하여 구조물의 무게를 줄였으며, 엔진이 작동할 때에는 엔진의 연소 가

---

127 Steven J. Zaloga, "The Kremlin's Nuclear Sword: The Rise and Fall of Russia's Strategic Nuclear Forces, 1945~2000", (Smithsonian Institution Press, Washington D.C., 2002) p.233: 소련 측 발표에서는 25Mt 탄두가 없다.

128 액체로켓 엔진에서는 통상적으로 연료 펌프와 산화제 펌프를 구동하기 위한 터보펌프를 사용한다. 터보펌프는 '예연소기(Preburner)'에서 연료와 산화제가 반응하여 생산되는 고온·고압가스에 의해 구동된다. 그러나 터보펌프를 고열 가스로부터 보호하기 위해 예연소기에는 산화제에 비해 훨씬 많은 양의 연료가 공급되어 연소 가스의 온도가 너무 올라가지 않도록 하고 있다. 따라서 펌프를 구동시키고 배출되는 연소 가스에는 아직도 연료가 많이 남아 있다. 배출 가스를 그냥 외부로 배출하면 '열린 사이클(Open Cycle)' 엔진, 배출 가스를 엔진의 주 연소실로 다시 보내면 '닫힌 사이클(Closed Cycle)' 엔진이라 한다.

스 일부를 탱크로 돌려 탱크 압력을 유지했다.

소련은 1963년 9월 28일부터 1966년 5월까지 바이코누르 시험장에서 R-36 비행시험을 했지만 서방측 정보기관은 1963년 12월까지 이에 대해 전혀 모르고 있었다. R-36의 모드-1과 모드-2는 1967년 7월 21일부터 배치 승인을 받았고, 모드-3 R-36O는 1968년 11월에 배치하는 것으로 승인받았다. 세계 미사일 또는 부분 궤도 폭격 시스템(FOBS)으로 알려진 R-36O 18기가 1969년 8월 25일부터 바이코누르에서 경계 임무에 들어갔다. 그러나 1983년 제2차 전략무기제한협정(SALT-II)에 의해 R-36O는 전량 폐기되었다.[129]

5.8t이 넘는 페이로드 용량을 가진 R-36의 성능을 효과적으로 사용하기 위해 1967년부터 얀겔 설계국에서는 다탄두 모델을 검토하기 시작했다.[130] R-36의 다탄두 모델은 폴라리스 A3와 마찬가지로 하나의 목표에 3기의 RV를 특별한 유도 없이 뿌리는 MRV 타입이었다. 이 네 번째 모드는 R-36P라 불렸으며 1970년 10월 정식으로 채택되었다. 다음의 〈사진 4-4〉는 쿠라 시험장 근처에 낙하하는 R-36P에서 분리된 RV 3기의 재돌입 모습이다. 위쪽의 밝은 줄은 R-36P의 2단 몸체가 재돌입 열에 의해 타는 모습이고, 아래쪽의 비교적 희미한 3개의 궤적은 RV가 융제되면서 내는 불꽃이다. 이 사진은 알래스카에 기지를 둔 미국 정찰기에서 찍은 것이다.[131]

역사적으로 R-36이 중요한 의미를 갖는 첫째 이유는 이 미사일이 처음으로 미국 ICBM 기지에 위협적인 존재로 등장했다는 것이고, 둘째

---

[129] FOBS는 'Fractional Orbit Bombardment System'의 머리글자로 탄도가 위성 궤도의 일부를 따라 돌다가 목표를 향해 낙하하는 시스템을 일컫는 용어다.
[130] 얀겔의 OKB-586이 유즈노예 설계국(Yuzhnoye Design Bureau)으로 이름이 바뀌었다.
[131] 정찰기는 코브라 볼(Cobra Ball)로 추정된다.

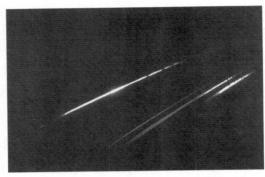

사진 4-4_ 미국 공군 정찰기가 촬영한 R-36P의 RV 낙하 장면. 맨 위의 밝은 줄은 2단 엔진이 재돌입 열에 의해 타고 있는 궤도이고, 아래쪽 3개의 낙하 궤적은 RV 3기의 궤적이다. [미국 공군]

이유는 R-36가 R-36M, R-36MUTTh와 R-36M2로 이어지는 대형 ICBM의 계보를 열었다는 것이다. 정상적인 준비 상태에서 R-36의 반응시간은 약 5분, CEP는 1.3km로 알려졌다. R-36가 5Mt, 10Mt, 25Mt에 이르는 강력한 탄두와 1km를 조금 넘는 정확도가 결합하면서 미니트맨 LCC에 대한 심각한 위협이 되었다. 당시 미국은 1000기의 미니트맨을 사일로에 배치하고 100개의 LCC에서 이것을 관리했다. 그런데 100개의 LCC를 파괴하는 데 300기의 R-36면 충분하다는 계산이 나온다. R-36의 등장으로 홀의 아이디어에서 시작된 하나의 LCC에서 10기의 미니트맨을 관리하는 개념은 아킬레스건이 되고 말았다.

R-36는 제2세대 미사일로 개발되었지만 꾸준한 개선과 재설계를 통해 제3세대, 제4세대 미사일로 계속 탈바꿈하여 종국에는 R-36M2 보이보데(Voivode)라는 페이로드가 8.8t에 이르는 세계에서 가장 강력한 ICBM으로 발전했다. 100Mt 탄두는 사실 군사적 의미가 없었기 때문에 취소되고 대신 20~25Mt급으로 만족했다.

3

제3세대 미사일: 전력 배가를 위한 미사일

공포의 균형(Balance of Terror)과 대탄도탄미사일

미소를 막론하고 제2세대 미사일의 특징은 생산비가 저렴해 다수의 미사일을 생산, 배치할 수 있고 시설과 미사일 운영 및 관리비 역시 제1세대 미사일에 비해 훨씬 저렴하다는 것이었다. 그러나 제2세대 미사일 중에는 미국의 타이탄-II와 소련의 R-36 같은 중량급 미사일도 있었다. 비록 중량급 미사일이 배치된 숫자는 미니트맨이나 UR-100에 비해 적었지만 이어지는 영향력은 작지 않았다. 타이탄-II는 미국의 제미니 우주선을 쏘아 올린 제미니 타이탄(Gemini-Titan), 타이탄 34B 아제나(Titan 34B Agena), 타이탄-IIIC(Titan IIIC), 타이탄-IIIC-MOL, 타이탄-IIIC-센토(Titan IIIC-Centaur)를 거쳐 타이탄-IIIC-센토의 길이를 늘린 모델인 타이탄-IV(Titan IV)로 이어지는 중량급 우주 발사체 계보의 시조가 되었다. 소련의 R-36는 R-16이 그 뿌리였지만 시간이 흐르면서 더욱 보강되어 제3세대 ICBM에 속하는 R-36M, R-36MUTTh, 제4세

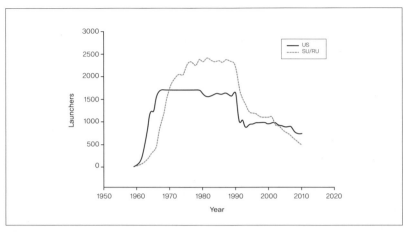

그림 4-2_ 연대별로 본 미소의 ICBM 및 SLBM의 수 증감 그래프

대에 속하는 R-36M2로 발전하는 출발점이 되었다.

1965년까지만 해도 미국은 일방적으로 우세한 ICBM 전력을 유지했으며, 소련의 어떠한 도발에도 여유 있게 대처할 수 있는 막강한 보복능력을 보유한 것으로 믿고 있었다. 그러나 1965년 미니트맨-II(MM-II)가 배치되는 시점에서 미국의 ICBM 총수는 854기로 소련에 비해 훨씬 많았지만, 〈그림 4-2〉에서 보는 바와 같이 미니트맨 배치가 1000기로 종료되면서 미국의 ICBM은 최대 1054기로 고정된 반면 소련의 ICBM은 1965년 281기에서 1970년 1472기로 급격하게 증가하였다. 이 기간 중 ICBM 이외의 소련 군사력 역시 급격히 팽창했다. 미국이 스스로 충분하다고 판단해서 정해놓은 미사일 상한선인 1054기의 미사일로는 급증하는 소련 내 ICBM을 포함한 주요 표적 수를 감당할 수가 없었다.

소련이 강력한 미사일을 대량생산하여 미국보다 많은 수를 배치함에 따라 미국의 군사 전략가들이 다시 불안해진 것은 당연하다. 그러나 객관적인 입장에서 본다면 당시 소련의 능력으로는 미국이 보유한

1000기의 ICBM과 기타 핵전력을 선제공격에 의해 한꺼번에 모두 무력화시키는 것은 거의 불가능했다. 마찬가지로 미국의 선제공격으로 소련의 핵전력을 무력화시키는 것 역시 불가능했다.

즉 미국과 소련 중 누가 먼저 공격하느냐에 상관없이 일단 핵전쟁이 발발한다면 상호 공멸을 면치 못할 정도의 충분한 핵전력을 두 나라가 보유하게 되어 어느 나라도 함부로 도발할 수 없는 상태가 지속되었다. 이것이 이른바 상호 확증 파괴(MAD: Mutual Assured Destruction)에 입각한 공포의 균형(BT: Balance of Terror) 개념이다. 1960년대에 이런 의미에서 MAD에 의한 공포의 균형은 매우 안정적인 개념으로 볼 수 있었다. 여기서 안정적이란 의미는 미국과 소련 중 어느 한 나라가 설령 2배 더 많은 미사일을 보유하고 있다고 해도 상황이 별로 달라질 것이 없다는 뜻이다. 1960년대 초반부터 중반 이후까지는 MAD 개념에 입각한 미소 간의 평화가 그럭저럭 잘 유지되었던 것이 사실이다. 비록 그 평화가 상호 인질에 의한 비도덕적인 것이라 해도 말이다.

그러나 1960년대 중반에 이르러 MAD에 대한 이러한 믿음을 깰 수 있는 상황이 조금씩 전개되기 시작했다. 즉 미소의 탄도탄 요격미사일 시스템(ABM System) 개발이 MAD의 개념을 흔드는 새로운 변수로 떠오른 것이다. 탄도탄을 요격하는 방어 미사일을 뜻하는 ABM 시스템을 한 나라가 먼저 개발하여 자국의 주요 표적을 방어할 수 있게 된다면, 선제공격을 감행하여 상대방의 전략무기를 대부분 무력화한 후 선제공격에서 살아남은 비교적 적은 수의 미사일을 사용하는 상대방의 한정적인 보복공격을 ABM으로 방어하겠다고 판단할 수도 있기 때문이었다. 이러한 상황에서는 더 이상 MAD가 보장되지 않을뿐더러 공포의 균형 역시 깨질 수 있다고 생각했다. 당연히 자국이 열세에 놓였다고 판단하는 나라는 자국의 안위를 상대방의 아량에 맡기는 대신 MAD

를 보장하기 위해, 또는 더 우위에 서기 위해 공격적으로 미사일 전력을 증강하려 할 것이다. 이러한 유혹은 아주 강렬하고 뿌리치기 힘든 것이다.

소련의 ABM 개발 역사는 1950년대 중반으로 거슬러 올라간다. 1955년 '시스템 에이(System A)'라고 알려진 시험용 ABM 시스템을 제안했으며, 1956년 8월 17일에는 각료 회의에서 ABM에 대한 연구를 시작하고 관련 시험장을 확보할 것을 결의했다. 이리하여 카자흐스탄의 사리샤간(Sary Shagan)에 ABM용 미사일을 시험하기 위한 시험장이 건설되었고, 1956년 12월에는 역시 카자흐스탄에 있는 세미팔라틴스크 핵실험장에서 ABM 탄두 실험을 실시했다. 이후 ABM 연구는 꾸준히 지속되었고, 1964년에는 모스크바 주변에 설치할 ABM인 A-35 시스템의 개념 설계가 승인되었으며, 갈로시(Galosh)라는 요격미사일이 모스크바 붉은 광장 열병식에서 처음으로 일반에 공개되기도 했다. A-35의 목표는 단일 탄두를 장착한 미국의 ICBM(타이탄-II와 미니트맨-I/II)을 모스크바 주변에서 요격하여 탄두를 무력화시키는 것이었다. 소련은 1967년에 알단(Aldan)이라는 시험용 A-35 시스템을 사리샤간에 설치하여 개발시험을 시작했으며 모스크바 주위에 각각 16기의 발사대를 갖춘 갈로시 발사 기지 4곳을 건설했다. 여러 가지 시험을 거친 후 1972년에 정식으로 A-35 시스템이 모스크바를 방어하기 위한 작전에 임하게 되었다. 이로써 총 64기의 갈로시 미사일로 이루어진 A-35 시스템이 타이탄-II와 미니트맨-II 같은 탄도탄의 공격으로부터 모스크바를 지키기 위해 활동을 시작한 것이다.

소련에서 A-35를 개발하는 동안에 미국 역시 활발하게 ABM에 대한 연구 개발을 추진하고 있었다. 미국 육군은 1955년 나이키 허큘리스(Nike Hercules) 대공미사일을 극초음속 비행기 또는 탄도탄 방어용으로 개조하는 프로젝트를 검토하기 시작하였다. 이 계획은 처음에 나이키-II(Nike-II)라고 불렸으나 1956년 11월에 나이키 제우스(Nike Zeus)로 개명되었다. 그러나 나이키 제우스는 기동이 대기권 내로 제한되었기 때문에 대기권 밖에서도 목표를 요격할 수 있는 3단 모터를 부착한 새로운 미사일 나이키 제우스-B(Nike Zeus-B)를 개발하도록 계획을 다시 변경했다. 나이키 제우스-B는 1962년 7월 처음으로 아틀라스 RV를 요격하는 데 성공했으며, 그 후 1963년 말까지 열 번 이상 RV 요격을 성공리에 수행했다. 1963년 5월에는 개량형 나이키 제우스-B를 사용하여 인공위성을 요격하는 데에도 성공했고, 그해 6월부터 1966년 5월까지 실제로 활성 탄두를 탑재한 나이키 제우스-B가 태평양에 있는 콰절린(Kwajalein) 미사일 시험장에 배치되어 소련 인공위성을 요격하라는 명령에 대비하기도 했다.

미국은 1960년대에 들어와 소련의 ABM 개발 사실을 확인했고, 소련의 ABM A-35를 돌파하기 위해서는 A-35의 특성을 고려한 기만 수단과 생존 가능한 RV 설계가 필요해졌다. 원래 미국의 ICBM은 도시나 산업시설 같은 견고화되지 않은 곳을 표적으로 삼았지만, 시간이 흐름에 따라 미국의 ICBM 수가 급격히 늘어났고 군사적 목표도 표적으로 삼을 만큼 ICBM에서 수적인 여유가 생겨났다. 그러나 1960년대 중반부터 시작된 소련의 급격한 ICBM 전력 확대와 모스크바 주위에 설치하려는 A-35 시스템 때문에 미국은 딜레마에 빠졌다. 소련의 UR-100 ICBM 발사 기지와 같이 견고화된 표적 수가 급격히 늘어남에 따라 소요되는 탄두 수가 예상외로 빨리 늘어나 1054기의 미사일로는 필요한 표적을 모두 공격할 수 없는 상황에 직면한 것이다.

미니트맨-III

이리하여 ICBM으로 운반하는 탄두 수를 대폭 늘려야 할 필요성이 생겼고, 표적이 다양화됨에 따라 크고 작은 위력을 가진 다양한 탄두가 요구되었다. 미국은 자국의 주요 거점을 방어하기 위한 ABM망을 구축하고, MAD를 보장하기 위해서는 ICBM 수를 대폭 늘려야만 하는 입장이 되었다. 그러나 스스로 묶어놓은 미니트맨 배치 상한선을 깨는 것은 비용도 비용이지만 정치적인 이유로 쉽지 않았고, ABM 역시 실효성에 의문이 제기되었다. 이러한 난국을 타개하는 획기적인 방안으로 제기된 것이 바로 하나의 미사일에 여러 개의 RV를 탑재하는 것이었다. 특히 하나의 미사일에 탑재한 여러 개의 탄두를 서로 다른 표적을 겨냥해 각각 독립적으로 유도할 수 있는 MIRV라는 새로운 다탄두 미사일 개념이 관심의 초점이었다. 이런 종류의 미사일이야말로 당시 미국이 처한 미사일 전력의 열세 상황을 역전시킬 수 있는 경제적이고도 기술적으로 타당한 해결책이라고 생각했기 때문이다.

MIRV 개발은 사실 다음과 같은 두 가지의 완전히 독립적인 이유 때문에 촉발되었다. 첫째는 미국이 보유한 2세대 미사일 탄두를 요격할 수 있는 A-35 ABM 시스템을 소련이 구축하고 있다는 사실이고, 둘째는 소련 내의 전략적 표적 수가 미국이 보유하고 있는 미사일 수보다 훨씬 많아졌다는 사실이다. MIRV 개념의 미사일은 이러한 요구를 한꺼번에 만족시킬 수 있는 경제적인 방법으로 제시되었다. 앞서 말한 두 가지 이유 중 어느 한 가지만으로도 MIRV를 도입해야 할 충분한 조건이 되겠지만, 두 가지 이유가 동시에 성립하는 당시 상황에서 MIRV 도입은 비용 대 효과 면에서만 필요한 것이 아니라 군사적 측면에서도 필수적이었다고 생각한다. MIRV 개념은 미사일 증강이나 ABM 배치보다 훨씬 경제적인 전력 배가 수단으로서의 역할과 ABM 돌파 역할을 동시에 수행할 수 있었기 때문이다.

그동안 축적한 미사일과 탄두 기술을 가장 효과적으로 이용하여 페이로드를 여러 개의 MIRV로 나누고, MIRV의 탄착지점 분산(Footprint)을 조절하여 다양한 위치에 분포한 표적들을 한꺼번에 공격할 수 있는 미사일을 개발할 수 있게 된 것이다. 미국 공군 일각에서는 기존 미사일의 MIRV화로 탄두 수를 늘리기보다는 단일 탄두 미사일 수를 늘려야 한다고 주장하기도 했다. 한 예로 페이로드 무게가 700kg도 채 안 되는 미니트맨-II(MM-II)를 MIRV화할 경우 MIRV 탄두의 위력이 너무 작아져 전략무기로서 실효성이 없어진다는 것이 그 이유였다.

1957년에 이미 단순 다탄두인 MRV 개념을 제안했으며, 1961년부터는 실제로 폴라리스 A3용 MRV가 폴라리스 A2에 실려 비행시험을 하기 시작했다. 폴라리스 A3는 1962년 8월 첫 비행에 성공했고, 1964년에는 폴라리스 A3 16기를 탑재한 전략 잠수함 USS 대니얼 웹스터(Daniel Webster)호가 패트롤을 시작함으로써 MRV 미사일 시대가 시작되었다. 그러나 A3의 MRV는 각 RV가 개별 목표에 독립적으로 유도되는 MIRV가 아닌, 단일 표적을 중심으로 삼각형 형태로 분포되는 다탄두로서 A-35 방어망을 돌파하기 위한 목적과 정해진 단일 표적 내의 파괴 면적(Lethal Area)을 키우기 위해 채택한 시스템이다. 미국에는 A3 외에 MRV를 적용한 시스템이 없다.

그렇지만 1964년에 승인한 미니트맨-II의 RV인 Mk-12 Phase-III 연구에서도 RV는 아직도 MRV 형태로 고려되고 있었다. 1965년에 와서야 비로소 MIRV에 대한 요구가 새로이 제시되었다. 미니트맨-II의 페이로드 무게와 제3단 로켓의 제한된 반경 등 여러 가지 문제 때문에 미니트맨-II를 MIRV화하는 대신 Mk-12 RV 3기를 탑재할 수 있는 새로운 미니트맨-III(MM-III) 개발을 승인하게 된 것이다. 이때가 1966년

사진 4-5_ 왼쪽은 3기의 W-78/Mk-12A가 미니트맨-III(MM-III) 버스에 탑재된 모습이고, 오른쪽은 RV
와 기기들을 보호하기 위해 버스에 장착하는 보호 덮개. [미국 공군][132]

3월이다. 미니트맨-III의 3단은 2단과 같은 반경의 크고 강력한 모터로
설계되었고, 페이로드 무게도 1t 이상으로 증가했으며, 〈사진 4-5〉에서
보듯이 W62/Mk-12 MIRV 3기를 탑재하고 1만 3000km를 비행할 수
있도록 설계되었다. 미니트맨-III는 1970년 3월에 작전 배치되어 경계
임무에 들어갔다.

MIRV의 근간을 이루는 독립적인 표적 조준 기술은 이보다 10년
전에 이미 소어 에이블 스타(Thor Able-Star) 프로젝트를 통해 처음으로
선보인 바 있었다. 1960년 4월 13일 소어 에이블 스타의 첫 번째 발사
에서 하나의 로켓을 사용해 2개의 인공위성을 각기 다른 궤도에 진입
시키는 데 성공했고, 그 후 여러 차례에 걸쳐 한 번에 2기 이상의 위성

---

132 http://en.wikipedia.org/wiki/File:W78_MK12A_RV_Minuteman_III.jpg.

을 발사했으며, 1965년 8월에는 5기의 위성을 한꺼번에 각기 다른 궤도로 진입시키는 데 성공했다. 소어 에이블 스타뿐만 아니라 미국 항공우주국(NASA)에서도 별도로 타이탄-III 로켓을 이용해 4개의 인공위성을 한 번에 발사했다. 재점화 가능한 궤도 변경용 모터(Transtage Motor)를 이용하여 각 인공위성을 원래 예정했던 궤도로 진입시켰다. 이러한 배경이 있었기 때문에 미니트맨 MIRV 개념이 처음으로 제안된 1962년경에는 MIRV 개념에 대한 연구도 이미 상당히 진척되어 있는 상태였다. 1960년대 중반 이후에는 MIRV와 페이로드 버스 개념은 이미 실증된 기술로 자리 잡았다.

미니트맨 MIRV의 표적 지정(Targeting) 과정을 설명하기 위해 미니트맨 미사일이 발사되어 RV가 탄착되기까지의 주요 과정을 살펴보도록 하자. 2단 모터 연소가 끝날 즈음에는 공기 밀도가 희박해져 RV 모듈을 공기 마찰로부터 보호하는 보호 덮개(Shroud 또는 Nose Fairing)는 더 이상 필요하지 않게 된다. 따라서 3단 모터가 점화되기 전에 무게를 줄이기 위해 보호 덮개를 벗겨버린다. 이어서 3단 모터가 점화되고, RV가 현재 위치에서 탄도 역학적으로 표적을 명중시킬 수 있는 속력과 각도에 도달할 때까지 가속을 계속한다. 여기서 탄도 역학적이란 '이 시점에서 로켓모터 연소가 중지될 경우 RV에 미치는 힘은 중력뿐이고, RV의 운동은 현재 위치와 현재 속도(속력과 각도)를 초기조건으로 삼아 지구 중력장에서 자유낙하한다'는 뜻이다. 현재 위치와 속도로 계산된 미사일의 탄도가 표적(미사일 탄두의 미래 위치)을 지나가는 궤도가 될 때 로켓모터 작동을 즉시 중지시킬 수 있다면 탄도미사일은 표적을 지나가는 탄도 위에 놓이게 된다. 여기에다 발사 위치에서 표적까지 비행시간을 정해주면 '람베르트 유도 방식(Lambert Guidance)' 또는 '익스플리싯 유도 방식(Explicit Guidance)'이라고 하는 ICBM 유도 방식이 된다.[133]

즉 미래의 어느 위치에서 엔진을 컷오프시킬 때 RV가 주어진 비행시간 후에 표적을 가격할 수 있는 속도가 되도록 추력을 조종해나가는 것을 람베르트 유도 방식이라고 한다. 그리고 이러한 속도를 람베르트 속도(Lambert Velocity)라고 한다.

미니트맨-III에서는 아틀라스, 타이탄-I, 미니트맨-I, 미니트맨-II에서 채택한 델타 유도 방식을 탈피하고 람베르트 유도 방식에 아주 근접한 유도 방법을 채택했다.[134] 아틀라스 이후 급격히 발전한 컴퓨터 기술에 힘입어 미니트맨-III에는 범용 디지털 컴퓨터를 탑재했으며, 람베르트 속도를 어느 정도 실시간으로 계산할 수 있었다. 람베르트 속도를 정확히 계산하려면 정확한 국지 중력 데이터(Local Gravity Data)가 필요하지만 지표면 전체를 커버할 수 있는 정확한 국지 중력 데이터는 얻을 수도 없고 컴퓨터에 모두 기억시킬 방법도 없었기 때문에 약간의 정확도 훼손은 감수할 수밖에 없었다.

미니트맨-III를 발사하는 가상적인 시나리오를 하나 생각해보자. 미니트맨-III는 발사 3초 후 피치 기동(Pitch Maneuver)을 시작하고, 10초 후에는 첫 번째 롤 기동(Roll Maneuver)을 실시한다. 대략 19초가 지나면 미사일은 음속을 돌파(Mach 1)하게 되고 39초 후에는 음속의 3배(Mach 3)에 도달한다. 미니트맨은 발사 후 약 45초가 지나면 두 번째 롤 기동을 실시하는데 이때 고도는 15km 전후가 된다. 제1단 모터는 발사후 62초경에 분리되며 이때 고도는 약 33km가 된다. 이어서 2단 모터

---

133 Paul Zarchan, "Tactical and Strategic Missile Guidance", 4th Edt.(AIAA, 2002) pp.263~290.
134 람베르트 유도, 델타 유도, Q-유도 방식(Q-Guidance)에 대해 좀 더 알고 싶다면 Richard H. Battin의 책 『An Introduction to the Mathematics and Methods of Astrodynamics, Revised Edition』(AIAA, Inc., Reston, VA, 1999) pp.4~30 참고.

가 점화되고 발사 후 121초가 지나면 보호 덮개가 분리되어 떨어지지만, 2단 모터는 2초 정도 더 작동한 후 고도가 73km 정도일 때 분리되고 이어서 3단 모터가 점화된다. 3단 모터가 작동하는 동안 유도 컴퓨터는 현재 위치에서 표적을 타격할 수 있는 람베르트 속도를 실시간으로 계산하고, MIRV 버스(PBV: Post Boost Vehicle)가 작동할 준비를 한다. 계산한 속도가 첫 번째 표적에 대한 람베르트 속도에 가까워지면 3단 모터를 컷오프하고 분리한다.

로켓모터의 연소 중단에 의한 추력 중지 방법에도 물론 문제가 숨어 있다. 항법장치가 측정한 미사일 속도가 첫 번째 표적을 맞추기 위한 람베르트 속도가 되는 순간을 예측하여 로켓모터 작동을 거의 순간적으로 중지시켜야 한다. 바로 여기에 그 어려움이 있다. 액체로켓은 터보펌프를 정지시켜 연료나 산화제 공급을 중단하면 모터가 곧바로 꺼지게 된다. 액체로켓이라도 실제로 모터를 정확한 순간에 중지시킬 수는 없겠지만 적어도 원리적으로는 가능하고, 연소 종료 과정에서 피할 수 없는 작은 속도 오차는 여러 가지 방법으로 보완할 수 있다.

연소 중지 신호를 보낸 후에 생기는 속도 증분(또는 추력 변화)을 예측할 수 있다면 이러한 속도 오차는 항법 컴퓨터에서 바이어스(Bias)로 처리할 수 있기 때문이다. 아니면 로켓엔진을 람베르트 속도가 되기 직전에 컷오프한 뒤 보조 엔진을 사용하여 속도를 정밀 조정하는 방법을 쓸 수도 있다. 하나의 모터를 개발하기 위해서는 여러 번의 지상 연소시험과 비행시험을 거치게 되는데, 이러한 과정에서 연소 종료 신호를 받은 다음 모터가 정상 작동 상태에서 중지될 때까지 변화하는 추력을 측정할 수 있기 때문에 속도 증분 예측도 가능한 것이다.

그러나 미니트맨 같은 고체 연료 로켓을 한순간에 작동 중지시키는 것은 액체로켓 작동 중지와는 개념이 다를 수밖에 없다. 한번 불이

그림 4-3_ 미니트맨-III의 TTP 작동 장면 가상도 [미국 공군]

붙은 고체 연료 모터를 액체 연료의 경우처럼 비파괴적으로 중지시킬
마땅한 방법이 없기 때문이다. 연료와 산화제를 분리해서 탑재하고, 연
소실 안에서 섞이면서 연소하는 액체로켓과는 달리 고체 연료 로켓은
연료와 산화제를 미리 골고루 잘 섞은 후 주조하고 경화시켜 만들기 때
문에 연료나 산화제를 차단하는 것은 불가능하다. 이 문제를 해결하는
하나의 방법으로 미니트맨과 폴라리스(Polaris-I/II) 같은 고체 연료 로
켓에서는 최종 모터 상단에 미리 비스듬하게 6개의 구멍을 내고 정상
적으로 작동할 때에는 구멍으로 연소 가스가 새지 않도록 다시 적절히
막아놓았다. 이러한 구멍을 추력 중단 장치(TTP)라고 부르며 연소를 중
지시키고자 할 때에는 TTP에 미리 설치한 작은 성형작약을 폭발시켜
연소 가스가 급격히 새어 나가도록 고안되었다. 연소 가스가 대량으로
새어 나가면 내부 압력이 급감하고 이로 인해 연소가 종료된다. 〈그림
4-3〉은 미니트맨-III의 유도 조종 컴퓨터가 현재 속도가 람베르트 속도

그림 4-4_ Mk-12A 3기를 탑재한 미니트맨-III의 MIRV 운반체 PBV의 모습 [미국 공군]

에 도달하기 직전에 3단 모터에 장착된 TTP를 여는 장면을 보여주는 가상도이다.

TTP가 열림에 따라 3단 모터는 연소가 종료되고 곧이어 〈그림 4-4〉에서 보는 바와 같이 MIRV 버스 PBV가 3단 모터로부터 분리되면서 MIRV를 분리하기 위한 기동을 시작한다. 버스는 첫 번째 표적에 필요한 람베르트 속도를 얻기 위해 정밀 기동을 하여 첫 번째 RV가 올바른 속도에 도달하게 하고, 올바른 재돌입 각도를 갖도록 자세를 잡아주어 재돌입 과정에서 양력이 생기지 않도록 해준다. 그 후 RV를 조용히 내려놓는다. RV는 스핀 모터에 의해 회전하고, 그 자세를 유지하여 재돌입 시 균일하게 융제가 일어나도록 한다. PBV는 두 번째 표적을 겨냥하기 위해 주 엔진을 사용하여 필요한 기동을 한 후 첫 번째와 같은 과정으로 두 번째 RV를 표적을 향해 내려놓고 같은 방법으로 마지막 RV를 표적에 겨냥하고 분리한다.

액체로켓의 경우와 마찬가지로 TTP가 열리자마자 순간적으로 로켓모터의 추력이 0이 되는 것은 아니다. TTP가 열려도 처음 잠시 동안은 로켓모터가 작동하지만 TTP에 의해 가스가 로켓의 진행 방향으로 분출됨에 따라 로켓의 속도가 급격히 감소하고, 연소실 내의 압력도 급감하여 로켓모터의 연소가 중지된다.[135] TTP를 열라는 신호를 보낸 후 추력이 없어질 때까지 시간에 따른 추력 변화를 정확히 예측할 수 있어야 TTP에 따른 속도 증분을 미리 고려한 람베르트 속도를 계산할 수 있다. 그러나 현대식 미사일에서는 PBV나 MaRV 기동으로 좀 더 정밀하게 속도를 조정할 수 있는 기회가 또 있기 때문에 MIRV 탄도탄에서 TTP 때 속도가 그리 중요한 것은 아니다.

분리된 RV는 표적을 지나가는 탄도를 따라 비교적 긴 자유낙하비행을 시작한다. 표적 상공에 도달하면 지표에 있는 표적을 가격하기 위해 RV는 다시 대기권으로 들어오는데, 이때 속력은 분리될 때 속력보다도 좀 더 빠를 것으로 추정된다. 재돌입 속도는 사거리와 선택한 탄도에 따라 다르긴 하지만 대략 6.0~7.5km/s이다. RV가 이러한 극초음속으로 대기권으로 돌진하면 공기 마찰로 RV의 표피 온도가 극히 높아진다. 따라서 내부의 탄두와 전자 부품을 보호하기 위해서는 특별한 열차단 기법이 필요하다. 매초 생산되는 마찰열은 공기 밀도와 재돌입하는 RV 속도의 함수이며, 특히 속도에 민감하다.[136, 137] 미니트맨-III의

---

[135] 관습적으로 고체로켓의 추진기관은 로켓모터, 액체로켓의 추진기관은 로켓엔진이라 부르지만, 별 뜻이 있는 것은 아니다.

[136] Lisbeth Gronlund and David C. Weight, "Depressed Trajectory SLBMs: A Technical Evaluation and Arms Control Possibilities", Science and Global Security, 1992, vol. 3, pp.101~159.

[137] 원뿔 형태의 RV에서는 매초 RV로 유입되는 열량 dQ/dt는 $\rho a v^b$에 비례한다. 여기서 ρ와 v는 각각 고도에 따른 공기 밀도와 RV의 속도다. a는 0.5에서 0.8 사잇값을 갖고, b는 3과 3.7 사잇값을 갖는다.

Mk-12A RV는 뾰족한 원뿔 형태로 생겼고, 따라서 별로 감속되지 않은 상태로 대부분의 공기층을 통과한다.

재돌입 RV의 운동 특성을 좌우하는 중요한 변수 중 하나가 탄도계수(Ballistic Coefficient)라는 물리량인데 베타(β)라는 그리스 문자로 표시하는 것이 관례로 되어 있다.[138] 공기저항은 β에 반비례하지만, RV 감속도(Deceleration)의 최대치는 β와 무관하다. 하지만 β값이 증가하면 감속도가 최대가 되는 고도는 낮아진다. 즉 β값이 작으면 RV는 고고도에서 속도의 대부분을 잃어버리고 저속으로 공기 밀도가 큰 저고도로 진입하고, 반대로 값이 크면 고고도에서는 감속이 별로 없어 높은 속도를 유지하며 고밀도 저고도 영역으로 진입한다. 따라서 주석 133과 137에서 보듯이 β값이 크면 훨씬 많은 열량이 RV에 흡수되는 것을 알 수 있다.

초기의 RV는 가능한 한 β값이 작도록 설계해 공기 밀도가 낮은 고고도에서 비교적 빨리 감속하여 마찰열이 심각해지는 공기 밀도가 높은 대기권에 도달하기 전에 속도가 충분히 줄어들도록 했다. 초고속으로 공기 밀도가 작은 고고도로 RV가 재돌입할 때 RV는 공기를 압축하여 강력한 충격파를 만들고 충격파가 지나간 영역의 공기를 초고온으로 가열한다. 물론 여기에 필요한 에너지는 RV의 운동에너지로 충당되고, 운동에너지를 소모한 RV는 감속된다. 가열된 공기의 에너지는 충격파 면과 RV 표면 사이의 넓은 영역에 분포하고 대부분의 열에너지는 RV 표면에 흡수되기 전에 공기 흐름과 함께 주변으로 흩어지므로 RV 표면을 통해 내부로 들어오는 열량은 공기 중에 축적된 열량에 비해 아주 작다.

---

[138] $\beta = W/C_D A$로 정의되며, 여기서 W는 RV의 무게이고 C_D는 양력이 없는 경우에 정의된 공기저항 계수(Drag Coefficient), A는 운동 방향에 수직한 RV의 단면적(Cross Sectional Area)이다.

공기 밀도가 커지면 충격파 외에 공기 마찰로 생긴 열이 중요해지지만 이미 속도가 상당히 줄어들었기 때문에 표면을 통해 흡수된 열은 구리-베릴륨 같은 비열이 큰 금속을 이용해 내부 온도를 적정 온도로 유지할 수 있다. 이러한 열 차단 방법을 열 흡수(Heat Sink) 방식이라고 한다. 그러나 이러한 RV 설계는 두 가지 약점을 가지고 있다. 첫째, 고고도에서 감속된 RV는 낮은 속도로 고밀도 영역을 장시간 통과하므로 바람 등의 영향을 많이 받아 정확도가 떨어진다. 둘째, 재돌입 시 마지막 10km 정도를 낮은 속도로 통과하므로 ABM의 좋은 표적이 되어 생존성이 떨어진다. 이러한 이유로 거의 모든 현대식 RV의 β값은 가능한 한 큰 값을 가지도록 설계되며, 그 결과 RV는 3km/s 내외의 빠른 속도로 지표면에 충돌한다. β값이 큰 RV는 공기 밀도가 작은 고고도 영역을 거의 감속 없이 통과하여 빠른 속도로 공기 밀도가 큰 저고도 영역으로 들어온다. 이 영역에서 RV 표면을 통해 매초 유입되는 열량의 최댓값은 $\rho^{0.8}v^{3.7}$에 비례한다. 이렇게 많이 유입된 열량을 열 흡수 방식의 열 차폐 시스템으로는 감당할 수 없다. 단시간 내에 많은 열량을 발생시키는 큰 β값을 가지는 RV의 내부를 보호하기 위해 고안된 열 차폐 방식이 융제물질(Ablative Material)을 사용하는 방식이다.

물질의 외부를 초고온으로 가열하면 물질의 표면은 녹으면서 증발하거나 타면서 증발한다. 이렇게 물질의 표면이 증발하거나 잘게 쪼개져서 제거되는 현상을 융제현상(Ablative Phenomenon)이라고 한다. 로켓과 관련하여 두 분야에서 융제현상이 아주 요긴하게 사용되고 있다. 첫 번째는 우주선이나 탐사체가 대기를 가진 천체로 진입하거나 탄도탄의 탄두가 지구의 대기권으로 재돌입할 때에 열 차폐 시스템으로 이용하는 경우다. 두 번째는 로켓엔진의 노즐, 특히 고체로켓 모터의 노즐을 냉각시키는 데 사용된다. 녹거나 증발하는 현상은 상전이현상으로 물질마다

214

고유한 녹는 온도와 끓는 온도가 있다. 융제물질이 남아 있는 한 표면의 온도는 융제물질의 끓는 온도 이상으로 올라가지 않고 표면으로 유입되는 열량은 물질을 증발시켜 주변으로 팽창시키는 데 소모된다. 증발된 물질이 주변으로 급격히 팽창하는 과정 자체도 표면으로 열 유입을 막아주는 역할을 하고 있다. 물질의 표면은 계속해서 제거되지만 융제물질의 표면 온도는 끓는 온도를 유지한다. 하지만 끓는 온도 자체가 높기 때문에 열전도(Thermal Conduction)에 의해 표면의 열은 그 일부가 내부로 전달된다. 탄소 복합체(Carbon-Carbon)를 제외한 융제물질의 열전도성은 낮기 때문에 마찰열이 극심한 마지막 10여 초 동안 표면으로부터 내부로 전달되는 열량은 그리 많지 않도록 조절이 가능하다.

1960년대에는 실리카 페놀수지(Silica Phenolic)나 나일론 페놀수지(Nylon Phenolic) 같은 융제물질이 개발되어 상당한 고속에서도 RV 내부를 보호할 수 있게 되었다. 이러한 기술의 발전에 힘입어 미국과 소련은 원뿔 형태의 RV를 더욱 길고 뾰족하게 함으로써 탄도계수를 크게 증가시켜 재돌입 속도를 아주 빠르게 유지하고자 노력했다. 재돌입 속도가 빠를수록 재돌입에 소요되는 시간이 짧아 바람이나 기타 요인에 의한 영향을 적게 받기 때문에 RV의 정확도가 높아질 뿐만 아니라 탄도탄 요격미사일에 의한 RV 요격을 매우 어렵게 만든다.

실제로 현대식 미사일에서는 재돌입 속도를 빠르게 유지하기 위해 RV 끝을 더욱 뾰족한 긴원뿔 형태로 설계하며, 무게중심과 압력 중심(Center of Pressure)을 조절하고 탄도계수를 높이기 위해 밸러스트(Ballast)를 사용하기도 한다. 현대식 RV의 탄도계수는 10만~15만N/m² 사이인 것으로 알려져 있다. 여기서 N은 힘의 단위인 뉴턴(Newton)을 의미한다.[139] 참고로 미국의 가장 최신 ICBM인 피스키퍼의 RV Mk-21의 탄도계수는 약 14만 4000N/m²이다. 150km 고도에서 7km/s 속도로

그림 4-5_ Mk-12A RV가 재돌입하는 장면의 가상도 [미국 공군]

국지 수평면(Local Horizon)에 대한 각도 24°로 재돌입한다고 가정하면 약 54초 후에 3.4km/s 속도로 지상에 충돌하게 된다.[140] 이러한 재돌입 속도와 각도는 대략 9400km 떨어진 표적을 최대사거리 탄도(MET: Minimum Energy Trajectory) 궤도로 사격할 때 나타나는 값이다.[141] RV의 뾰족한 첨두는 온도가 8000℃ 이상 올라가기 때문에 〈그림 4-5〉에서는 특히 밝게 빛나는 것으로 그린 것이다. 지금까지 미니트맨-III의 MIRV

---

[139] 1N(뉴턴)은 1kg의 질량을 1m/s²으로 가속하는 힘을 말한다. 0.10197kg · 중과 같은 힘이다.

[140] Andrew M. Sessler et. al., "Countermeasures: A Technical Evaluation of the Operational Effectiveness of the Planned US National Missile Defense System" p.153. http://www.ucsusa.org/assets/documents/nwgs/cm_all.pdf.

[141] MET는 '최소 에너지 궤도(Minimum Energy Trajectory)'의 약자로, 같은 연소종료속도로 가장 먼 곳을 가격할 수 있는 탄도를 의미한다. 편평한 지구(Flat Earth)를 가정하면 45° 각도로 사격할 때 탄환이 가장 멀리 나아간다. 그러나 실제 지구에서는 연소 종료 시 각도가 $\Theta_{bo} = (\pi - \phi)/4$가 될 때 같은 연소종료속도에서 사거리가 가장 길다. 여기서 ϕ는 사거리 S를 지구 반경 R_E로 나눈 양이다. 여기서 각도는 라디안(Radian) 단위로 표시한 것으로, 1라디안은 57.296°에 해당한다.

216

가 어떻게 개별 표적을 향해 유도될 수 있는지를 미니트맨-III의 탄도를 따라가며 일어나는 물리현상을 중심으로 살펴보았다.

미니트맨-III의 '버스'라고 하는 PBV에는 독립적으로 표적에 유도되는 3기의 MIRV가 탑재되어 있고 이를 위해 더욱 강력해진 3단 엔진을 사용했다. PBV는 MIRV를 각 표적에 유도하는 유도 조종 시스템, MIRV를 장착하고 방출하는 기계장치, 버스의 기동력과 RV의 자세제어를 위한 엔진 PSRE(Propulsion System Rocket Engine) 등으로 구성되어 있다.

미니트맨-III 버스의 기동 엔진인 PSRE는 저장 가능한 연료로 작동하는 액체 엔진을 사용한다. 전략공군사령부는 고체로켓인 미니트맨-III에 액체 엔진 PSRE를 탑재하는 것을 상당히 꺼려했지만 결국 액체 엔진을 채택했다. 부식으로 인한 연료 누출과 안전 문제가 가장 큰 걸림돌이었는데 막상 이 문제가 해결되고 나니 장점도 컸다. 고체 연료의 연소 가스를 이용하는 PSRE도 PBV를 가속하거나 방향을 제어하는 데 사용되지만 작동 시간이 비교적 짧다. 반면 액체 엔진은 작동의 유연성이 좋고 작동 시간도 고체 엔진보다 길다. 또 MIRV의 탄착지점들이 최대로 벌어지는 범위인 분산 패턴(Footprint)도 고체 엔진을 사용하는 경우보다 훨씬 커지는 것으로 판명되었다.

제3단을 개발한 에어로제트 제너럴사는 연소 종료 명령을 수신한 3단이 확실하게 신뢰할 수 있는 방법으로 연소를 중지하는 것이 그리 쉽지 않음을 알았다. 이 문제는 모터를 단시간 내에 중지시키는 대신 역추력(Thrust Reversing)을 발생시키는 TTP를 고안하여 해결했다. 즉 로켓의 진행 방향에서 바깥쪽으로 비스듬히 6개의 TTP를 위치시킴으로써 TTP가 열릴 때 노즐의 추력과 반대 방향의 역추진력이 발생하고, 가스가 여러 구멍으로 새어 나감에 따라 연소실의 압력이 급감하여 연소도 종료되는 시스템이다. 그러나 큰 역추진력을 발생시키려면 각 TTP에도 노즐 효과를 발생시켜야 하기 때문에 단순한 구멍 뚫기 식 TTP보다는 중량이 더 나간다는 단점도 있었지만 신뢰성은 입증되었다.

미니트맨-III(LGM-30G)는 길이 18m, 최대 직경 1.68m, 무게 35.4t 이며 최대 탑재량은 1.15t[142]으로 알려졌다. 1.15t으로 밝혀진 최대 탑재량은 PBV와 3기의 Mk12 RV 및 디코이로 구성된 페이로드로 구분할 수 있다. 페이로드는 대략 탑재량의 50% 정도로 잡는 것이 보통이다. 초기의 MIRV 모델인 Mk12의 CEP는 280m였지만 나중에 Mk12A로 바뀌면서 220m로 줄었다. Mk-12A RV는 M-12에 비해 무겁다. 따라서 미니트맨-III의 최대사거리는 Mk-12를 탑재하면 1만 3000km이지만 Mk-12A를 탑재하면 1만 1300km로 줄어든다. W-78의 폭발력은 335~350kt으로 W-62의 폭발력에 비해 거의 2배 이상 강력하나 W-78/Mk-12A를 탑재할 경우 사거리가 1만 1300km밖에 되지 않기 때문에 소련의 미사일 기지 중 일부에는 사거리가 미치지 못했다. 따라서 미국은 미니트맨-III 중 일부는 W-62/Mk-12를 W-78/Mk-12A로 교체하지 않고 그대로 배치하여 소련의 ICBM 필드를 남김없이 커버하도록 했다.

미니트맨-III는 총 500기가 생산되어 견고한 사일로에 배치되었다. 맥나마라의 결정에 따라 미니트맨 수는 총 1000기로 고정되었으므로, 나머지 500기는 폭발력이 비교적 강력한 1.2Mt이고 사거리가

---

142 MEMORANDUM OF UNDERSTANDING ON THE ESTABLISHMENT OF THE DATA BASE RELATING TO THE TREATY BETWEEN THE UNITED STATES OF AMERICA AND THE UNION OF SOVIET SOCIALIST REPUBLICS ON THE REDUCTION AND LIMITATION OF STRATEGIC OFFENSIVE ARMS.
http://dosfan.lib.uic.edu/acda/starthtm/memoundr.htm.

1만 3000km인 미니트맨-II를 배치했다. 그 후 40여 년이 지난 지금까지 450기의 미니트맨-III가 미국의 유일한 ICBM으로 미국을 지키고 있다. 물론 미니트맨의 추진제, 유도장치, 통신시설, PBV 엔진, 지상 장비 등은 대폭적으로 개선되고 새로 제작되었지만, 미니트맨은 아직도 그대로 미니트맨이다. 450기 중 250기의 미사일에는 Mk-12A가 1~2기씩 탑재되어 있고, 200기에는 퇴역한 MX 미사일에서 떼어낸 Mk-21이 1기씩 장착되어 있다. 특히 W87/Mk-21을 Mk-21/SERV(Safety Enhanced Reentry Vehicle)라고 하는데 Mk-12에 비해 핵 안전과 CEP가 월등히 향상된 것이 특징이다. SERV의 CEP는 120m 미만인 것으로 추정된다. 이것은 CEP가 150m로 추정되는 NS-50A 유도장치를 장착한 Mk-12A보다도 많이 향상된 것이다. W-87 탄두의 폭발력은 300kt으로 W-78보다도 작지만 필요하면 475kt으로 업그레이드하는 것도 가능하다. W-78를 W-87으로 교체하는 주된 이유는 안전 때문이었지만 그결과 부수적으로 신관 옵션도 다양해졌다. 미니트맨-III에 대한 자세한 설명은 『ICBM, 그리고 한반도』를 참고하기 바란다.

MR-UR-100/UR-100N

모든 기술의 발전은 도입 초창기에는 그 속도가 몹시 더디지만 일단 기술에 대한 이해가 깊어지면 발전 속도는 급격하게 빨라진다. 그러다 성숙 단계에 들어서면 새로운 기술 혁신은 급격히 줄어들고 기술 발전이 정체되는 시기로 접어든다. 탄도탄 기술 발전도 이와 비슷하다. R-7, R-9, R-16으로 대표되던 소련의 제1세대 탄도탄 기술 발전은 매우 느리고 완만했으나, 저장 가능한 액체 엔진과 유도 기술을 이해하게 됨에 따라 UR-100와 R-36로 발전했고 기술 발전은 더욱 빨라져 더 강력하고, 더 정확하고, 더 수명이 긴 후속 탄도탄 시스템으로 교체하게 되었다. 그 결과가 바로 초중량급 ICBM인 R-36M과 중량급 ICBM인 MR-UR-100 및 UR-100N이다.

경량급 UR-100를 교체하는 후속 모델 결정을 두고 얀겔의 OKB-586와 첼로메이의 OKB-52가 경합을 벌였다. 얀겔의 유즈노예 설계국 (Yuzhnoye Design Bureau)은 UR-100 사일로를 그대로 사용할 수 있는 MR-UR-100를 제안했다. 얀겔의 MR-UR-100의 무게는 UR-100의 1.5배, 페이로드는 3배였고, 첼로메이 설계국은 무게가 UR-100의 2배에 가깝고 페이로드는 3.5배에 가까운, 훨씬 더 무거운 ICBM UR-100N을 제안했다. 경제성과 효율적인 병참을 고려한다면 당연히 둘 중 하나만 개발을 승인해야 했지만, 레오니트 브레즈네프의 우유부단함과 정치적 배려로 라이벌 관계에 있는 얀겔과 첼로메이의 개발계획은 둘 다 승인 되었고 양산으로 이어졌다. 지나치게 많은 종류의 ICBM이 배치됨으로 써 ICBM의 실수요자인 전략로켓군(RVSN)은 훈련과 배치 운용에 상당 한 어려움을 겪었을 것이다.

서구에서는 SS-17 스팽커(Spanker)로 불리는 MR-UR-100는 소련 최초의 MIRV를 장착한 다탄두 미사일로 UR-100 사일로에서 콜드 론 치 방식으로 발사된다. 콜드 론치 방식에서는 가스 발생기에서 생성된 가스 압력에 의해 미사일이 사일로에서 사출되고, 미사일이 사일로 밖 으로 나오는 순간 엔진이 점화된다. 따라서 MR-UR-100는 통상적인 직 접 발사 방식보다 작은 사일로에서도 발사할 수 있었기 때문에 UR-100 사일로의 여분 공간을 이용하여 사일로를 더욱 견고하게 강화할 수 있 었다. 제2세대 액체 ICBM은 연료를 주입한 채로 약 3년이 지나면 산화 제로 인해 부품이 부식되기 때문에 공장으로 돌려보내야 했다. 그러나 3세대 미사일은 연료 탱크 기술이 발전하여 연료를 주입한 채로 7년 이 상 대기할 수 있었다. 7년이면 미사일의 다른 부품들도 수명이 다해 어

차피 미사일을 공장에 돌려보내 분해 검사를 받게 해야 하므로 액체로
켓이라서 미사일의 수명이 제한되는 일은 없어졌다. 이는 액체로켓 기
술이 성숙 단계에 들어섰다는 증거로 볼 수 있다.

1970년 9월부터 개발하기 시작한 MR-UR-100의 최대 탑재량은
2.55t이며 사거리는 1만km 내외이고 CEP는 420~450m로 추정되었
다. MR-UR-100는 다탄두 모델과 단일 탄두 모델 두 가지로 개발되었
는데, 다탄두 모델은 350~750kt급 탄두 4기를 탑재할 수 있으며, 단일
탄두 모델은 폭발력이 3.5~6Mt인 탄두 1기를 탑재했다. 소련은 1976
년 8월부터 MR-UR-100의 개량형인 MR-UR-100UTTKh를 개발하기
시작하여 1980년부터 배치했다. 1982~1983년에 MR-UR-100는 모두
MR-UR-100UTTKh로 교체되었고, 배치된 수는 150기로 늘어났다.
MR-UR-100UTTKh는 전체적으로 견고하게 설계되었으며, 유도장치
가 개선되어 CEP는 220~400m로 줄어들었고, 탄두부도 개선되어 각
탄두의 폭발력은 550~750kt으로 추정되었다.

UR-100를 대체하기 위한 또 다른 ICBM인 UR-100N은 경량급
UR-100 시리즈를 대체하는 미사일이라기에는 너무 크고 탑재량도 너
무 무거웠다. UR-100 시리즈의 탑재량이 0.8~1.2t이었던 것을 감안하
면 4.3t을 탑재할 수 있는 UR-100N은 오히려 새로운 초중량급 미사일
이라고 보는 것이 옳다. 미국에서 가장 강력한 미사일 타이탄-II와 MX
의 탑재량이 각각 3.7t과 3.9t밖에 되지 않은 것을 생각하면, 소련의 경
량급 '붉은 미니트맨'을 대체하는 미사일이 미국에서 가장 강력한 미사
일보다도 더 강력했음을 알 수 있다. UR-100N의 다탄두 모델은 550kt
급 MIRV 6기를 탑재했고, 단일 탄두 모델은 2.5~5Mt의 폭발력을 가진
탄두를 1개만 탑재했다.

그러나 처음부터 UR-100 사일로에 간단한 개조만 하고 배치할 수

있도록 설계된 MR-UR-100와는 달리 UR-100N은 UR-100 사일로에 안치하기에는 너무 컸다. UR-100N의 직경은 2.5m, 길이는 24m, 무게는 105t으로 미국의 MX 미사일보다도 훨씬 큰 미사일이었다.[143] UR-100N은 캐니스터에 넣어 운반하고 사일로에 배치하도록 설계되었지만, 직경이 2.9m나 되는 캐니스터를 기존의 UR-100 사일로에 배치하기에는 너무 컸다. 결국 UR-100 사일로를 뜯어낸 후 같은 자리에 새로운 사일로를 건설하고 UR-100N을 배치했다. 소련은 1975년 4월부터 UR-100N을 배치하기 시작했고, 1976년 12월부터는 더욱 강화된 사일로에 배치했다. 그러나 미사일 배치가 막 시작된 직후인 1976년 8월, UR-100N의 성능을 개량한 새로운 버전을 개발하기로 결정했다.

UR-100N은 탑재량을 늘리기 위해 UR-100의 부피와 무게를 2배 이상 늘린 모델에 가깝다. 그러나 개발은 그리 순조롭지만은 않았다. 1단 엔진이 연소 종료되기 직전에 로켓이 진동하는 현상이 발견되었고, 군부는 이 문제를 지적했지만 첼로메이는 별것 아니라고 무시해버렸다. 하지만 1979년 부대에 배치된 미사일로 통상적인 발사 훈련을 하던 중에 RVSN은 UR-100N의 진동 문제가 더욱 심해졌으며 정확도에 심각한 문제를 일으키는 것을 확인했다. RVSN은 UR-100N의 기대 이하의 정확도에 분통을 터트렸고 당장 시정할 것을 요구했다. 1982~1983년에 이미 배치된 UR-100N을 임시변통으로 교정했으나 1983년 RVSN은 갑자기 모든 UR-100N을 퇴역시키기로 결정했다.[144] 이 문제로 첼로메이는 탄도탄 설계자로서 신뢰성을 의심받게 되었고, 결국 첼로

---

[143] MX의 직경은 2.3m, 길이는 21.8m, 무게는 96.75t이었다.

[144] Pavel Podvig, edited, "Russian Strategic Nuclear Forces", (The MIT Press, Cambridge, Mass., 2004) p.223.

메이의 OKB-52는 탄도탄 사업에서 손을 떼었다.[145]

1976년부터 새로 개발하기 시작한 UR-100N의 개량형 UR-100 NUTTh는 비교적 개발이 순조로웠으며 1980년 12월부터 경계 근무에 들어갔다. UR-100NUTTh에는 550~750kt급 탄두 6개를 탑재했고, 단일 탄두형은 아예 개발하지 않았다. 1982~1983년에 모든 UR-100N이 UR-100NUTTh로 교체되었다. UR-100N의 수명이 아직 많이 남아 있었던 것을 고려하면 RVSN이 UR-100N을 전혀 신뢰하지 않았음을 알수 있다. 1984년에는 배치된 UR-100NUTTh 수가 360기에 달했으며 2160개의 550~750kt급 탄두를 탑재하고 있었으므로 UR-100NUTTh는 R-36M 패밀리에 이어 소련에서 두 번째로 많은 탄두를 운반하는 ICBM으로 기록되었다. UR-100NUTTh의 수명도 비행시험을 통해 30년 가까이로 늘어났으며, 2012년 3월 현재 35기의 UR-100NUTTh가 현역으로 배치되어 있다.[146]

1991년 제1차 전략무기감축협정(START-I)이 발효될 당시 소련은 300기의 UR-100NUTTh를 배치하고 있었는데 그중 130기는 우크라이나에 배치되어 있었다. 소련연방이 붕괴된 후 우크라이나는 UR-100 NUTTh의 탄두를 러시아로 돌려보냈지만 로켓은 압류했다. 2003년경 러시아는 예비로 주유한 적도 없고 자이로를 돌려본 적도 없는 완전 새것으로 보관 중이던 UR-100NUTTh 32기를 우크라이나로부터 구매했다.[147] 이 미사일들은 언제 배치하더라도 이후 30년은 사용할 수 있을

[145] Steven J. Zaloga, "The Kremlin's Nuclear Sword: The Rise and Fall of Russia's Strategic Nuclear Forces, 1945~2000", (Smithsonian Institution Press, Washington D.C., 2002) p.148.
[146] Strategic Rocket Forces, http://russianforces.org/missiles.
[147] Ukrainian SS-19 Missiles Keep Disappearing,
http://russianforces.org/blog/2006/03/ukrainian_ss19_missiles_keep_d.shtml.

것으로 판단된다. 지금 러시아가 배치하고 있는 35기가 우크라이나에서 구입한 32기 중 전부 혹은 일부를 포함한 것인지는 알 수 없다.

R-36M

소련은 최대 탑재량이 5.8t에 달하는 R-36라는 미사일을 개발하여 타이탄-II를 견제하는 '붉은 타이탄' 역할, 부분 궤도폭탄 FOB로 사용하여 미국의 조기 경계 레이더망을 우회하여 기습하는 역할, 그리고 3기의 MRV를 탑재하여 미니트맨 LCC를 공격하는 용도로도 사용하는 등 세 가지 역할을 하도록 했다. 소련은 1966년부터 R-36를 시험 배치하기 시작하여 1973년까지 268기의 R-36를 배치할 계획이었다. 소련은 미국이 1970년 초까지 3기의 MIRV를 탑재하는 미니트맨-III를 배치 완료할 것이고, 1965년 개발하기 시작한 10~14개의 다탄두를 탑재하는 포세이돈 SLBM도 1970년대 초에는 배치 완료할 것으로 판단했다. 소련은 미국의 대폭적인 탄두 증강 계획에 대처하고, 이미 추구해오던 디프 패리티를 달성하기 위해 R-36의 성능을 크게 능가하는 초중량급 ICBM이 필요하다고 생각했다. 이러한 분위기에서 유즈노예 설계국은 1966년부터 R-36의 후속 미사일인 R-36M의 예비 설계를 시작했으며, 1969년부터는 본격적인 개발에 들어갔다. R-36M을 NATO에서는 SS-18 사탄(Satan)이라 불렀다.

R-36M의 전반적인 설계 개념은 R-36와 유사하다. R-36M은 UDMH 연료와 사산화이질소 산화제를 사용하는 2단 액체로켓으로 제1단은 4개의 단일 연소실을 갖춘 닫힌 사이클 엔진(Closed Cycle Engine)으로 구성되었고, 제2단은 단일 연소실을 갖춘 닫힌 사이클 엔진 1개로 구성되었다. 세계 최초로 R-36M의 추진제 탱크는 정밀 제어 연소(Controlled Fire)에 의해 압력이 유지되도록 설계했다. UDMH와 사산화

이질소는 서로 접촉하면 자동으로 점화되는 자동 점화성 추진제이다. UDMH가 들어 있는 연료 탱크에는 계산된 양의 사산화이질소를 주입하여 자동 발화가 일어나게 함으로써 필요한 압력을 유지하고, 사산화이질소가 들어 있는 산화제 탱크에는 계산된 양의 UDMH를 주입함으로써 연소반응을 일으켜 꼭 필요한 압력을 발생시키는 것이 정밀 제어 연소 개념이다.

제1단이 분리되면 제1단 추진제 탱크의 상단을 열어 감속시켰다. 이렇게 함으로써 분리된 로켓을 감속시키기 위한 로켓모터나 추진제 탱크 압력을 유지시키는 장치를 생략할 수 있었다. 제1단의 추진제 탱크 윗부분은 도넛 모양으로 만들었고, 그 가운데 빈 공간에 제2단 엔진이 놓이게 설계했다.[148] 기체의 중량을 줄이고, 부품을 과감히 제거하고, 빈 공간을 없애서 추진제 대 이륙 중량의 비를 89.7%까지 올릴 수 있었다.

R-36M은 파이버글래스(Fiberglass)로 제작한 캐니스터 안에 들어 있고, 캐니스터는 개조한 R-36 사일로 발사대에 장착된다. 발사 시에는 캐니스터 밑에 장착된 고체 연료 추진제가 작동하여 미사일을 캐니스터에서 사출하며, 미사일이 캐니스터 밖으로 나오면 제1단 엔진이 점화되어 발사된다. 단일 탄두형 R-36M(SS-18 Mod 1)의 투사량은 7.2t이고 18~20Mt 탄두 1개를 탑재하며 사거리는 1만 1200km이다. 1975년부터 배치되기 시작하여 1977년에 모두 56기가 배치되었지만 1984년에는 개선된 모델인 R-36MUTTh(SS-18 Mod 3/4)로 대체되었다. 다탄두형 R-36M(SS-18 Mod 2)은 투사량이 7.2~8.8t으로 추정되고 900kt급

---

[148] Pavel Podvig, edited, "Russian Strategic Nuclear Forces", (The MIT Press, Cambridge, Mass., 2004) p.215.

MIRV 탄두 8개를 탑재하며 사거리는 9000~1만km에 이른다. 8기의 MIRV는 원뿔의 밑면을 맞댄 형국으로 아래위로 2기씩 묶은 2기 1조 4쌍으로 PBV 표면에 돌아가면서 장착되었다. 통상적으로 다탄두 미사일은 MIRV를 공기 마찰 등으로부터 보호하기 위해 페어링 또는 슈라우드라고 하는 보호 덮개를 사용하는 것이 관례였지만, R-36M의 설계에서는 페어링을 생략했다. 모두 132기가 배치되었지만 PBV 설계에서 결함이 발견되어 R-36MUTTh(SS-18 Mod 4)로 교체되었다.

소련 정부는 1976년 R-36M의 후속 미사일 R-36MUTTh 개발을 결정했다. R-36MUTTh의 탑재량은 8.8t으로 증가했고 CEP는 390m 정도로 약간 줄었다. 탄두의 폭발력이 조금 줄어도 파괴 확률은 거의 변함이 없기 때문에 8기의 MIRV 대신 10기의 550~750kt급 탄두를 탑재한 것도 달라진 점 중의 하나다. 1982~1983년에 모든 R-36M이 R-36MUTTh로 교체되었고, 그 수는 제1차 전략무기제한협정(SALT-I)의 상한선인 308기에 달했다.

4
제4세대 미사일: 한계에 도달한 미사일

1970년대 말 미국의 ICBM은 MIRV화도 끝나고 양적으로나 질적으로나 별 변동 없는 기간이었지만, MIRV화를 미국에 비해 6~7년 늦게 시작한 소련은 MIRV화 과정이 한창 진행되던 시기였다. 이때는 ICBM이 출현한 지도 20여 년이 되어 미사일의 설계 기술, 부품 제조 및 운용 기술이 이미 성숙 단계에 들어서 있었다. 미사일의 정밀도가 크게 향상되어 500kt급 소형 탄두로도 예전에 5~10Mt급 탄두가 했던 역할을 대신할 수 있게 되었으며, 미사일의 신뢰도 역시 80% 이상으로 향상되었다. 미소가 이러한 성숙한 기술을 바탕으로 1970년대에 개발이 완료된 제3세대 미사일을 대체할 제4세대 미사일의 연구 개발을 본격적으로 시작한 시기도 바로 1970년대 말이었다.

미니트맨-III(MM-III)의 배치가 진행되고 있을 즈음 미국 전략공군 사령부(SAC)는 이미 차세대 ICBM 개발을 계획하기 시작했다. 사실 미니트맨을 교체할 획기적인 시스템을 찾는 노력은 1971년부터 본격화되고 있었다. SAC은 미니트맨 기술이 이미 낙후되기 시작했다고 보았고, 빠르게 발전하던 미사일 기술을 적용한 좀 더 긴 사거리와 매우 정밀한 ICBM을 원했으며, 당시에 새롭게 도입하던 MIRV의 이점을 최대로 살린 미사일을 보유하기를 원했다. 1972년 4월 4일 SAC은 새로운 ICBM에 미사일-X(MX: Missile-X)[149]라는 이름을 배정했고, 우주 및 미사일 전담 기구(SAMSO: Space and Missile Systems Organization)라는 조직을 구성해 MX 개발을 전담하게 함으로써 SAC의 염원이 현실로 다가왔다. MX는 처음부터 사일로 킬러(Missile Silo Killer)로 설계되었고, 핵 선제공격 능력을 염두에 두고 개발되었다. 미국이 ICBM의 생존성 향상, 사거리 증대, 정밀도 개선과 탑재 탄두 및 표적 선정(Targeting)의 다양성을 극대화하기 위해 개발한 ICBM이 바로 MX였다. 탑재량이 거의 4t에 달하고 10기 이상의 MIRV를 MX에 탑재할 수 있었으며, 목표로 정한 CEP 100m는 MX를 경제적인 사일로 파괴 수단으로 만들기에 충분했다.

그러나 막상 MX 개발이 결정되자 정작 문제로 떠오른 것은 공군이 원하는 미사일 개발이 기술적으로 가능하냐가 아닌, 미사일 배치 방법(Basing Mode)이 타당하냐 하는 것이었다. 이러한 논쟁은 사일로에 배치된 미사일이 소련의 선제공격으로부터 생존할 가망성이 희박하다는 판단에서 비롯되었다. 소련이 1967년 이후 배치하고 있던 R-36-Mod 2의 20Mt급(소련 측 자료는 10Mt이라고 함) 탄두는 경도(Hardness)가 136기압까지 견딜 수 있도록 강화된 표적에 대해서도 1km 이상의 파괴 반경(Lethal Radius)을 가졌다.[150] 이 미사일의 CEP가 920m인 점을 고려하면 136기압으로 경화된 고정시설을 단발에 파괴할 수 있는 확률은

---

[149] 미사일-X와 같이 미사일이나 비행기에 X가 붙으면 그 기종은 현재 개발 중이거나 시험용이라는 뜻이다.

대략 58% 안팎이 된다. 미국의 주력 ICBM인 1000기의 미니트맨은 100개의 LCC에서 통제하고 발사하도록 운용되고 있었다. 1960년대까지만 해도 획기적이었던 이러한 LCC 운용 방식은 소련의 미사일이 정확해짐에 따라 차츰 미니트맨의 약점으로 부각되었다. 소련이 1000기의 미니트맨 사일로 대신 각기 10기씩의 미사일을 통제하고 발사하는 100개의 LCC를 공격하여 파괴한다면, 1000기의 미니트맨이 멀쩡히 살아남아도 이것들을 발사할 방법이 없었다. 100개의 LCC를 파괴하는 데에는 300여 기의 R-36면 충분하다. 실제로 소련은 300여 기의 R-36를 실전 배치했기 때문에 미국은 R-36의 배치 목적을 미니트맨 LCC 파괴에 있다고 추정했고, 이에 대응하여 미니트맨 운용 방식을 현실적으로 개선하지 않을 수 없었다.

그 결과 각 LCC는 직접 관장하는 10기 이외에 필요하다면 다른 LCC와 협력하여 같은 중대 내의 50기 미사일을 모두 통제하고 발사할 수 있도록 바꾸었다. 이뿐만 아니라 LCC와 미사일과의 교신이나 공격 명령권자와 교신이 두절되어 미사일을 발사할 수 없는 경우에 대비하여 미국은 루킹 글래스(Looking Glass)라 불리던 전략 미사일 발사 통제기(ALCC: Airborne Launch Control Center)를 도입했다. ALCC는 전략공군 급유기 KC-135를 미사일을 통제하고 발사할 수 있도록 개조한 비행기로, 이름을 EC-135로 바꾸었다. EC-135에는 훈련된 SAC 요원들이 탑승했고, 미니트맨을 발사하는 데 필요한 모든 통신 수단과 발사 기능을 갖추고 있었다. 만약 LCC가 임무를 수행할 수 없게 되면 ALCC는 고립

---

150 경도란 어떤 구조물을 파괴할 수 있는 최소의 여압(Over Pressure)을 의미한다. 136기압으로 강화된 표적에 대해 20Mt 탄두의 파괴 반경이 1km란 말은 20Mt의 탄두가 폭발한 지점에서 1km 떨어진 곳의 여압이 136기압임을 뜻한다.

된 미사일들의 발사 통제권을 인수하여 통제하고 발사할 수 있으며, 필요하다면 SAC 산하의 모든 미니트맨을 발사할 수도 있었다. ALCC는 네브래스카 주에 있는 세계작전센터(GOC: Global Operations Center)가 파괴되었거나 ICBM, SLBM 또는 폭격기 등과 연락이 두절되었을 때를 대비한 것이다.

'루킹 글래스'는 위기 시에 오풋 공군 기지(Offutt Air Force Base)에 있는 미국전략사령부(USSTRATCOM)의 GOC 기능을 대신 수행하기 위한 작전명이며, 그 작전을 수행하는 비행기의 코드네임이다. SAC은 EC-135를 이용하여 1961년 2월 3일부터 1990년 7월 24일까지 하루 24시간 초계비행을 해왔으며, 누적된 무사고 비행시간은 28만 1000시간에 달했다. 1990년 이후 루킹 글래스는 24시간 초계비행을 하는 대신 지상 경계와 공중초계를 섞어가며 하루 24시간 경계에 임하고 있다. 1992년 6월 1일 SAC이 해산되자 루킹 글래스 업무는 SAC에서 미국전략사령부 소속으로 변경되었으며, 1998년 10월 1일부터는 기종도 미국 공군의 EC-135C에서 해군의 E-6 머큐리 타카모(E-6 Mercury TACAMO)로 교체했다.[151]

LCC의 협력 체제와 ALCC 도입으로 LCC의 약점은 보완되었고, 300여 기의 R-36로 100개의 LCC를 무력화함으로써 전체 ICBM 전력을 무력화시키려던 소련의 계획은 일단 무산된 셈이었다. 미니트맨 전력을 파괴하기 위해서는 각 미니트맨을 개별적으로 격파해야 하는 상황으로 되돌아간 것이다. CEP가 1km인 300기의 R-36로 파괴할 수 있는 미니트맨은 전체의 10%, 즉 100기를 넘지 못할 것으로 추산되었고,

---

151 TACAMO란 'Take Charge and Move Out'이란 군사용어로 핵전쟁 시 핵 공격 명령권자 (NCA: National Command Authority)와 핵전력과의 생존 가능한 통신망을 말한다.

1000기의 UR-100를 감안한다고 해도 소련이 선제공격으로 무력화시킬 수 있는 미니트맨 전력은 10여%에 지나지 않을 것으로 판단되었다.

그러나 이렇게 호전된 상황은 그리 길게 가지 못했다. 1970년대 중반 이후 R-36는 R-36의 개선된 모델로 훨씬 강력한 R-36M 모델과 또 다른 중량급 미사일인 UR-100N 및 MR-UR-100로 대체되었기 때문이다. 원래 R-36는 1기의 20Mt급 RV를 탑재한 모델과 3개의 MRV 탄두를 탑재한 모델이 배치되었지만, 중량급 탄두 1개를 탑재한 모델이 200여 기로 주종을 이루었다. 그러나 R-36M의 초기 모델 두 가지는 7.25t의 페이로드를 탑재할 수 있었고, 나중의 네 모델은 투사량이 각기 8.8t이었다. 20Mt 이상의 단일 탄두 옵션도 있었지만 대개는 8~10개의 MIRV 탄두를 탑재하기 때문에 300여 기의 R-36M과 300여 기의 UR-100N의 일부만 기습적인 선제공격에 사용해도 1000기의 미니트맨 미사일 각각에 3기 이상의 RV를 할당할 수 있게 되었다. 다탄두 탑재로 인한 RV 수의 증가 못지않게 미국의 신경을 건드린 것은 이들 미사일의 정확도가 대폭 개선되었다는 사실이다.

소련 미사일의 CEP는 소련 측 발표와 미국 측 발표가 서로 달라 상당히 혼란스러웠던 것이 사실이지만 미국 데이터를 인용하면 다음과 같다. R-36M의 Mode 1과 Mode 2의 CEP는 각각 450m 정도로 추정되고, 그 개량형인 R-36MUTTh(Mode 3/4)의 CEP는 220~350m로 추정된다. R-36M Mode 1과 R-36MUTTh의 단일 탄두 모델은 각각 18Mt과 24Mt 탄두를 1개씩 탑재하고, Mode 2와 R-36MUTTh 다탄두 모델은 500~750kt급 탄두를 각각 8개와 10개 탑재한다. 136기압(2000psi)으로 견고화된 표적에 대한 500kt급 탄두의 파괴 반경은 약 300m이다. R-36MUTTh 다탄두 RV의 CEP가 220m인 것을 감안하면 R-36MUTTh의 미니트맨 사일로에 대한 단발 파괴 확률(Single Shot Kill Probability)은

72%이다. 만약 3기의 서로 다른 R-36MUTTh 미사일에 탑재한 RV에서
1기씩 총 3기의 RV로 특정 미니트맨 사일로를 교차 사격한다면 이러한
공격에서 미니트맨이 살아남을 확률은 2%도 채 되지 않는다. 더구나
미국은 1970년대 중반 이후부터는 R-36M이 배치될 것을 알고 있었고,
1980년대 중반에 소련은 더욱 정교하고 강력한 미사일을 보유할 것으
로 예견했다. 따라서 미국은 자국이 보유하고 있는 ICBM이 적의 선제
공격에서 살아남기 힘들 것으로 판단했다. 이와 같은 상황에서 미국은
소련이 보유한 300여 기의 R-36M과 300여 기의 UR-100N을 필요할 경
우 선제공격으로 무력화시키거나 크게 약화시킬 수 있는 수단이 절실
하게 필요해졌다. 이와 같은 수단으로 제안된 것이 MX 또는 피스키퍼
로 더 잘 알려진 LGM-118A ICBM이다.[152]

MX 개발이 결정되자 미사일 개발 자체는 신속하게 진행되었다.
MX에 필요한 AIRS(Advanced Inertial Reference Sphere)라는 아주 정교한
관성유도장치는 이미 몇 년 전부터 개발이 진행되고 있었다. 드레이퍼
랩에서 개발한 AIRS는 수십 년간 계속되어온 관성유도장치 기술의 종
착역이라고 할 만큼 정확한 관성 측정 기준(Inertial Reference) 시스템이
다. AIRS에는 짐벌(Gimbal)이 없다. AIRS는 베릴륨으로 만든 구형체로
외부 용기에 담겨 있는 탄화플루오르(Fluorocarbon) 액체에 떠 있어 어
느 방향으로든 자유롭게 회전할 수 있고, 짐벌 시스템에서 2개의 짐벌
축이 나란히 될 때 나타나는 짐벌 록(Gimbals Lock)이 없다. 통상적인 관
성항법장치(INS: Inertial Navigation System)와 마찬가지로 AIRS는 3개의
가속도계와 3개의 자이로스코프가 내장되어 있다. 짐벌이 없는 떠 있
는 공(Floated Sphere) 형태의 관성유도장치 시스템인 AIRS는 드레이퍼

---

152 피스키퍼는 로널드 레이건(Ronald Reagan) 전 미국 대통령이 직접 지은 이름이다.

랩의 전신인 MIT/IL의 필립 보디치(Philip Bowditch)가 1950년대 말에 고안했고, 1960년대 말까지 케네스 퍼티그(Kenneth Fertig)가 미사일에 탑재할 수 있는 형태로 개발했으나 이렇게 정밀하고 값비싼 INS의 소요를 찾을 수 없어 1969년 개발 프로젝트를 중단했다. 이후 1972년에 초정밀도를 요하는 MX 시스템이 사업화되자 AIRS가 비로소 빛을 보게 된 것이다.

AIRS 프로젝트는 1975년 5월 양산용을 개발하기 위해 드레이퍼 랩에서 노스럽(Northrop)의 전자 부서로 이관되었다. 그러나 갖은 노력을 했음에도 노스럽은 1987년 7월까지 겨우 몇 개의 AIRS만 납품할 수 있었다. 30여 년의 경험으로 설계하고 수세공으로 제작해온 AIRS를 대량생산용 설계로 바꾸는 것은 아주 어려운 작업이었던 것이다. 그 결과 유도장치가 없는 MX 미사일들이 사일로를 채워나가는 난감한 상황이 발생했다. 1988년 12월 AIRS 생산은 록웰의 자동제어 기기 생산 부서(Autonetics Division)로 옮겨졌고, 그 후 짧은 시간 내에 50기의 MX에 AIRS를 공급할 수 있었다. 1989년 당시 AIRS에 쓰이는 가속도계(Accelerometer)를 하나 생산하는 데 6개월이라는 기간과 30만 달러의 경비가 소요되었는데 AIRS 하나에는 3개의 가속도계가 소요된다. 이것으로 AIRS 생산이 얼마나 힘든 작업인지, 또 AIRS가 얼마나 비싼 품목인지 짐작할 수 있다.

〈사진 4-6〉에서 보는 AIRS는 제조가 힘든 만큼 정확도도 높아 1시간에 자이로 표류(Drift)가 1.5×10^{-5}도 미만으로 AIRS의 오차가 피스키퍼 전체 오차에서 차지하는 비율은 2% 미만에 불과했다.

설사 AIRS로 인한 오차가 전혀 없다 해도 피스키퍼의 정확도는 지금보다 별반 나아질 게 없다는 말이 된다. 사실 탄도비행만을 위해서라면 이러한 정밀도가 필요 없다고 생각한다. 이 정도의 정밀도라면 별도

사진 4-6_ 베릴륨 베이비(Beryllium Baby)라는 애칭으로 불리는 AIRS(Advanced Inertial Reference Sphere) [미국 공군][153]

로 외부 기준이나 정보의 갱신 없이도 스스로 플랫폼의 정렬(Alignment) 과 교정을 지속적으로 수행하여 미사일의 발사 준비 시간을 최소화할 수 있다. 그뿐만 아니라 AIRS를 사용하면 비행자세나 발사 방향에 상관 없이 같은 수준의 정밀도를 유지할 수 있다. 사실 피스키퍼 같은 초정밀 ICBM 이외에는 이러한 정밀도와 외부로부터 독립성이 함께 요구되는 경우를 찾아보기 힘들다. 만약 외부로부터 독립성이 중요하게 요구되는 것이 아니라면, 미국의 GPS나 러시아의 글로나스(GLONASS) 같은 위성 항법 시스템을 이용하여 정밀도를 해치지 않고도 훨씬 값싸고 가벼운

---

[153] http://de.wikipedia.org/w/index.php?title=Datei:Peacekeeper_ICBM_Inertial_ Measurement_Unit.jpg&filetimestamp=20060910202749.

항법 시스템을 만들 수 있다. NASA의 우주선들은 극도의 정밀 항해를 자랑하지만 이와 같은 정밀도 달성은 외부로부터 큐(Cue)를 받아서 달성할 수 있는 것이다. 최근에 와서는 전략무기 유도 분야에서도 제3세계를 중심으로 GPS 유도 방식을 사용하기 시작했다. 그러나 ICBM 선진국들은 ICBM 유도를 외부 시그널에 의존하는 것 자체를 금기시한다.

피스키퍼(MX)는 ENEC(Extendible Nozzle Exit Cones)라는 일종의 접이식 노즐을 사용하여 미사일의 길이를 늘리지 않고도 진공 중에서 효율적인 긴 노즐을 사용할 수 있었다. 2단 모터의 경우 접은 상태와 모터 작동을 위해 전개한 상태의 길이 차는 약 65.3cm이고, 3단 모터의 경우는 더욱 커 약 97.8cm에 이른다. 2단과 3단 모터에 사용한 접이식 노즐은 피스키퍼의 사거리를 약 1000km 정도 늘리는 효과가 있는 것으로 평가되었다.

피스키퍼에서는 재돌입체 MK-21 RV를 방출하고 스핀업(Spin-up)시키는 과정에서도 CEP를 줄이기 위해 세심한 배려를 한다. 통상적으로 RV를 방출하거나 회전시킬 때 어쩔 수 없이 RV의 속도와 자세에 섭동을 주게 되고, 그 결과 RV의 실제 탄착지점은 예정된 탄착지점으로부터 벗어날 수밖에 없다. 방출 후 재돌입까지 걸리는 시간이 20~30분 이상 되기 때문에 방출 시 발생하는 작은 속도 오차도 CEP에는 크게 작용할 수 있다. 그래서 RV 방출과 스핀 과정이 탄착지점 분산에 미치는 영향을 최소화하기 위해 MX 설계 시 상당한 주의를 기울인 것을 알 수 있다. 그 결과 MK-21의 방출 과정에서 들어오는 총오차는 미니트맨-III의 MK-12A에서 나타나는 방출 오차의 50% 정도밖에 되지 않는다.

RV 방출 과정에서 RV의 섭동은 비록 작기는 하지만 항상 축 방향 속도(Axial Velocity)가 증가하는 쪽으로 나타났다. 그러나 이렇게 증가하는 축 방향 속도가 항상 일정해 예측할 수 있다면 유도 컴퓨터에서 그

효과를 상쇄시킬 수 있기 때문에 방출 속도 증분이 일정하도록 설계하는 것이 중요하다. RV 방출 과정에서는 축 방향 속도 증분 외에 RV의 횡 방향(Lateral Velocity) 속도 오차를 줄이는 것도 중요하다. 10기의 RV는 각각 페이로드 배치 모듈(Deployment Vehicle)에 3개의 볼트로 고정되어 있고, 이 3개의 볼트를 동시에 절단함으로써 RV가 방출된다. 하지만 이와 같은 동시 절단 과정만 가지고 RV의 기울어짐을 완전히 막을 수는 없다. 그래서 RV의 기울어짐을 막기 위해 각 볼트 위치에 가이드 핀(Guide Pin)을 설치했다. 페이로드 배치 모듈이 3개의 볼트를 동시에 절단하여 RV를 방출할 때 가이드 핀은 RV가 어느 한쪽으로 기울어지게 떠나는 것을 방지하는 역할을 한다.

PBV라는 소형 4단 모터는 RV를 표적에 맞춰 하나씩 내려놓고 RV에 가급적 영향을 적게 주면서 뒤로 물러난 후 다음 RV를 내려놓을 장소로 이동해야 한다. PBV의 자세제어 로켓(Attitude Control System) 모터의 배출 가스(Plume)가 RV에 충격을 주는 것을 방지하기 위해 RV에 영향을 적게 주는 자세제어 로켓을 선택적으로 사용하여 RV로부터 물러날 수 있도록 설계했다. 일단 RV로부터 충분히 떨어지면 PBV의 주 엔진인 축 방향 엔진을 이용하여 새로운 장소로 이동해간다. 분리된 RV가 PBV의 배출 가스로부터 영향을 덜 받도록 보조 로켓을 선택적으로 사용하는 PBV 기동을 분사 가스 회피 동작(PAM: Plume Avoidance Maneuver)이라고 한다.

일단 분리된 RV는 운동의 안정성과 재돌입 시 융제가 균일하게 일어나도록 하기 위해 축 방향 회전을 시작한다. RV의 스핀업은 RV 저변에 부착된 2개의 회전 로켓모터에 의해 실행된다. 여러 가지 실험을 통해 스핀업 과정은 방출 과정에서보다 더 큰 축 방향 속도 증분을 유발하는 것으로 확인되었다. 따라서 스핀업에 의한 축 방향 속도 증가를 예측하는 것 역시 중요하다. 축 방향 속도 증가를 재현 가능하게 하고 횡 방향 분산 속도와 각도의 치우침을 최소화하기 위해 2개의 스핀업 모터 노즐 사이에 추력 불균형이 최소가 되도록 고려했다.

이 외에도 피스키퍼의 CEP를 줄이기 위한 여러 가지 고안이 있었는데 그중에서 RV의 빠른 재돌입 속도를 보장하는 형상 설계를 꼽을 수 있다. 탄도계수의 값을 가능한 한 크게 잡음으로써 공기 마찰로 인한 감속을 최대로 줄일 수 있다. 탄도계수는 탄두를 포함한 RV의 중량에 비례하고 운동 방향에 수직한 단면적과 항력계수(C_D)에 반비례한다. 큰 탄도계수를 얻으려면 RV의 무게가 무거울수록 좋고, 단면적과 항력계수는 작을수록 좋다. 길고 뾰족한 원뿔형이 가장 이상적인 RV 모양으로 알려져 있고, 모든 현대식 RV가 이러한 모양을 채택하고 있다. 그러나 대기층을 통과할 때 생기는 마찰열이 RV 표면을 통해 매초 유입되는 양은 속도의 3~3.7제곱(속도$^{3\sim3.7}$)에 비례하고, 공기 밀도의 0.8제곱(밀도$^{0.8}$)에 비례한다. 따라서 대기층을 통과하는 속도가 빠르면 빠를수록 마찰열로부터 내부를 보호하는 문제가 심각해진다. 특히 RV의 원뿔형 꼭짓점 부분이 뾰족하면 뾰족할수록 이 점의 온도가 급상승하기 때문에 꼭짓점 부분을 반경이 작은 반구 모양으로 처리한 라운디드 콘(Rounded Cone)으로 채택하는 것이 꼭짓점의 지나친 온도 상승을 막는 일반적인 설계 방법으로 알려져 있다. 피스키퍼의 RV인 Mk-21의 탄도계수는 그 이전까지 탄도계수가 가장 컸던 Mk-12A보다 20%나 더 큰 14만 4000N/m²로 재돌입 후 지상 충돌 시까지 별로 감속되지 않아 제트기류나 바람의 영향을 거의 받지 않는다. Mk-21의 지상 충돌 속도는 대략 3.4km/s로 추정된다.[154] Mk-21은 특히 높은 마찰열로부터 내부를 보호하기 위해 성능을 개량한 융제물질을 사용했고, 융제물질층의 두께를 줄이기 위한 새로운 개념의 설계를 적용했을 것으로 판단된다.

사진 4-7_ 피스키퍼의 RV 섹션 점검 장면 [미국 공군]

피스키퍼는 전략무기감축협정을 준수하기 위해 〈사진 4-7〉과 같이 10기의 Mk-21 RV를 탑재하지만 약간의 사거리 감소를 받아들인다면 물리적으로는 11기의 Mk-21을 탑재할 수도 있다. 〈사진 4-8〉은 피스키퍼 미사일이 고압가스에 의해 발사관으로부터 위로 밀려 나오는 장면을 찍은 사진이다. 테플론으로 만든 패드가 미사일 몸체에 아직도 붙어 있는 것이 유난히 눈에 띈다. 테플론 패드는 발사관 안에서는 외부의 충격으로부터 미사일을 보호해주고, 고압가스가 미사일을 밀어낼 때에

---

154 Andrew M. Sessler et. al., "Countermeasures: A Technical Evaluation of the Operational Effectiveness of the Planned US National Missile Defense System", (Union of Concerned Scientists, April 2000) p.153.

238

사진 4-8_ 피스키퍼 미사일이 고압가스에 의해 발사관 밖으로 밀려 나오는 장면. 미사일 케이스에 붙어 있는 조각들은 테플론으로 만든 충격 완충 '패드(pad)' 다. [미국 공군]

는 발사관과 미사일 사이에 마찰이 없도록 도와준다. 일단 미사일의 엔진이 작동하여 미사일이 가속되면 테플론 패드는 전부 떨어져나가도록 되어 있다.

MIRV를 표적에 겨냥하고 방출하기 위해 해군의 트라이던트-II D5(Trident-II D5)의 PBV에서는 고체로켓의 가스를 이용했지만, 피스키퍼에서는 재점화가 가능한 액체로켓(Hypergolic Liquid Rocket)을 사용하는 PBV 기동 모터를 이용한다.[155] 그 결과 피스키퍼 MIRV의 최대 분산

---

[155] 페이로드 버스를 공군에서는 PBV(Post Boost Vehicle)라고 부르는 반면 해군에서는 ES(Equipment Section)라고 한다. 또 재돌입체를 공군에서는 RV(Reentry Vehicle)라고 부르지만 해군에서는 RB(Reentry Body)라고 한다.

사진 4-9_ 피스키퍼 모의 MIRV의 재돌입 장면. 표적군의 분포에 따라 재돌입하는 MIRV의 분산 패턴이 달라진다. [미국 공군]

거리는 D5의 최대 분산거리에 비해 3배 정도로 크다. 따라서 피스키퍼를 사용한다면 1기의 D5로는 공격할 수 없는 멀리 떨어진 표적을 피스키퍼 1기에 탑재한 RV를 사용해 쉽게 공격할 수도 있다는 뜻이다. 〈사진 4-9〉에는 표적군의 분포에 따라 피스키퍼에 탑재한 여러 기의 MIRV를 갖가지 다른 형태로 재돌입시키는 장면을 보여주는 사진이 나열되어 있다.

　　피스키퍼 미사일은 CEP가 100m 이내로 정확하고, 한꺼번에 10개의 표적을 파괴할 수 있는 강력한 ICBM이다. 그러나 소련의 입장에서 본다면 피스키퍼 미사일은 선제공격용 미사일로 극도로 위협적인 존재였다. 따라서 위기가 다가오면 가장 먼저 제거해야 할 표적 제1호였다. 10기의 MIRV를 탑재한 피스키퍼 1기를 제거하기 위해 10기의 RV를 소모한다 해도 결코 손해가 아니라고 판단할 것이다. 바꿔 말하면 피스키퍼 미사일은 소련 ICBM의 가장 매력적인 표적이라는 것이다. 따라서 1980~1990년대 소련의 ICBM 정밀도와 탄두 위력을 감안하여 피스키퍼 미사일을 소련의 선제공격에서 살아남게 배치하는 것이 무엇보다 중요한 과제가 되었다.

미국 의회와 국방성 그리고 민간 기술자들은 피스키퍼 발사대를 아무리 견고하게 하더라도 고정식 배치 방식을 사용하는 한 피스키퍼 미사일이 소련의 선제공격에서 살아남을 가능성은 희박하다고 판단했다. 그래서 처음부터 피스키퍼의 배치 방식을 이동식으로 선택했다. 그러나 1973년 정작 피스키퍼의 사용 부서인 SAC은 이동식 배치 방식을 반대한다는 입장을 밝혔다. 그 이유는 이동식 발사 미사일은 사일로 배치 미사일보다 정밀도가 떨어지고 반응시간이 길어 최신 무기로서 가치가 떨어진다고 생각했기 때문이다. 또 이동식은 고정식에 비해 가격이 상대적으로 비싸서 배치할 수 있는 총 미사일 수가 줄어들 것을 염려한 것이 또 다른 이유로 보인다. 사실 미사일의 하드웨어와 미사일 배치 모드는 서로 떼어놓고 생각할 수 없는 미사일 시스템의 일부로 보는 것이 옳다. 적합한 피스키퍼 배치 방식을 모색하기 위한 노력은 이때부터 본격화되었고, 그 후 15년 이상 여러 가지 배치 모드가 제안, 검토되었다.

기술적인 또는 재정적인 관점에서 전망이 가장 좋은 피스키퍼 배치 방식은 다중 은닉시설(MPS)이라고 하는 시스템으로 피스키퍼 초창기부터 제안, 검토되었던 배치 방식이다. 이 방식은 피스키퍼 1기마다 23개의 은신처를 지어놓고 피스키퍼 미사일을 열차에 탑재하여 여기저기 이동시킴으로써 소련이 피스키퍼의 진짜 위치를 알 수 없게 하는 것이다. 23개의 은신처는 RV 하나에 의해 둘 이상의 은신처가 파괴되지 않게끔 충분한 거리를 두고 분산시켜 건설하고, 진짜 피스키퍼가 들어 있는 은신처 외 22개의 은신처에는 무게, 자성 등 모든 특성이 진짜와 같은 가짜 피스키퍼를 넣어두는데 수시로 진짜와 가짜 피스키퍼를 이리저리 바꿔치기한다. 따라서 소련이 진짜 피스키퍼가 들어 있는 은신처를 알아내는 획기적인 방법을 찾아내지 않는 한 1기의 피스키퍼를 제거하기 위해 23개의 은신처 모두를 2기 이상의 탄두로 공격해야 한다. 즉 1기의 피스키퍼에 탑재된 RV 10기를 제거하기 위해 소련은 23개 이상의 RV를 사용해야 하므로 미국 측에서 본다면 꽤 괜찮은 교환 조건이라 생각할 수 있다. 여기서 중요한 것은 소련이 피스키퍼를 표적으로 삼아 배정한 RV 수이다. 미국이 초기에 생산하려고 했던 피스키퍼는 200기였고 미국은 4600개의 은신처를 건설하고자 했다. 만약 소련이 4600기 이상의 RV를 피스키퍼에 배정할 능력이 있다면 소련의 선제공격을 받은 후 피스키퍼가 생존할 가능성은 별로 없다.

소련의 RV 수가 충분히 많아져 미국이 원하는 만큼의 피스키퍼가 생존할 수 없다고 판단되면 미국은 다음과 같은 조치를 취할 수 있다. 더 많은 수의 피스키퍼를 MPS 모드로 배치하든가, 아니면 기존의 피스키퍼 은신처 수를 소련이 동원할 수 있는 RV 수보다 훨씬 많이 늘리는 방법을 쓸 수 있다. 그러나 애초에 생각했던 200기의 피스키퍼를 MPS 모드로 배치하려면 아주 넓은 땅이 필요했을 뿐만 아니라, 이러한 의도가 알려지면서 배치 예정 지역 주민들의 완강한 반대에 부딪혀 더 이상 MPS 모드를 추진하기가 어려워졌다. 사실 200기의 MX를 제거하기 위해 4600곳에 500kt급 탄두를 하나씩 배당해야 한다면 그것만으로도 이미 2300Mt의 지표 폭발이 일어난다는 의미이고, 이로 인한 방사능과 핵겨울 효과는 공격당한 미국은 물론 공격을 감행한 소련을 포함한 전

세계를 파멸로 몰고 가기에 충분하다고 생각한다. 미소의 핵미사일 경쟁은 참으로 무모했다는 생각을 금할 수 없다.

1982년 11월 레이건 행정부는 MX의 이름을 피스키퍼로 바꾸는 동시에 MPS 대신 밀집 배치(Dense Pack) 방식을 제안했다. 밀집 배치 방식에서는 680기압(1만psi) 이상의 여압에도 견딜 수 있는 슈퍼 사일로를 500m 간격으로 건설하여 각 사일로마다 피스키퍼를 배치한다. 이러한 배치 방식은 선착 탄두의 폭발에 의해 후속 탄두가 파괴될 것이라는 가정에 근거한다. 선착 탄두의 지상 폭발은 강력한 방사선, 전자기 충격, 충격파 외에도 갖가지 파편을 만들어내고 이러한 선착 탄두 폭발 효과는 선착 탄두 폭심 500~1000m 안으로 들어서는 후속 탄두들을 파괴할 수 있다고 보았다. 그러나 이러한 가설은 증명하기 힘들고 소련이 개발할지도 모를 기술을 무시하는 것이기 때문에 받아들여지지 않았다. 당시 밀집 배치 방법에 비판적인 사람들은 '덴스 팩' 대신 '던스 팩 (Dunce Pack)', 즉 얼간이 배치 방법이라고 빈정거렸다. 'Dunce'가 '바보, 얼간이'를 뜻하니 밀집 배치 모드를 주장하는 사람들은 얼간이 집단이라는 뜻으로 쓰인 듯하다.

이런저런 방법으로 선제공격에서 살아남을 수 있는 피스키퍼 배치 모드를 검토해봤지만 마땅한 방법을 찾을 수 없었던 레이건 행정부는 1983년 4월 기존의 미니트맨-II 사일로를 개조하여 50기의 피스키퍼만 배치하는 대신 Mk-21 RV 1기를 장착할 수 있는 초소형 이동식 ICBM인 미지트맨(Midgetman)을 피스키퍼와 병행하여 개발하기로 국회와 합의를 보았다.[156] 이로써 피스키퍼 배치 방식을 두고 밀고 당기는 지루한

---

[156] 미지트맨의 공식 명칭은 MGM-134A이지만 미지트맨 또는 SICBM(Small ICBM)이라고도 불렸다.

논쟁은 일단락되었다.

　이렇게 해서 미국의 제4세대 미사일 시대는 조촐하게 막을 열었다. 야심 찬 계획과는 너무도 다른 초라한 출발이었다. 1988년 12월 워런 공군 기지(Warren Air Force Base)의 개조한 미니트맨-II 사일로에 피스키퍼 50기가 배치되었다. 한편 병행해서 개발하던 미지트맨은 시험 비행까지 마친 상태였지만 1992년 소련연방이 붕괴되자 미지트맨의 필요성이 사라져 개발이 취소되었다. 피스키퍼 미사일 사일로의 생존 가능성이 미니트맨에 비해 나아진 것도 별로 없는 것이 사실이지만, 피스키퍼 미사일 자체는 신뢰도가 높고 안전성이 크게 향상되었으며 ABM에 대해서도 안전성이 강화된 10기의 초정밀 RV를 탑재한 최고의 4세대 미사일인 것은 부인할 수 없는 사실이다. 배치 초기에 AIRS의 잦은 고장으로 곤란을 겪었지만 지금까지 개발된 ICBM 중 가장 정확한 미사일이다. 배치 모드에 대한 분명한 결론도 내리지 못한 채 2005년 9월 19일 마지막 피스키퍼 미사일이 지난 27년간 셋방살이를 하던 미니트맨 사일로에서 퇴역했다. 땅도 있고 돈도 있지만 좀 더 좋은 집을 짓기 위해 수십 년간 어떤 집을 지을까 궁리만 하다가 전셋집에서 생을 마감한 꼴이 되고 말았다. 이것이 고정식 ICBM의 운명이고 한계인 것이다.

　미국은 피스키퍼라는 단 한 가지 종류의 제4세대 ICBM을 달랑 50기 보유한 데 비해 소련은 R-36M의 최근 발전형인 R-36MUTTh와 혁신적으로 개선한 R-36M2를 비롯해 UR-100NUTTh, RT-23UTTKh, RT-2PM 등 많은 종류의 4세대 ICBM을 보유했다. 소련의 이러한 다양한 4세대 미사일의 뿌리는 1969~1970년에 결정한 제3세대 미사일 개발계획에서 비롯됐다고 생각한다. 1970년대 초에 소련은 전략무기에 관한 한 이미 미국과 어느 정도 균형을 이룬 전략적 패리티에 도달했다. 그러나 소련 지도부는 여기에 만족하지 않고 총체적인 핵전력 균형 관계인 디프 패리티에 도달하기 위해 계속 군비 확장에 치중했다.

미국이 소련 주변에 배치한 것과 같은 전술무기를 미국 주변에 배치할 수 없었던 소련으로서는 ICBM RV 수를 늘려 이를 보충하고자 했다. 당연히 디프 패리티에서 요구되는 ICBM RV 수는 패리티에서 필요한 수보다 훨씬 많아질 수밖에 없었다. 따라서 소련은 디프 패리티에 도달하기 위해 더 많은 수의 RV가 필요했고, 이러한 목적을 달성하기 위해 모든 역량을 집중했다. 이리하여 1980년에는 1970년에 비해 3.6배나 많은 수의 ICBM RV를 보유하게 되었다. 이와 같은 RV의 급증은 1969~1970년에 내린 제3세대 미사일 개발 결정에 의한 결실이며, 이를 위해 여러 개의 미사일 설계국과 관련 군수산업에 엄청난 투자를 해왔다. 1980년에 이미 디프 패리티에 도달했지만 더 강력한 절대 우위를 추구하려는 군부, 계속되는 개발 투자를 원하는 군수산업체, 우유부단한 브레즈네프의 무기 개발 정책 등으로 필요 이상의 다양한 미사일을 지속적으로 개발한 것이다. 그 결과가 바로 세 종류의 3세대 ICBM과 다섯 종류나 되는 제4세대 ICBM으로 나타났다.

디프 패리티 논쟁 이전에도 역사적으로 소련은 미국보다 많은 종류의 미사일을 개발, 생산해왔다. 소련은 처음부터 여러 개의 독립된 설계국(Design Bureau)을 운영해왔고, 이들 설계국이 각자 독창적인 미사일을 설계했다. 소련 정부는 때로는 군사기술적 요구에 의해, 때로는 정치적 이유로 같은 목적을 가진 둘 이상의 미사일 체계를 생산, 배치해왔다. 그 결과 소련 미사일의 평균 교체 기간이 미국에 비해 훨씬 짧고, 배치된 미사일을 효율적으로 관리하기에는 종류가 너무 많았다. 이러한 와중에서도 R-36M 계열 미사일만은 지난 30년간 꾸준히 개선되어 오늘날 신뢰도 높은 초강력 미사일로 거듭났으며, 미국 ICBM에 대한 최대 위협으로 등장하게 되었다.

R-36M 계열 미사일은 여섯 가지 다른 모델이 존재했지만, 나토 명칭은 모두 사탄(Satan)이고 국방정보국 명칭은 모두 SS-18로 상당히 혼란스럽다. 사실 R-36M 계열 미사일에는 제3세대 미사일인 사탄-모드-1/2와 제4세대 미사일인 사탄-모드-3/4/5/6가 모두 포함되어 있기 때문이다.[157] 따라서 미소 군축 협상에서는 제3세대 미사일에 해당하는 R-36M 모드-1/2를 RS-20A로, 제4세대 미사일에 해당하는 모드-3/4를 RS-20B로 부르고 사탄-모드-5/6를 RS-20V로 부르나 혼란스럽기는 마찬가지다. 소련은 원래 미국처럼 미사일에 이름을 붙이지 않았으나 최근에 와서 토폴(Topol: RT-2PM), 토폴-M(Topol-M: RT-2PM1, RT-2PM2), 몰로데츠(Molodets: RT-23)와 같이 이름을 붙이는 것을 허용했다. 그래서 R-36M2는 보이보데(Voivode)라는 애칭으로 불린다.

2012년 3월 현재 R-36MUTTh와 R-36M2 55기가 러시아 우주르 지역의 돔바로브스키(Dombarovskiy)에 배치되어 있다.[158] 제2차 전략무기감축협정(START-II)에 따르면 모든 지상 배치 다탄두 미사일은 폐기해야 하지만 미국에 의한 일방적인 ABM 협정 파기로 START-II 조항이 자동 무효화되어 이러한 원래 계획이 이행될 가망성은 거의 없는 것 같다. 그중 R-36MUTTh는 곧 모두 퇴역할 것으로 보이지만, R-36M2는 수명 연장 후 2016년에서 2020년까지 현역으로 운용될 것으로 보인다. R-36M2에는 단일 탄두형과 10기의 RV를 탑재하는 다탄두형의 두 가지 모델이 있다. R-36MUTTh와 R-36M2의 탑재량은 8.8t이며, 사거리는 단일 탄두형이 1만 6000km, 다탄두형이 1만 1000km이다.

단일 탄두형의 폭발력은 20Mt인 것으로 확인되었지만, 다탄두형

---

[157] 사탄-모드-3/4는 R-36MUTTh, 사탄-모드-5/6는 R-36M2라고도 부른다.
[158] Strategic Rocket Forces, http://russianforces.org/missiles.

RV의 위력은 러시아 측 자료에 따르면 0.5~0.75Mt이고 서방측 자료에 따르면 0.75~1.0Mt으로 서로 차이가 난다. 러시아가 발표한 R-36M2의 CEP는 210m이다.[159]

다탄두의 폭발력이 0.75Mt인 경우 미니트맨-III의 사일로를 1개의 탄두로 격파할 확률은 84% 정도이고, 2기의 RV로 교차 사격을 할 경우 미니트맨-III가 격파될 확률은 97%이다. 따라서 현재 미국이 보유한 총 450기의 미니트맨-III 모두를 제거하는 데에는 900개의 M-36M2 RV가 필요하다는 계산이 나온다.

R-36M2의 신뢰도 90%를 감안한다고 해도 1000기의 RV 혹은 100기의 R-36M2이면 미니트맨-III를 모두 제거하는 데 충분하다는 결론이 나온다. 이와 같은 연유로 레이건 행정부나 부시 행정부는 R-36M2를 미국과 소련/러시아 간의 전략적 균형을 깰 수 있는 최대 위협으로 간주했고, R-36M2 폐기를 START-II의 가장 중요한 안건으로 삼았던 것이다. 〈사진 4-10〉은 R-36MUTTh의 페이로드 부위만 개조한 드네프르(Dnepr) 우주 발사체의 발사 장면이다. R-36M 패밀리는 로켓 밑에 부착된 고체로켓 가스 발생기를 이용해 로켓을 캐니스터에서 밀어낸 후 로켓엔진이 점화된다.

R-36M2는 R-36M을 더욱 강력하고 정교하게 개선한 모델인 모드-5와 모드-6의 이름이고, 경도가 340기압(5000psi) 또는 그 이상으로 강화된 사일로에 배치되었다. 1979년 6월에 현대화된 초중량급 ICBM을 개발하려는 기술 제안이 있었고, 1982년에는 개발계획이 확정되었다.

---

[159] 미국을 위시한 나토 국가들은 50%의 미사일이 안에 떨어지는 원의 반경인 CEP를 미사일 정확도의 기준으로 잡지만, 소련(또는 러시아)은 98%의 탄두가 안에 낙하하는 원의 반경인 최대 오차(ME: Maximum Error)를 정확도의 기준으로 삼는다. 소련이 발표한 R-36M2의 ME는 500m이다. ME와 CEP 사이에는 ME=2.238CEP라는 식이 성립하므로 CEP=210m가 된다.

사진 4-10_ R-36MUTTh의 페이로드 부위만 개조한 드네프르(Dnepr) 우주 발사체[160]

우연히도 미국 피스키퍼의 배치시점인 1988년에 MIRV 버전의 R-36M2
가 배치 완료되었고, 다음 해에는 단일 탄두 버전도 배치되기 시작했
다. R-36M2에서는 RV를 5기씩 2층으로 배열하는데, 이러한 RV의 2층
배치 방식은 R-36M2가 유일하다. R-36M2는 R-36M의 이전 모델들과
는 달리 2단 모터가 연료 탱크 안에 완전히 잠겨 있는 설계를 채택함으
로써 연료 무게 대 비활성 무게의 비를 최대로 유지할 수 있게 되었다.

　　UR-100NUTTh(SS-19 Mod-3)는 또 다른 제4세대 ICBM 가운데 하
나이다. 2010년 말에는 70여 기가 타티셰보(Tatishchevo)와 코젤스크

---

[160] Dnepr User' s Guide,
http://polimage.polito.it/picpot/documentazione/lanciatori/Dnepr_User' s_Guide.pdf.

(Kozelsk) 전략 로켓 기지에 배치되어 운용되고 있다. 1984년에서 1987년까지 한때는 360기가 배치되어 2160기의 RV를 운반할 수 있었으며, 3080기의 RV를 운반할 수 있었던 R-36M에 이어 두 번째 위치를 차지했다. 러시아는 여러 번의 시험 발사를 통해 미사일 내구연한을 원래의 10년에서 25년으로 연장하는 데 성공했다. 현재 운용 중인 UR-100 NUTTh 중 일부는 앞으로도 당분간 더 운용할 수 있고, 최근에 우크라이나에서 구입한 30여 기의 UR-100NUTh는 새것으로 2035년까지 사용해도 아무 문제가 없을 것으로 보인다.

UR-100NUTTh는 주유한 후에도 저장 가능한 직렬식 2단 액체로켓 ICBM으로 페이로드는 4.35t이고 6기의 RV를 탑재할 수 있다. 탄두 위력은 0.5~0.75Mt으로 추정되며, 소련 측이 발표한 CEP는 385m이지만 서방측 추정으로는 210~380m이다. 그 이유는 R-36M2와 UR-100 NUTTh가 같은 유도 조종장치를 사용하기 때문이다. R-36M2에서와 마찬가지로 미사일을 원격으로 모니터링할 수 있고, 발사 준비의 전 과정을 자동으로 진행할 수 있으며, 발사 전에 원격으로 표적 재지정(Re-targeting)도 할 수 있다. UR-100NUTTh는 UR-100N의 세 번째 모델로, 1976년 8월에 개발이 승인되었다. 이전 모델에 비해 엔진이 많이 개선되었으며 훨씬 강화된 사일로에 안치되었다. 따라서 적국의 선제공격에서 생존할 확률도 그만큼 높아졌다고 할 수 있다. 이 시스템은 1979년 6월에서 10월 사이에 시험비행을 완료했고, 그해 11월부터 배치되기 시작했으며, 그 후 2년에 걸쳐 UR-100N의 모든 단일 탄두 모델이 다탄두 모델인 UR-100NUTTh로 교체되었다. 1984~1987년에 360기를 정점으로 새로운 제4세대 고체로켓 ICBM인 RT-23의 사일로 버전에 의해 그 일부가 서서히 교체되었고, 지금은 35기의 UR-100NUTh가 코젤스크 지역의 타티셰보에 배치되어 있다.[161]

　　서방에서는 SS-24 스캘펄(Scalpel)로 불리는 소련의 또 다른 제4세대 ICBM인 RT-23UTTh 몰로데츠는 고체 연료 ICBM으로 사일로 배치식과 이동식을 한꺼번에 해결하길 원했던 소련의 줄기찬 의지를 보여주는 미사일이다. 소련에서는 고체 연료 이동식 미사일을 개발하기 위해 그간 여러 번 시도했지만 그리 성공적이지 못했다. 첫 번째 시도로 RT-2(SS-13)라고 알려진 3단 고체로켓을 경량급 ICBM으로 개발했지만 UR-100에 밀려 양산되지 못하고 총 60여 기만 상징적으로 생산, 배치되었을 뿐이다. 그 후 MITT(Moscow Institute of Thermal Technology)[162]의 알렉산드르 나디라제(Alexander Nadiradze)는 RT-21(SS-16)을 가지고 다시 한 번 이동식 고체 연료 ICBM에 도전했지만 이번 역시 42개의 발사대가 플레세츠크 지역에 배치되었을 뿐 양산되지 못한 채 끝나고 말았다.

　　이러한 때에 1969년 1월 소련의 MGMB(Ministry of General Machine Building)는 고체로켓을 이용해 철도 이동식 미사일 시스템을 개발할 것을 지시했고, 유즈노예 설계국이 개발 책임을 맡게 되었다.[163] 그러나 철도용 미사일 개발에 어려움이 따르자 1976년 계획을 바꿔 사일로 배치용 미사일 RT-23만을 개발하도록 했다. 1977년 RT-23의 설계가 일단 완성되었지만 개발은 승인되지 않았다. 유즈노예 설계국은 엔진 및 재돌입체 설계 등을 보완한 뒤 1979년 다시 철도용으로 제안했다. 유즈

161 Strategic Rocket Forces, http://russianforces.org/missiles.
162 MITT는 모스크바 근교에 있는 고체로켓 ICBM을 개발하는 설계국으로 토폴, 토폴-M, 불라바(Bulava) 미사일을 개발했으며 현재 러시아의 유일한 ICBM 설계국이다.
163 MGMB는 미사일 생산 등을 관장하는 정부 부서이고, 유즈노예 설계국은 우크라이나의 드네프로페트로프스크에 있는 인공위성과 로켓을 설계하는 설계국이다. 원래는 미하일 얀겔이 ICBM을 설계하기 위해 세운 로켓 설계국으로 유즈마시(Yuzhmash) 생산 공장과 함께 SS-7/8/9/15/17/18/24 등 소련의 주요 ICBM을 거의 전부 설계, 생산해왔다.

노예 설계국은 이미 R-36M에서 성공적으로 사용하고 있는 MIRV 탄두 섹션을 RT-23에 그대로 사용하기로 했다. 이 시스템이 서방세계에서 SS-24 스캘펄로 알려진 철도 이동식 ICBM이다. 그러나 1983년 유즈노예 설계국은 RT-23를 대폭 개선하여 철도 이동식, 도로 이동식, 사일로 배치식 등 세 가지로 쓸 수 있는 RT-23UTTh 미사일을 개발할 것을 지시받았다.

하지만 나중에 도로 이동식은 취소되었고 사일로 배치식과 철도 이동식 두 가지만 개발해 배치되었다. 〈사진 4-11〉은 철도 이동식 RT-23UTTh의 모습이다. RT-23UTTh는 10개의 550kt 탄두를 탑재한 3단 고체로켓 미사일이다. 사일로 배치식에서는 제1단 모터가 회전식 노즐을 사용하는 데 비해 철도 이동식은 고정식 노즐을 채택했다. 이 미사일의 특이한 점은 노즈 섹션이 미사일 축과 이루는 각도를 조정하여 미사일의 피치(Pitch)와 요(Yaw)를 통제하고, 대기권 내에서 동력비행을 할 때에는 노즈 섹션에 달린 4개의 핀을 조절하여 롤(Roll) 컨트롤하는 것이다. 제2 · 3단 엔진의 노즐은 피스키퍼와 마찬가지로 접이식 노즐 ENEC를 사용하여 미사일의 길이를 늘이지 않고도 진공 중에서 비추력(ISP: Specific Impulse)을 증가시켰다. R-36M2와는 달리 10기의 RV는 피스키퍼에서와 같이 보호 덮개 밑의 한 층에 모두 배열했다. 철도 이동식 RT-23UTTh의 비행시험은 1985년부터 1987년에 걸쳐 실시되었으며 배치는 1987년부터 시작되었다. 한편 사일로 배치식의 비행시험은 조금 늦어져 1986년부터 1988년까지 실시되었으며 배치는 1988년부터 시작되었다. 56기의 사일로 배치식과 36기의 철도 이동식 RT-23UTTh가 배치되었으나 2001년에는 모두 퇴역했다. CEP는 210m로 피스키퍼에는 못 미치나 그 외에는 페이로드, 길이, 무게, 기술 등 모든 분야에서 피스키퍼와 아주 유사한 미사일이라고 볼 수 있다.

사진 4-11_ RT-23UTTh를 탑재한 기차[164]

　　마지막으로 도로 이동식(Road Mobile) 제4세대 미사일인 RT-2PM 토폴(Topol) 시스템은 소련에서 처음으로 정식 취역한 도로 이동식 ICBM이다. 그간 소련이 도로 이동식 ICBM을 개발하고자 20여 년간 들인 노력의 결과로 볼 수 있다. 소련 과학 아카데미 회원인 나디라제가 이끄는 모스크바의 MITT에 토폴 프로젝트가 승인된 것이 1977년이다. 그러나 소련은 1979년 조인한 제2차 전략무기제한협정(SALT-II)에 의해 한 가지 이상의 새로운 ICBM을 개발할 수 없게 되었다. 소련은 이미 RT-23UTTh를 개발하겠다고 공언했기 때문에 공식적으로 새로운 미사

---

[164] http://pl.wikipedia.org/w/index.php?title=Plik:RT-23_ICBM_complex_in_Saint_Petersburg_museum.jpg&filetimestamp=20061125184831.

사진 4-12_ 토폴을 탑재하고 행진하는 모습165

일인 토폴을 개발할 수가 없었다. 그래서 토폴이 새로운 미사일이 아니라 예전에 개발한 RT-2P 사일로 배치식 미사일의 개량형이라고 주장할 수밖에 없었다. 그러나 토폴은 RT-2P가 아닌 RT-21(SS-16)과 피오네르 (Pioner: SS-20) 도로 이동식 중거리 미사일에서 출발한 새로운 미사일로 보는 것이 더 타당하다.

　미국 정부는 토폴이 RT-2P보다 5% 이상이나 크고 페이로드는 2배 이상이기 때문에 새로운 미사일이라고 주장했지만 주장만으로 토폴의 개발을 막을 수는 없었다. 〈사진 4-12〉에서 보는 토폴의 발사 중량은 45.1t이고 길이는 21.5m이다. 직경은 1단이 1.8m, 2단이 1.55m, 3단이 1.34m이며 페이로드는 1t이다. 탄두는 0.55Mt급 1개를 탑재하며, 소련 측이 발표한 CEP는 대략 380m이지만 여러 가지 정황으로 미루어 이보다 훨씬 적을 것으로 보인다.

---

165 http://en.wikipedia.org/wiki/File:Moscow_Parad_2008_Ballist.jpg.

서방측 추산으로는 토폴의 CEP를 대략 150∼250m 사이로 보며 토폴의 물리적인 조건만 보면 미국의 미니트맨-II와 매우 유사하다고 할 수 있다. 원래 미니트맨도 개발 초기에는 철도 이동식 또는 항공기 발사용으로 개발했음을 상기하면 그 유사성은 우연이 아니라고 볼 수 있다. 토폴은 TLC라는 운반 및 발사용 캐니스터에 밀봉된 상태로 이동식 발사대(TEL: Transport-Erecter-Launcher)에 탑재되어 포장도로는 물론 야지에서도 운행할 수 있도록 개발되었다. TEL은 토폴 발사에 필요한 각종 장비를 싣고 있는 이동식 미사일 통제 센터(MCP: Mobile Command Post)와 늘 함께 움직인다.

MCP에는 관성항법장치가 탑재되어 있어 미리 측량하지 않은 야지에서도 미사일을 발사할 수는 있지만, 미리 측량한 곳에서 발사할 때보다 정확도는 많이 떨어질 것으로 보인다. TEL은 타이탄 중앙설계국(Titan Central Design Bureau)에서 설계했고, 7축의 MAZ-7916 차체에 탑재된다. 토폴을 발사하려면 일단 캐니스터 뚜껑을 열고 TEL을 수직으로 올린다. 이때 미사일과 차체를 땅에 단단히 고정해야 한다. 수직으로 고정된 캐니스터 밑바닥에 내장된 고체 연료 가스 발생기에서 생긴 가스 압력을 이용해 미사일을 캐니스터 밖으로 밀어내고, 미사일이 캐니스터 밖으로 완전히 나오면 제1단 모터가 점화되고 미사일이 표적을 향해 날아간다.

토폴의 제1 · 2단과 3단 고체로켓의 모터 케이스는 복합 재료로 되어 있고, 연료는 고에너지 고체 연료를 사용한다. 제1단 로켓의 비행은 4개의 핀(Aerodynamic Fin)과 4개의 제트 베인(Jet Vane)으로 조종한다. 토폴의 특이한 점은 4개의 격자형 공력판(TAS: Trellised Aerodynamic Surfaces)을 부착하여 비행을 안정시킨다는 사실이다. 그러나 토폴의 후속 모델인 토폴-M에서 TAS가 제거된 것을 보면 그리 효과가 큰 것은 아닌 듯하다. 2012년 3월 현재 150기의 토폴이 배치되어 있지만 수명이 거의 다해 계속 퇴역 중이다.[166]

미국은 가장 강력하고 가장 최근에 개발한 피스키퍼를 퇴역시키고 ICBM은 미니트맨-III 한 가지로 정리했다. 미니트맨 미사일의 수명 연장 프로그램(LEP: Life Extension Program)을 통해 현대화된 미니트맨 LGM-30G는 앞으로 2020년까지는 미국의 육상 억지력으로 손색이 없을 것으로 판단한다. 그러나 소련연방이 붕괴된 후 모든 전략무기를 인수한 러시아의 경우는 사정이 많이 복잡하다. 우선 경제 사정의 악화로 전략무기를 포함한 군사 무기 교체가 힘들었고, 붕괴 전 소련 전략 로켓의 75% 이상을 생산하는 시설들이 러시아 국경 밖에 존재했다.[167] 우크라이나의 드네프로페트로프스크에는 유즈노예 설계국과 소련 최대의 미사일 생산 공장인 유즈마시 콤플렉스(Yuzhmash Complex)가 있었고, 소련 ICBM 유도장치의 90% 이상을 생산하던 공장도 하리코프(Kharkov)에 있으며, 새로 세운 고체 연료 공장이 있는 파블로그라드(Pavlograd)도 우크라이나에 있다. 1976년에 첼로메이 설계국(OKB-52: Chelomey Design Bureau)의 ICBM 부서가 폐쇄되었기 때문에 1992년 소련연방이 붕괴될 때 러시아에 존재하는 ICBM 설계국은 모스크바에 있는 MITT 한 곳뿐이었다.[168]

소련연방 붕괴 후 러시아가 물려받은 MR-UR-100UTTh(SS-17), R-36M, R-36MUTTh, R-36M2, RT-23UTTKh 등이 모두 우크라이나의 얀겔 설계국에서 설계되었고, 유즈마시와 파블로그라드의 고체로켓 공

[166] Strategic Rocket Forces, http://russianforces.org/missiles.
[167] Steven J. Zaloga, "The Kremlin's Nuclear Sword: The Rise and Fall of Russia's Strategic Nuclear Forces, 1945~2000", (Smithsonian Institution Press, Washington D.C., 2002) p.220.
[168] Ibid.

장 PMZ(Pavlograd Mechanical Plant)에서 생산되었다. 따라서 토폴(RT-2PM)과 UR-100N을 제외한 모든 ICBM은 개선은커녕 운영·관리를 위한 부품 조달도 할 수 없는 상황이 되었다. 지금은 우크라이나와 기술지원 계약을 맺어 우크라이나에서 생산된 ICBM을 운영·관리하는 한편 러시아는 순수 러시아제 ICBM을 개발하기 위해 노력했다.[169] 그 결과가 토폴-M과 토폴-M의 다탄두 버전인 야르스(Yars) RS-24의 개발로 나타났다.

소련연방이 붕괴되고 나서 러시아가 순수 러시아 기술로 설계하고 제작한 러시아 최첨단 ICBM 토폴-M과 야르스는 이 책의 자매편인 『ICBM, 그리고 한반도』에서 자세히 설명했으므로 여기서는 생략하겠다.

---

[169] Russia and Ukraine Will Maintain R-36M2 Missiles,
http://russianforces.org/blog/2008/01/russia_and_ukraine_will_mainta.shtml.

제5장

미소의 SLBM 개발사

1
미국의 SLBM 개발사

제1세대 SLBM과 소요 기술: 폴라리스 A1과 A2

1952년 사거리 800km의 함상 발사 탄도탄 개발 사업이 제안되었다. 하지만 이 제안은 두 가지 이유로 미국 해군 유도탄 사업 책임자와 미국 해군작전사령관(CNO: Chief of Naval Operations)에 의해 거부되었다. 종전 후 예산이 대폭 삭감된 상황에서 확인되지 않은 기술에 예산을 낭비할 수 없다는 것이 첫 번째 이유였고, 두 번째 이유는 로켓이 함정에 위험하다는 것이었다. 해군은 비행갑판에서 로켓이 폭발할 때 피해 범위를 알아보기 위해 1949년 화이트샌즈 시험장(WSMR: White Sands Missile Range)에서 인위적인 V2 폭발시험을 한 적이 있다. 항공모함 갑판을 모방하여 만든 발사대에서 V2를 점화한 후 4개의 받침대 중 2개를 계획적으로 잘라 갑판 위에 쓰러트려 폭발하도록 하는 실험이었다. 항공모함 갑판과 똑같이 만든 모의 갑판은 구멍이 뚫리고 넓은 부위가 밑으로 휘었다.[170] 실험 결과는 해군이 액체로켓에 대해 강한 거부감을 갖게 하기에 충분했다.

V1 같은 순항미사일은 사람이 타지는 않지만 사실상 항공기의 연장 선상으로 이해되었기 때문에 현재 보유한 기술을 조금만 더 발전시키면 대륙간 순항미사일 개발이 가능하다고 생각했다. 반면 해군은 탄도탄을 개발하려면 근본적인 기술혁신이 필요하며 그것은 좀 더 먼 미래에나 가능할 것으로 보았다. 그러나 공군이나 해군에서 로켓보다 순항미사일을 선호한 진짜 이유는 따로 있었다. 경험적으로 익숙하고 조종 방법도 항공기와 비슷한 날개 달린 순항미사일이 탄도탄보다 기존 항공기 위주의 조직 문화에 쉽게 받아들여질 수 있었던 것이다. 1950년대 초까지만 해도 탄도탄은 으레 액체로켓으로 인식되었고 액체로켓은 해군 함정에 지극히 위험한 존재로 인식되었다. 탄도탄의 정확도 역시 순항미사일에 비해 많이 떨어질 것으로 예측하여 도시 같은 큰 표적 외에는 효과가 없을 것으로 판단했다. 미국 해군은 도시 공격을 전략공군의 주 임무로 여겼으나 이러한 무차별적 도시 공격은 해군 정신에 어긋난다고 주장했다. 그러나 이러한 주장은 곧 백팔십도 바뀌었다.

1950년 초에는 미사일의 해상 발사가 기술적으로 충분히 가능하다고 판단되었지만, 해상 발사용 중거리탄도탄을 추진하는 그룹은 해군 작전사령부나 해군 전체의 지원을 얻지 못한 상태였다. 1954년 봄 미국 해군 항공국(BuAer)의 로버트 프라이탁(Robert Freitag) 대령과 에이브러햄 하이엇(Abraham Hyatt) 대령은 미국의 함대 탄도탄(FBM: Fleet Ballistic Missile)으로 알려진 해상 발사 중거리탄도탄에 관련된 보고서를 킬리언

---

170 George Helfrich, "The Navy Blasted Off at Launch Complex 35", Hands Across History, Volume III, August 2007, http://www.wsmr-history.org/HandsAcrossHistory-08-07.pdf.

위원회(Killian Committee)에 제출했다.

킬리언 위원회는 아이젠하워 대통령의 과학기술 특별 자문이며 MIT 총장인 제임스 라인 킬리언(James Rhyne Killian)이 위원장을 맡고 있던 기술능력조사위원회(Technological Capabilities Panel)의 비공식 명칭이었다. 킬리언 위원회는 미국의 우주·로켓 프로그램을 검토하고 조직을 정비하기 위해 만든 위원회였다. 1955년 2월 14일 킬리언 위원회는 「기습 공격 위협에 대한 대비(Meeting the Threat of Surprise Attack)」라는 보고서를 국가안보회의에 제출했다. 이 보고서는 1954년에 폰 노이만 위원회에서 내린 결론과 마찬가지로 대륙간탄도탄 개발을 서두를 것을 건의했고, 더불어 중거리탄도탄 IRBM도 긴급으로 개발할 것을 추천했다. 8000km 사거리의 ICBM보다 2400km 사거리의 IRBM 개발이 훨씬 먼저 완료될 것으로 판단했기 때문이었다.

미국 육군은 헌츠빌(Huntsville)에 있는 레드스톤 아서널(Redstone Arsenal)의 폰 브라운 그룹을 중심으로 사거리 2400km급의 주피터 미사일을 개발하고 있었다. 미국 공군 역시 열띤 토론 끝에 1955년 5월 소어(Thor)라고 부르는 IRBM 개발을 서두르기로 결정했다. 해군 항공국 역시 함상에서 발사할 수 있는 IRBM 개발을 원하고 있었다. 그러나 해군작전사령부의 로버트 카니(Robert Carney) 제독은 함상 발사용 IRBM에 대해 매우 부정적이어서 해군 항공국에 함대 탄도탄에 관한 연구 및 예산 집행을 중지하라고 명령했다. 그러자 해군 항공국의 제임스 러셀(James Russel) 해군 소장은 해군 항공국의 특권을 이용해 CNO를 건너뛰어 해군 장관에게 직접 FBM의 중요성을 보고했다. 러셀의 노력으로 그 뒤 해군 차관 제임스 스미스(James Smith)는 FBM의 지지자가 되었다. 스미스 차관의 지지가 없었다면 해군은 탄도탄 분야에서 영원히 제외되었을 수도 있었다. 하지만 이후에도 예산 경쟁을 우려한 해군

각 부서와 CNO는 FBM에 대해 여전히 부정적인 입장을 유지했다.

그러다 1955년 8월 17일 알레이 버크(Arleigh Burke) 제독이 CNO로 임명되면서 해군은 마침내 FBM에 대해 한목소리를 내게 되었다. CNO 로 취임하기도 전에 버크는 제너럴 일렉트릭사의 중전기 부서를 찾아 가 공군이 개발하고 있는 ICBM의 유도장치에 대해 브리핑을 받았으며, CNO로 취임한 지 만 하루 만에 FBM 개념에 대한 브리핑을 지시하였 다.[171] 버크는 카니가 해군 항공국에 내린 FBM 연구 중단 조치를 해제 하는 한편, FBM에 대한 해군 각 부서의 지지를 얻기 위해 노력하도록 해군 항공국에 지시했다. 1955년 9월 지상 및 해상 발사 IRBM 개발을 포함한 킬리언 보고서가 국가안보회의의 승인을 받음에 따라 해군은 FBM 개발계획을 세울 수 있었고, 버크는 그해 10월 19일 FBM 프로젝 트를 시작할 것을 지시했다. 예산이 FBM에 투입되면 자기 소속 부서의 예산이 삭감될 것을 걱정하는 각 부서의 염려를 덜어주기 위해 버크는 FBM 예산을 기존의 해군 예산이 아닌 별도의 예산에서 지원받도록 하 겠다고 약속했다.

그러나 이즈음 대통령과 국방장관은 최고 우선순위에 있는 탄도탄 프로젝트를 네 가지로 한정하기로 결정했다. 아틀라스 ICBM과 그 백업 ICBM인 타이탄과 공군의 소어 IRBM은 이미 승인된 상태였으며, 육군 의 주피터가 마지막 네 번째로 승인될 것이 확실했다. 따라서 해군이 IRBM 프로젝트에 참가할 수 있는 유일한 방법은 공군과 육군 중에서 공동 개발을 위한 파트너를 찾는 것이었다. 공군은 소어 개발을 해군과 공동으로 해야 할 이유가 없었기 때문에 해군의 제안을 거절했다. 육군 역시 공군과 마찬가지로 공동 개발의 기술적 번거로움을 피하고 싶었

---

171 Graham Spinardi, "From Polaris to Trident", (Cambridge University Press, 1994) p.24.

으나 해군과 연합하여 공군이 탄도탄에 대해 주도권을 행사하는 것을 막는 것도 조직의 측면에서 괜찮다고 판단했다. 해군의 버크 제독과 육군의 맥스웰 테일러(Maxwell D. Taylor) 장군은 11월 초순경 IRBM 개발에 협력하기로 합의했다. 이리하여 공군의 지상 발사 IRBM 소어, 육군의 지상 발사 IRBM 주피터와 해군의 함상 발사 주피터는 기술이 허용하는 최대 속도로 개발이 추진되었다. FBM에 수반되는 함상 발사 시의 안전 문제나 기술적인 문제 등은 일단 미뤄두고, 우선 탄도탄이라는 새로운 미래 무기 분야에 할당되는 자원에서 해군의 몫을 챙기는 것이 중요하다고 생각해 제시한 조직 차원의 타협안이었다고 볼 수 있다.

버크 제독은 해군의 탄도미사일 역할을 강화하기 위해 1955년 11월 17일 FBM 개발을 위한 특수사업국(SPO: Special Project Office)이라는 FBM 전담 부서를 창설했다. 버크는 FBM을 손아귀에 장악하려는 미국 해군 항공국과 미국 해군 병기국(BuOrd: Bureau of Ordnance) 중 하나를 고르는 힘든 선택을 하는 대신 전혀 새롭고 기존의 명령 계통에서 거의 독립적인 SPO를 설립한 것이다. 버크는 다른 해군 조직과의 갈등을 피하기 위해 SPO는 임시 조직으로 FBM 프로젝트가 끝나면 해체할 것이라고 해군을 설득했다. 버크는 기술자 출신은 보는 눈이 좁고, FBM 프로젝트가 성공적으로 끝나면 가장 큰 타격을 받을 해군 부서가 해군 항공 부서일 것이기 때문에 해군 조종사 출신 윌리엄 레이번(William Raborn)을 SPO 책임자로 임명했다. 그리고 FBM에 해군 최고의 우선순위를 배정하는 동시에 FBM 개발에 관한 전권을 레이번에게 일임했다. 1955년 12월 2일 레이번을 SPO 책임자로 임명한 기록을 두고 해군에서는 '레이번의 사냥 허가서'라고 불렀다. 이 기록에 근거해 레이번이 해군 및 민간 최고의 기술자들을 불러 모았기 때문이다. FBM 프로젝트에 필요하다고 생각되는 해군 장교들을 임의로 SPO로 불러올 수 있는 권한이 레이번 제독에게 주어졌으며, 해군 내의 유능한 민간인 기술자들도 SPO에서 일하고 싶게끔 충분한 인센티브를 줄 수 있게 했다.[172]

버크 제독은 육해공군이 치열한 경합을 벌이고 있는 상황에서 무엇보다도 시급한 것은 FBM이 현실적으로 가능하다는 것을 빠른 시간 내에 확인시키는 것이라고 생각했다. SPO 팀은 육군의 주피터를 빠른 시간 내에 잠수함에서 발사할 수 있도록 개발해야 했다. 육군에서는 주피터의 크기가 그리 큰 문제가 되지 않았지만 잠수함에서는 심각한 문제로 대두되었다. 원래 육군이 개발하려던 주피터는 길이 27.43m, 직경 2.41m였으나 함선이나 잠수함에 탑재할 수 있도록 길이 15.24m, 직경 3.05m로 변경할 것을 제안하여 육군과 해군이 공동으로 개발할 주피터의 크기는 길이 17.68m, 직경 2.67m로 합의를 보았다. 주피터 미사일 자체는 육군의 폰 브라운 팀이 크라이슬러(Chrysler)사를 주 생산업체로 삼아 개발하고, SPO는 함상 발사 시스템(Sea-Launching Platform)을 개발하기로 했다. SPO의 계획은 1960년 1월 1일까지 수상 함정 발사 주피터를 개발하고, 잠수함용 미사일은 1965년 1월 1일까지 개발하는 것이었다. 그러나 해군은 액체로켓인 주피터를 함정에 탑재하는 것에 대해 근원적인 두려움과 거부감을 가지고 있었다. 극저온 산화제인 액체산소는 밀폐된 잠수함에 싣고 다니기에 위험할 뿐만 아니라 로켓에 주유하는 데에도 너무 긴 시간이 걸렸다. 더구나 액체로켓은 발사 직후 속도가 너무 느려 경우에 따라 여러 가지 안전 문제를 불러올 수 있었다.

이와 같은 연유로 SPO는 고체 추진 탄도탄 쪽으로 관심을 돌리게

---

172 Harvey M. Sapolsky, "The Polaris System Development", (Harvard University Press, Cambridge, Mass., 1972) p.36.

되었다. 더 먼 장래를 내다볼 때 해군의 FBM 시스템이 육군 로켓에 의존한다는 것은 조직 운영상 큰 부담을 안고 가는 것이기도 했다. 레이번 제독은 1955년 12월에 열린 육해군 합동 탄도탄위원회에서 고체로켓 얘기를 꺼냈지만 상위 위원회인 국방부 탄도탄위원회(OSDBMC)에서 제지되었다. 해군이 다섯 번째 탄도탄을 개발하려는 시도로 보였기 때문이다. 그러나 해군은 이미 에어로제트 제너럴(Aerojet General)과 록히드 미사일 스페이스 디비전(Lockheed Missile Space Division)으로부터 고체로켓 탄도탄 개발을 위한 기술적 도움을 받기 위해 접촉하고 있었다. 주피터를 대체할 고체로켓은 2단 로켓으로 개념을 정했으며, 1단은 6기의 모터를 다발로 묶어 사용하고 2단은 하나의 모터로 구성된 사거리 2400km인 로켓으로 가닥을 잡았다. SPO는 새로운 FBM 후보인 고체로켓이 국방성이나 이에 반대할 기관들의 주의를 끌지 않도록 주피터-S로 불렀다. FBM 배치 시기도 원래의 계획과 마찬가지로 함상 발사용은 1960년 1월, 잠수함용은 1965년 초로 잡았다. SPO는 해군 장관의 승인을 받았고, 이어서 공군을 설득하여 OSDBMC로부터 주피터-S를 제2 IRBM의 백업 시스템으로 개발한다는 승인을 얻어내는 데 성공했다. 해군은 함정 발사용 주피터로 IRBM 사업에 참가했고, 주피터-S로 고체로켓 사업에 발을 들여놓는 데 성공했지만, 주피터-S가 과연 FBM으로서 실용성이 있을지는 여전히 의문이었다.

고체로켓 개발에 경험이 있는 해군 병기 시험장(NOTS: Naval Ordnance Test Station)의 리버링 스미스(Levering Smith) 대령을 고체로켓 책임자로 SPO에 합류시켰다. 스미스는 SPO에 오자마자 NOTS에 주피터-S의 개선 연구를 부탁했다. NOTS는 여러 가지 부품 설계를 획기적으로 개선하면 고체로켓의 무게를 주피터-S의 72.57t에서 13.61t으로 크게 줄일 수 있고 개발 기간은 주피터-S의 개발 기간과 같다는 결론을 내렸다. 그러나 SPO는 서둘러 소형·경량의 고체로켓을 추진하는 대신 1960년까지 액체 주피터를 함상에서 발사하고 1965년까지 잠수함 발사용을 개발하겠다는 계획을 그냥 유지했다. 이 기간에 고체로켓 기술에 획기적인 개선이 가능하다는 것을 증명할 수 있으면 언제든지 소형·경량 고체로켓으로 옮겨갈 수 있다고 생각한 것이다.

해군 병기국이 후원한 아틀랜틱 리서치(Atlantic Research)사의 연구 결과로 고체로켓 연료에 5%보다 훨씬 많은 양의 알루미늄 가루를 첨가하면 비추력이 대폭 증가하는 것을 알게 되었다.[173] 한편 찰스 드레이퍼가 이끄는 MIT/IL은 공군을 위해 개발하고 있는 경량의 관성유도장치에 대해 브리핑해주었다.

여러 측면에서 검토한 결과 소형·경량의 고체로켓 IRBM을 개발하는 것은 기술적으로 가능하다는 판단이 섰지만, 이렇게 작은 미사일에 탑재할 마땅한 탄두가 없다는 것이 새로운 문제로 떠올랐다. 커티스 르메이가 이끄는 미국 전략공군의 10~20Mt급 폭탄을 실어 나르는 B-52 편대와 아틀라스 미사일 및 타이탄 ICBM과 경쟁하려면 FBM은 적어도 명목상으로나마 1Mt급 탄두를 탑재하는 것이 필수적이었다. 문제는 소형·경량의 고체로켓 IRBM에 탑재할 만큼 소형·경량인 1Mt급 탄두를 계획된 시간 안에 개발할 수 있는지 알 수 없다는 것이었다.

1956년 여름 매사추세츠 주의 우즈홀(Woods Hole)에 있는 노브스카 포인트(Nobska Point)에서 해군의 후원으로 대잠수함전에 관한 워크숍이 열렸다. 여기에는 NOTS의 프랭크 보스웰(Frank E. Bothwell)과 리

---

[173] Derek Damon Farrow, "A Theoretical and Experimental Comparison of Aluminum as an Energetic Additive in Solid Rocket Motors with Thrust Stand Design", http://trace.tennessee.edu/utk_gradthes/969/.

버모어 연구소의 '화성인' 에드워드 텔러가 참석했다. 당시 SPO의 계획은 1965년까지 사거리 1600~2400km, 무게 80t의 주피터-S IRBM 4기를 잠수함에 수평으로 탑재하는 것이었다. 주피터-S는 당시에 존재하는 열핵탄두를 탑재하기에 투사량과 크기가 충분했지만, SPO에서 검토 중인 소형·경량의 고체 미사일은 당시 개발된 어떠한 Mt급 탄두도 탑재할 수가 없었다. 보스웰은 워크숍에서 SPO가 검토하고 있던 13.61t짜리 고체로켓 IRBM 개념에 대해 소개했다. 하지만 이 미사일의 페이로드가 너무 작아서 위력이 작은 탄두만 탑재할 수 있다고 고민을 털어놓았다. 이 얘기를 들은 텔러는 어뢰에도 장착할 수 있는 1Mt급 탄두 개발도 곧 가능하다고 말했다. 그러면 이러한 탄두를 SPO의 소형 고체 IRBM에도 적용할 수 있느냐는 보스웰의 질문에 텔러는 "왜 1958년도 탄두를 1965년도 무기 시스템에 탑재하려 하느냐"고 되물었다.

SPO는 텔러에게 탄두와 재돌입체(RV)를 합친 무게가 400kg을 넘지 않으면서 1Mt의 위력을 내는 탄두를 5년 내에 개발하는 것이 가능하냐고 질문했고, 텔러는 탄두 무게는 270kg이면 될 것이고, RV 무게와 합쳐도 386kg 정도면 될 것이라고 대답했다.[174] 노브스카 워크숍에는 로스앨러모스 국립 연구소(LANL: Los Alamos National Laboratory)의 수소폭탄 설계 책임자였던 칼슨 마크(Carlson Mark)도 참석하고 있었다. 같은 질문을 받은 그는 0.5Mt급 탄두가 가능하다고 대답했다. 해군 입장에서 볼 때 마크의 대답은 텔러의 주장을 확인해주는 것으로 들렸다.[175] 작고 가벼운 고체 미사일에 신고 갈 수만 있다면 0.5Mt이냐, 1Mt

---

[174] Graham Spinardi, "From Polaris to Trident: The Development of US Fleet Ballistic Missile Technology", (Cambridge University Press 1994) p.55.
[175] Ibid. pp.29~30.

이냐는 별로 중요하지 않았기 때문이다. 이것으로 잠수함에 4기의 주피터-S를 수평으로 탑재하는 대신 십수 기의 소형 고체 IRBM을 수직으로 탑재하는 것이 가능해졌다. 해군은 이 소식에 행복해했고, 잠수 중에 발사할 수 있는 소형·경량 고체 미사일 프로그램은 해군 내에서 승인되었다. 그러나 이 소식을 들은 LLNL의 탄두 설계팀은 "텔러 박사님, 도대체 어쩌려고 그런 약속을 하셨습니까? 그렇게 작은 부피와 가벼운 무게로 1Mt의 폭발력을 가진 탄두를 5년 내에 개발하는 것은 무리입니다!"라며 황당해했다고 한다.

미국의 핵탄두 개발을 관장하던 미국 원자력위원회(AEC: Atomic Energy Commission)가 텔러의 예측을 기술적으로 검토하는 동안 리버링스미스는 소형 고체 FBM의 기술 명세서를 작성했다. 9월 초순경 AEC에 의해 텔러의 예측이 가능하다고 확인되자 버크 제독과 해군 장관은 SPO를 적극 지원하기로 결정했다. SPO의 레이번 제독은 이 조그만 미사일을 '폴라리스(Polaris)'라고 이름 지었다. 10월경 해군과 미사일 생산업체 그리고 학계는 폴라리스 시스템의 예비 설계와 이 미사일을 탑재할 잠수함을 검토하기 위한 연구팀을 구성했다. 이들은 13.7t 무게의 폴라리스는 1Mt의 폭발력을 가진 무게 330kg의 탄두를 탑재하고 2770km(1500nm)를 비행할 수 있다는 것을 다시 한 번 확인했다. 개발 논의 과정에서 폴라리스 탄두는 재돌입체와 일체형으로 결정되었기 때문에 텔러의 약속보다도 무게가 좀 감소할 것으로 예측되었다. 미사일과 탄두에 대한 확신이 서자 해군은 주피터-S 프로그램을 중단하고 해군만의 독자적인 IRBM 프로젝트인 폴라리스 계획을 추진하기 위해 국방성의 승인을 요청했다. 레이번은 폴라리스 미사일의 작은 크기와 무게 덕에 주피터-S보다 경제적으로 훨씬 유리하다는 점을 강조했고, 국방장관 윌슨은 예산 절감 가능성을 높이 평가하여 1956년 12월 8일 해군의 독자적인 폴라리스 IRBM을 다섯 번째 탄도탄 프로젝트로 승인 했다.

　1957년 초에 폴라리스 계획은 긴급 프로젝트로 추진되기 시작했 고, 6월에는 폴라리스 탄두 설계와 개발을 리버모어 연구소에 위임했 다. 원래 폴라리스 시스템은 1965년에 배치되도록 되어 있었지만, 1957 년 네바다 시험장에서 실시한 리버모어 탄두 예비시험이 성공하자 사 업 기간을 대폭 단축하여 FBM을 1960년부터 배치하는 것으로 계획을 변경했다. 텔러의 예측과 AEC의 확인에도 불구하고 무게 330kg, 직경 46cm, 길이 119cm 미만이지만 폭발력은 1Mt이나 되는 폴라리스 탄두 W-47을 개발하려면 당시의 기술력을 한 단계 뛰어넘는 획기적인 설계 개념이 필요했다. 소형 탄두 설계의 에이스였던 존 포스터(John Foster) 가 이끄는 B팀과 칼 하우스만(Carl Haussman)의 A팀[176]이 협조하여 재돌 입체와 탄두 케이스를 일체형으로 하는 획기적인 설계 개념을 도입해 무게와 부피를 줄이면서도 폭발력은 높게 유지할 수 있도록 했다. 이로 써 소형 · 경량 탄두 문제는 해결되었다. 그 후 폴라리스 탄두는 소형 · 경량 · 고위력 탄두 설계의 표본이 되었다.

　폴라리스 개발 초기에 공군과의 전략무기 영역 다툼에 끼어들기를 극히 꺼렸던 해군은 폴라리스 유도탄의 표적을 기존 전술 개념의 연장 선상에서 찾으려 했다. 그들은 FBM이 핵탄두를 탑재한 함재기와 비교 해 사거리만 길 뿐 작전 개념상 크게 달라야 할 이유가 없다는 것으로 정리했다. 따라서 함포나 함재기의 표적과 거의 동일한 항만시설, 잠수 함 대피소, 대공포 진지 등을 표적으로 생각했다. 그러나 시간이 흐르

---

[176] A팀은 수소폭탄을 개발하는 팀이고, B팀은 원자탄 또는 수소폭탄의 기폭탄(Primary)을 개 발하는 부서였다.

면서 기습적인 핵 공격을 받을 때에도 잠수함이 살아남을 확률이 공군의 ICBM이나 전략폭격기에 비해 월등히 높을 것에 착안해 점차 핵 억지력을 강조하는 데 비중을 두게 되었다. 최소한의 전략무기로 상대방에게 최대의 피해를 입힐 수 있는 수단을 보유함으로써 상대방의 도발을 방지한다는 이른바 유한 억지력(Finite Deterrence) 개념으로 폴라리스 운용 개념이 바뀌어갔다.

폴라리스 프로젝트에 대해서는 공군 외에도 해군 장성 대부분이 적대적이었다. 해군 장성 대부분은 성공 가능성이 별로 없는 프로젝트에 아까운 해군 예산을 허비한다고 생각했던 것이다. 그래서 레이번은 SPO의 폴라리스 관련자들이 스스로 엘리트 의식을 가지고 폴라리스의 중요성을 숙지할 것을 강조했고, 폴라리스의 지지 세력을 만들기 위한 홍보 활동에 시간과 노력을 아끼지 않았다. 폴라리스에 반대할 만한 사람들을 찾아내 폴라리스 프로젝트에 참여시킴으로써 잠재적 비판 세력을 우군으로 전환시키되, 실질적인 파워는 그쪽으로 넘어가지 않도록 세심하게 통제했다. 폴라리스와 관련된 문제를 해결할 아이디어를 가진 사람들에게는 항상 연구비를 지급했고, 특히 과학자들과 원만한 관계를 유지하도록 프로그램 책임자들을 독려했다.[177]

킬리언 보고서에서 정한 해군 IRBM의 목표는 1Mt 탄두를 장착한 사거리 2400km의 미사일을 개발하는 것이었지만, 1957년 5월 SPO는 우선 1963년 1월까지 사거리 2200km 미사일을 해상에서 발사하고, 1965년에 사거리 2400km 미사일을 수중에서 발사하는 것을 잠정 목표로 정했다. 그러나 1957년 10월 소련이 스푸트니크를 발사한 여파로

---

177 Harvey Sapolsky, "Polaris System Development: Bureaucratic and Programmatic Success in Government", (Harvard Press, Cambridge, MA, 1972) pp.41~60.

사거리 1600km인 폴라리스 A1을 1960년 11월까지 잠수 상태에서 발사할 수 있도록 계획이 앞당겨졌다.

원자력잠수함용 원자로 개발을 장악하고 있으며 국회에서도 막강한 영향력을 행사하던 하이먼 리코버(Hyman G. Rickover) 제독의 간섭을 무리 없이 배제하는 것이 당면 문제였다. 앞당겨진 폴라리스 배치 일정을 빌미 삼아 CNO의 버크 제독과 SPO의 레이번 제독은 새로운 원자로가 필요한 새 잠수함을 건조하는 대신 기존의 공격용 잠수함에 미사일 섹션을 삽입하기로 결정함으로써 리코버 제독의 막강한 영향력을 배제하는 데 성공했다.

마침 제너럴 다이내믹스사의 전기 보트 부서가 스킵잭(Skipjack)급 공격용 원자력잠수함 스코피언(Scorpion)을 건조하고 있었다. 해군은 스코피언 중간에 40m 섹션을 삽입하고 16기의 폴라리스 미사일 튜브를 장착하여 폴라리스 잠수함으로 전환하기로 하고 이름을 조지 워싱턴(George Washington)호로 바꾸었다. 하나의 잠수함에 가능한 한 많은 폴라리스 미사일을 탑재하는 것이 경제적으로 유리하지만 운용상의 문제, 생존 능력뿐만 아니라 한 바구니에 달걀을 모두 담는 우를 범하지 않기 위해 레이번은 16기만 탑재하기로 결정했다. 스코피언을 조지 워싱턴으로 개조하는 데에는 대략 4년의 기간이 소요될 것으로 예측되었고, 폴라리스 미사일 개발은 2년 정도면 충분할 것으로 추정되었다.

〈사진 5-1〉의 조지 워싱턴호는 1959년 6월 9일 진수되었고, 1960년 6월 28일 조선소를 떠나 케이프커내버럴에서 2기의 폴라리스 미사일을 탑재한 후 1960년 7월 20일 미사일 2기 모두를 수중에서 발사하여 2000km 밖의 목표 근방에 낙하시키는 데 성공했다. 그 뒤 8월 20일 두 번의 성공적인 시험 발사가 더 있었고 시험 운행과 시험 발사를 모두 통과한 조지 워싱턴호는 16기의 폴라리스 미사일을 탑재하고 1960

사진 5-1_ 미국의 첫 번째 SSBN 조지 워싱턴(George Washington)호 [미국 해군]

년 10월 28일 블루 크루(Blue Crew)에 의해 미국 최초의 SLBM 초계 항해에 나섰다.[178] 우리는 〈사진 5-2〉를 통해 폴라리스 미사일 발사관의 배치와 대략적인 구조를 살펴볼 수 있다.

공군의 미니트맨 개발이 그러했듯이 폴라리스의 경우에도 시간을 단축하려면 순차적인 개발보다는 모든 것을 한꺼번에 개발해야 했다. 그중 어느 한 가지라도 어긋나면 시간 내에 개발을 완료하는 것이 불가능해진다. 따라서 시작하는 시점에 모든 부품과 요구 성능이 정확히 정의되어야 완성된 부품을 제자리에 조립할 수 있고 제 기능을 발휘할 수 있는 것이다. 이러한 목적으로 구성된 것이 폴라리스 프로젝트 스티어링 태스크 그룹(STG: Steering Task Group)이고 이 그룹을 리버링 스미스

---

[178] 미국 SSBN은 2개 조의 선원들에 의해 운용된다. 편의상 한 조를 '블루 크루(Blue Crew)', 다른 한 조를 '골드 크루(Gold Crew)'라고 부른다. 한 조가 초계 항해에 나가면 다른 한 조는 육상에서 훈련을 하거나 휴가를 보낸다. 영국에서는 '포트 크루(Port Crew)'와 '스타보드 크루(Starboard Crew)'라고 부른다.

사진 5-2_ 폴라리스 잠수함 샘 레이번(Sam Rayburn)호가 16개의 미사일 발사관을 활짝 열고 있는 모습 [미국 해군]179

가 이끌었다. 1957년 처음 몇 달간 STG는 폴라리스 구성품들의 기능, 작동 환경, 설계 등을 가능한 한 정확하게 정해놓으려고 노력했다. 각 구성품은 SPO의 독립된 기술팀들이 책임지고 개발하도록 했다. 전체 폴라리스 미사일을 조립하고 시험하는 것은 록히드(Lockheed)사와 계약했지만, 많은 부품을 개발하는 도급업자들을 직접 관리하는 것은 주계약자에 해당하는 록히드사가 아니라 각 부품을 담당하는 기술팀들의 몫으로 남겨두었다. 전체적으로 라모–울드리지사의 과학기술과 엔지니어링 분야의 도움을 받아 공군의 WDD(Western Development Division)가 직접 ICBM 개발을 관장한 것과 비슷한 관계로 볼 수 있다. 각 기술팀의 책임자들은 맡은 구성품 개발을 책임지며 SPO의 기술 책임자인 스미스와 STG에 보고하도록 되어 있었다.

잠수한 상태에서 폴라리스 미사일을 발사하기 위해서는 여러 가지

---

179 http://en.wikipedia.org/wiki/Ballistic_missile_submarine.

문제를 해결해야 했다. 첫째로 항상 흔들리고 전시에는 폭뢰 공격으로 강한 충격도 받을 수 있는 잠수함에 안전하게 폴라리스를 탑재하는 방법을 고안해야 한다. 수십 미터 깊이에서 폴라리스를 물 밖으로 쏘아 올리는 문제도 해결해야 할 과제로 남아 있었다. 둘째로 잠수함의 절대위치와 절대속도를 정확하게 알아야 한다. 일반 잠수함처럼 자주 수상으로 부상할 수 있는 경우에는 별을 관측하거나 로란 시스템(LORAN System)[180] 등으로 위치를 비교적 정확히 측정할 수 있다. 그러나 폴라리스 원자력잠수함은 가급적 해상으로 부상하지 않고 은밀히 잠항해야 하기 때문에 별을 보고 위치를 알거나 로란의 도움을 받기가 여의치 않았다. 따라서 외부와 장시간 차단된 상태에서도 해류의 흐름과 무관하게 항상 잠수함의 정확한 위치와 절대속도(물에 대한 속도가 아닌 해저 바닥에 대한 상대속도)를 알 수 있는 방법이 필요했다. 즉 정확한 선박용 관성항법장치(SINS: Ship's Inertial Navigation System)를 개발해야 했다.[181] 셋째로 잠수함에서 발사된 폴라리스 미사일을 목표로 정확하게 유도하는 소형·경량의 미사일에 탑재할 수 있는 관성유도장치를 개발하는 것이었다.

잠수함이 폭뢰 공격을 받으면 지상의 미사일 사일로가 지진을 만나는 것 같은 상황이 발생한다. 폭뢰 폭발은 순간적으로 잠수함에 강한 충격을 주어 순간적인 잠수함의 이동과 강한 진동을 유발한다. 이러한 경우 미사일이 발사관 내면에 강하게 부딪치는 것을 방지하기 위해 충

---

180 LORAN 시스템은 'LOng RAnge Navigation'의 약자로, 알려진 위치에 고정된 여러 개의 저주파 무선 데이터를 이용해 수신기의 위치와 속도를 측정하는 시스템이다. 미국 해군과 영국 해군이 사용하기 위해 개발한 위치 및 속도 측정 시스템이다.
181 SINS는 'Ship's Inertial Navigation System'의 머리글자를 딴 것으로 선박용 관성항법장치를 말한다.

분한 공간이 필요하고, 발사관 내면과 미사일 외면 사이의 마찰과 충격을 피하기 위한 충격 완충제도 필요하다. 바닷물을 뚫고 수직으로 수면 위로 솟구치는 미사일을 보호하기 위해 캐니스터가 필요한 경우에 대비해 발사관을 책임지는 SP-22는 발사관 직경을 충분히 크게 잡았다. 그러나 그 후 실험을 통해 수면 아래 30m에서 압축 공기로 밀어 올린 미사일은 캐니스터 없이도 별문제 없이 수직으로 수면에 도달하여 점화된다는 것이 확인되었다. 그러나 발사관 크기를 충분히 잡아놓은 까닭에 직경이 많이 늘어난 폴라리스 후속 모델도 발사관의 별다른 개조 없이 같은 잠수함에 탑재할 수 있었다.

발사관은 수직 및 수평 방향의 충격으로부터 미사일을 보호할 수 있도록 충격을 흡수하는 보호 케이스인 커쿤(Cocoon)으로 되어 있고 미사일은 그 안에 거치되어 충격으로부터 격리된다. 이와 같은 미사일 격리 시스템은 지상 발사 미사일 사일로에서도 마찬가지로 필요하다. 주변에서 폭발하는 핵폭탄은 땅속에 강력한 충격파와 지진을 유발하기 때문에 사일로 발사관도 잠수함 발사관과 마찬가지로 충격 흡수장치를 이용해 지진으로부터 격리되어야 한다. 커쿤 안에서 미사일이 흔들리는 것을 방지하고 압축 공기로 밀어낼 때 마찰을 줄이기 위해 패딩을 사용하여 꼭 맞게 고정할 필요가 있다. 더구나 미사일이 압축 공기로 사출되고 빈 공간에 물이 차오르는 과정에서 잠수함의 균형을 잡고 충격도 흡수해야 한다. 이 문제는 16기의 폴라리스를 얼마나 짧은 시간 내에 다 발사할 수 있느냐 하는 문제와도 직결된다.

SP-24는 SPO에서 잠수함의 항법장치 개발을 전담하는 부서다. 잠수함에서 미사일을 수중 발사하는 것은 지상에서 미사일을 발사하는 것과 판이하게 다르다. 미사일을 표적으로 유도하기 위해서는 발사 장소의 위치와 발사대가 지구에 대해 움직이는 속도를 정확히 알아야 한다.

지상에서 발사할 경우 발사대가 지상에 고정되어 있고, 발사대 위치도 상세하게 알고 있기 때문에 이것은 전혀 문제가 되지 않는다. 그러나 외부와 차단된 잠수함에서 잠수함의 위치와 속도를 정확히 아는 것은 아주 어려운 문제이기 때문에 잠행 중인 잠수함에서 탄도탄을 발사하여 표적을 정확하게 파괴하는 것 역시 아주 어려울 수밖에 없다. 발사 시 잠수함의 위치와 속도뿐만 아니라 잠수함의 방향까지 가급적 외부의 정보 없이 자체 항법장치만 가지고 정확히 알아내야 한다. 방향을 정확히 알아야 유도장치가 미사일의 올바른 비행 방향과 초기속도를 설정해줄 수 있기 때문이다. 특별히 제작된 잠망경으로 별을 측정하거나 로란 시스템 같은 라디오 유도 방법을 사용하는 것이 이론적으로는 가능할지 몰라도 실제로 사용하기에는 무리가 따르고, 잠수함을 노출시켜 위험을 자초하기 때문에 FBM의 목적에 상충된다. 유일한 대안은 정밀한 관성 항법장치를 개발하는 것뿐이다. 잠수함의 관성항법장치에서 예측한 위치, 방향, 속도가 미사일의 초기조건으로 들어가게 된다.

노스 아메리칸 항공사의 오토네틱스 디비전에서는 순항미사일 나바호의 유도를 위해 XN6라는 관성유도장치를 개발해왔다. 하지만 1957년 나바호 프로젝트가 중도에 취소되어 노스 아메리칸 항공사는 XN6의 새로운 고객을 찾아 나서게 되었다. 한편 SPO는 MIT/IL과 스페리(Sperry)사에 폴라리스 잠수함용 관성항법장치 개발을 의뢰했으나 개발이 순조롭지 않은 상태였다. MIT/IL의 찰스 드레이퍼는 지표면에서 사용되는 관성항법장치에도 우주 공간에 대해 방향이 고정된 관성 플랫폼(Inertial Platform)을 주장했다. 사실 원리적으로는 관성 플랫폼이 지표면에 대해 방향이 고정되었건 별들에 대해 고정되었건 상관없었겠지만, 잠수함에 실린 자이로 플랫폼의 자이로스코프(이하 자이로)들은 항시 변화하는 지구 중력을 경험하게 된다. 지구가 자전하고 잠수함이 움

276

직임에 따라 관성 플랫폼의 배에 대한 방향이 계속 바뀌고 플랫폼의 각 축 방향에서 측정되는 중력이 계속 바뀌는데 플랫폼의 균형에 조그만 오차가 생겨도 정확도는 크게 떨어질 수밖에 없었다. MIT/IL/스페리 (이하 MIT/스페리) 시스템과는 달리 오토네틱스의 XN6는 항상 국지적으로 수평 상태를 유지하는 관성 플랫폼을 사용했다. 따라서 각 자이로가 경험하는 중력의 변화가 거의 없으므로 오차 역시 상당히 작을 것으로 추정되었다. 이 경우 국지적으로 수평면에 놓인 가속도계에서는 중력에 의한 가속도는 측정되지 않는다. 따라서 탄도탄을 발사할 때 로켓모터에 의한 가속도와 중력에 의한 가속도를 쉽게 갈라낼 수 있다.[182]

　　1958년 오토네틱스사는 XN6를 SINS로 개량한 N6A를 내놓았고, SPO는 이 시스템을 세계 최초의 원자력잠수함 노틸러스(USS Nautilus) 에 장착한 채 태평양에서 베링 해협을 통과해 최초로 북극점 밑을 지나 대서양으로 항해해서 세계를 놀라게 했다. '햇빛작전(Operation Sunshine)'으로 명명된 극비 작전 아래 노틸러스는 1958년 8월 1일 얼음 밑으로 잠수를 시작하여 8월 3일 23시 15분(EDST) 북극점 얼음 밑에 도착했고, 8월 5일 96시간 만에 2945km를 얼음 밑으로 항해하여 그린란드 바다 위로 떠올랐다. SPO는 MIT/스페리가 제작한 Mk-1 시스템과 오토네틱스사의 N6A를 컴패스 아일랜드(Compass Island)라는 시험선을 이용하여 비교 시험했다. 시험 결과는 N6A가 월등한 것으로 판명되었지만 MIT/스페리와 오토네틱스 모두에 폴라리스 SINS 개발을 의뢰했다. SPO가 요구하는 항법장치는 당시 선박에 사용되는 SINS에 비해 정확도와 신뢰도가 월등히 높아야 했기 때문에 스페리는 두 가지 모델 다

[182] Donald Mackenzie, "Inventing Accuracy: A Historical Sociology of Nuclear Missile Guidance", (MIT Press, Cambridge, MA, 1993) pp.139~145.

기회를 주어야 한다고 주장했고, 레이번 역시 장래를 위해서라도 SINS 분야에서 경쟁 구도를 유지하고 싶었던 것이다.[183]

처음 5척의 조지 워싱턴급(598 Class) SSBN[184]에는 스페리에서 개발 하려는 Mk-3 자이로 항법장치(Gyro-navigator)를 탑재하기로 했고, 오 토네틱스사에서 개발하는 Mk-2 자동 항법장치(Autonavigator)는 다음에 건조할 '이선 앨런(USS Ethan Allen)'이라 불리는 608급 SSBN에 탑재할 예정이었다. 하지만 Mk-2 개발이 Mk-3보다 훨씬 빨랐기 때문에 중간 에 순서가 바뀌었다. 그러나 몇 해가 지나면서 모든 SSBN의 SINS는 모 두 Mk-2로 교체되었다.

Mk-2 SINS는 3개의 직교축에 장착된 가스로 윤활되는 자이로가 회전을 감지하고 서보모터에 의해 관성 플랫폼이 항상 수평을 유지하 도록 조정되고 있다. 수평면에는 2개의 수직한 가속도계가 남북 방향 과 동서 방향의 가속도를 측정한다. 국지적으로 수평을 유지하는 가속 도계에는 중력에 의한 가속도는 없으므로 가속도계가 측정한 가속도를 한 번 적분하면 지표면에 따른 속도를 얻을 수 있고 두 번 적분하면 플 랫폼의 위치를 알 수 있다. 즉 플랫폼을 장착한 잠수함의 위치와 속도 그리고 잠수함의 방향을 알 수 있기 때문에 Mk-2를 이용해 항법 데이 터를 계속해서 갱신하는 것이 가능하다. 그러나 국지 수평면(Local Horizon)은 국지 중력 방향에 수직으로 정의되기 때문에 Mk-2가 정확 한 데이터를 생산하기 위해서는 SSBN의 초계 지역(Patrol Area) 내 정확 한 중력 데이터가 필요하다.

---

[183] Graham Spinardi, "From Polaris to Trident", (Cambridge University Press, 1994) pp.46~50.
[184] SSBN의 SS는 'Submersible Ship'을 의미하고 B는 'Ballistic Missile'을, N은 'Nuclear Powered'를 의미한다. 참고로 프랑스 해군에서는 SNLE라고 부른다.

미국은 1959년 더글러스 항공사에 의뢰하여 스카이볼트(Skybolt)라
는 폭격기에서 발사하는 탄도탄 개발을 추진하고 있었다.[185] 한편 영국
은 미국의 도움을 받아 핵 억지력으로 블루 스트리크(Blue Streak)라는
IRBM을 개발하고 있었지만 상황이 여의치 않았다. 1960년 영국 수상
해럴드 맥밀런(Harold MacMillan)은 아이젠하워 대통령과 협의하여 스카
이볼트 계획에 참여하기로 하고 블루 스트리크 IRBM과 그 밖의 모든
핵무기 개발계획을 취소했다. 따라서 스카이볼트 계획은 장래 영국의
유일한 핵 억지력으로 남게 되었다.

미국은 사일로에서 발사하는 미니트맨 ICBM과 폴라리스 SLBM이
핵 억지력을 보장해주었기 때문에 스카이볼트의 필요성을 더 이상 느
끼지 않았다. 더구나 1961년에 새로 들어선 케네디 정권은 영국이 유지
하려는 독자적인 소규모 핵을 억지력으로서도 별 의미가 없고 자칫 미
국을 제3차 세계대전으로 끌어들일 수 있는 위험한 것으로 생각하고
있었다. 1962년 12월 맥나마라는 스카이볼트 계획을 취소할 의향을 영
국에 전달했고, 예측했던 대로 영국 정부와 의회는 강하게 항의했다.
스카이볼트를 둘러싼 영국의 불만이 고조되자 맥밀런과 케네디는 바하
마 제도의 나소(Nassau)에서 긴급 회동을 하게 되었다. 1962년 12월 케
네디 미국 대통령과 맥밀런 영국 수상은 회동 장소인 나소에서 나소협
정(Nassau Agreement)을 맺었다.

1962년 12월 19일 맥밀런은 미국이 원자탄을 개발할 때 영국이 미
국을 도운 것을 상기시키면서, 미국이 아무리 막으려고 해도 영국은 앞
으로 핵전력을 계속 유지할 것이며 만약 미국이 계속 막으려 한다면 영

---

[185] 스카이볼트는 1.2Mt 폭발력의 W-59 탄두를 장착하고 폭격기에서 발사되어 1850km 밖의
표적을 공격하는 5t 무게의 탄도탄이었다.

국은 완전히 독자적인 핵을 추구하겠다는 의사를 확실하게 밝혔다. 드디어 미국 국방장관 맥나마라와 국무장관 딘 애치슨(Dean Acheson)이 가장 염려하던 상황이 벌어지고 만 것이었다. 이후 미국과 영국은 며칠 간의 숙의를 통해 당시 미국이 개발해 운용 중인 폴라리스 SLBM을 영국이 구입하는 것으로 합의했다. 단, 영국은 미국의 허락을 받지 않고 독자적인 핵을 운용하기 위해 이중-열쇠(Dual-Key) 조건이 붙는 미국 탄두는 구매하지 않고 자국에서 개발한 탄두로 대체하기로 결정했다.[186] 영국이 미국으로부터 구매하기로 한 품목은 폴라리스 SLBM, 발사관(Launch Tube System), 발사 통제장치(Fire Control System) 그리고 재돌입체(RB: Reentry Body)였다.[187] 미국의 폴라리스 시스템 중에서 영국이 구매하지 않은 것은 잠수함, 탄두와 대응 수단(Countermeasures)뿐이었다. 영국 입장에서는 폴라리스야말로 가장 바람직한 핵 억지력이었다. 이런 이유로 스카이볼트 취소 건은 영국에는 전화위복이 되었고, 나소협정은 '세기의 바게인'으로 불리게 되었다.[188] 취약하고 신뢰할 수 없는 스카이볼트와 폴라리스 시스템을 맞바꿨으니 영국으로서는 횡재를 한 셈이다.

미국이 나소협정에 따라 영국에 폴라리스 시스템을 판매했지만 한 가지 엄격한 조건을 붙였다. 미국은 폴라리스 판매의 일환으로 영국에 공급하는 SINS에 영국이 접근하는 것을 엄격히 금지했다. 폴라리스 잠수함의 함장, 항해사와 영국 해군성의 전문가들에게는 SINS의 데이터

---

[186] 사실 탄두를 영국에서 만든다는 것 자체가 별 의미 없었다. 1958년에 미국과 영국이 맺은 '1958 US-UK Mutual Defence Agreement'에 의해 1962년경 영국의 모든 열핵탄두는 미국의 설계를 이용해 제작하고 있었기 때문이다.

[187] 해군에서 재돌입체를 부르는 이름.

[188] 1958 US-UK Mutual Defence Agreement,

http://en.wikipedia.org/wiki/1958_US%E2%80%93UK_Mutual_Defence_Agreement.

를 허용하지 않는다는 조건을 붙였다. SINS 데이터는 SINS로부터 직접 미국이 제공한 발사 통제장치와 폴라리스 미사일로 입력하도록 한다는 것이었다.[189] 그만큼 중력 데이터와 SINS 데이터를 보호하는 것이 미국으로서는 중요했다는 뜻이라고 볼 수 있다.

아무리 정교하게 만든 SINS라고 해도 시간이 지나면 자이로 드리프트(Gyro-drift)와 기타 요인으로 인해 오차가 누적되어 어느 정도 시간이 지나면 허용 오차를 넘게 되므로 외부 정보를 이용하여 주기적으로 SINS를 초기화(Reset)해야 한다. 초창기 폴라리스 SINS의 경우 초기화 주기는 대략 8시간이었다. SINS 초기화를 위해 필요한 항법 데이터는 통상적으로 잠망경을 통해 별을 추적하여 얻었다. 이것은 옛날부터 항해사들이 사용하던 방법이지만 현대에도 유용하다. 잠망경 깊이에 떠 있는 잠수함에서 별을 추적하기 위해 만든 잠망경이 11식 스타 트래커(Type 11 Star Tracker) 잠망경이다. 스타 트래커는 별의 방위각(Azimuth)을 측정하여 현재 위치를 확인하기 위해 제작한 안정화된 잠망경이었다. 그러나 날이 흐리면 사용할 수 없고, 파도치는 바다에서 움직이는 12m 마스트 위에 장착한 잠망경으로 별을 관측하는 것은 결코 쉽지 않은 일이었을 것이다. 폴라리스 SLBM이 영국에 인도될 즈음에는 11식 스타 트래커가 필요하지 않게 되었고 1969년에는 미국 잠수함에서도 제거되었다.

또 다른 외부 항법 정보는 소나(Sonar)로 바다 밑의 지형을 구별하는 방식에 의해 공급되었다. 폴라리스 SLBM의 사거리가 짧았기 때문에 폴라리스 잠수함의 초계 영역은 주로 노르웨이 해에 국한되었다. 따

---

[189] Donald Mackenzie, "Inventing Accuracy: A Historical Sociology of Nuclear Missile Guidance", (MIT Press, Cambridge, MA, 1993) p.141.

라서 이 지역의 바다 밑 해저지형을 미리 소나로 측정해두고 폴라리스 잠수함은 하나의 측정된 지역에서 SINS 정보를 갱신한 후 다른 측정된 지역으로 계속 움직여간다는 개념이다. 이것은 지형 식별 방법으로 유도되는 토마호크(Tomahawk) 순항미사일 유도 방식과 비슷하다고 볼 수 있다. 이러한 해저지형 측량은 SSBN의 항법과 SLBM 유도에 다 같이 필요한 데이터를 제공하기 때문에 해저지형 측량은 반드시 할 수밖에 없었다. 앞서 언급했듯이 참 수평면(True Horizon) 또는 참 수직(True Vertical)을 알려면 어차피 발사지점 근처의 중력 데이터를 정확하게 알아야 한다. 중력 측정과 함께 해저면의 지형도 측량해야 했다. 또 한 가지 중요한 이유는 미사일에 공급되는 초기조건은 땅에 대한 잠수함의 속도이지 물에 대한 속도가 아니기 때문이다. 바닷속에는 항상 해류가 있고 잠수함은 이 해류 속에서 움직이기 때문에 알려진 지형지물에 대한 속도를 측정하여 미사일에 입력해야 한다. 이러한 측량은 해상의 선박을 이용해서 하기 때문에 자연히 소련의 주목을 받을 수밖에 없는 작업이다.

　　SINS 초기화에 이용되는 또 다른 방법은 로란 시스템보다 훨씬 개선된 시스템인 로란-C(LORAN-C)이다. 로란-C 데이터를 사용할 경우 항법 오차는 안테나로부터 1600km 거리에서 400m 내외로 추정되었다. 그러나 초계 영역에서 1600km 내에 로란-C 안테나를 설치해야 하는 부담이 있었다. 로란-C 스테이션을 그린란드, 노르웨이, 영국, 스페인, 이탈리아, 터키, 리비아 등에 설치했지만 정치·외교적인 부담을 덜기 위해 이 스테이션이 폴라리스 잠수함의 항법용이라는 사실은 밝히지 않았다. 하지만 각국의 최고위 지도자들은 이 스테이션의 목적을 어렴풋이 짐작하고 있었다.[190] 결국 노르웨이, 오스트레일리아, 뉴질랜드에서는 이 문제로 인해 국내 정치적 분쟁으로 한동안 곤욕을 치르게 되었다.

 국제적인 외교 문제와 무관한 또 다른 SINS 초기화 방법으로 등장한 것이 바로 항법 위성 트랜싯을 사용한 위성항법 시스템이었다. 존스 홉킨스 대학교 응용물리연구실 APL(Applied Physics Lab.)의 조지 웨이펜바흐(George Weiffenbach)와 윌리엄 기어(William Guier)는 도플러효과를 이용하여 며칠 전에 소련이 쏘아 올린 스푸트니크 1호의 궤도를 구할 수 있었다. 여기서 힌트를 얻은 APL의 과학자들은 만약 인공위성의 위치를 안다면 도플러효과를 이용하여 거꾸로 신호 수신기의 위치를 알 수 있다고 생각했고, 이 방법을 실제로 응용한 것이 트랜싯 위성이었다. 1959년에 쏘아 올린 트랜싯-1A는 궤도 진입에 실패했지만 1960년 4월 13일 쏘아 올린 트랜싯-1B는 궤도에 진입했다. 1960년 수신기 위치 측정시험을 성공적으로 수행한 후 1964년 해군에 인계되었다. 트랜싯 위성들은 고도 1100km의 극궤도를 택했고, 지구 전체를 커버하도록 10기의 위성과 1기의 예비 위성을 궤도에 유지시켰다. 이러한 위성 배치로 적도 근방에서는 몇 시간에 한 번, 중간 위도에서는 대략 1시간에 한 번꼴로 수신기 위치를 갱신할 수 있었다. Mk-2의 바람직한 초기화 간격이 8시간 정도인 것을 감안하면 폴라리스 SINS 초기화에 적용하는 데에는 별문제가 없었지만 실시간으로 위치를 갱신할 수는 없는 시스템이었다. 트랜싯 시스템은 몇 번의 개선을 거쳐 위치 측정 오차를 50m 이내로 줄였으며, 1996년 GPS로 대체되면서 서비스가 중단되었다. GPS의 실시간 위치 측정 오차는 9m 이내이다. 소나와 로란-C, 트랜싯을 이용해 주기적으로 초기화되고 정밀한 중력장 모델로 보완한 SINS는 폴라리스 잠수함의 항법 문제를 해결하였다.

---

[190] ibid. p.144.

다음으로 해결해야 할 문제는 SLBM 유도장치를 개발하는 것이었다. 유도장치 개발을 담당한 SPO의 전담 부서는 SP-23로, 원래 육군과 해군이 주피터를 공동으로 개발할 때 폰 브라운 팀이 설계한 관성유도장치를 함선의 항법장치와 연계하여 탄도탄을 발사하고 유도하는 문제를 해결하기 위해 만든 팀이다. 그러나 SPO의 개발 목표가 액체로켓 주피터에서 주피터-S를 거쳐 폴라리스로 옮겨감에 따라 육군의 폰 브라운 팀에서 독립하여 추력 변화(Throttle)가 용이하지 않은 고체로켓에 적합한 유도 방법을 개발하게 되었다. 당시 MIT/IL은 SPO와 함선에서의 주피터의 안정화 시스템을 연구하는 한편 공군의 소어 IRBM을 위해 유도장치를 개발하고 있었다. 소어 팀에 소속되어 일하던 랠프 레이건(Ralph Ragan)은 SP-23에서 일하던 랩 동문인 샘 포터(Sam Forter) 중령에게 MIT/IL은 훨씬 작은 미사일에도 탑재가 가능한 소형·경량의 유도장치를 만들 수 있다고 말해주었다. 이어 리버링 스미스와 MIT/IL과의 회합이 있었고, SPO는 해군 병기국 예산으로 잠수함 발사 탄도탄의 유도장치 개발 계약을 MIT/IL과 체결했다. 잠수함 탑재 FBM에 폴라리스라는 이름이 붙기 6개월 전의 일이며, 이로써 MIT/IL은 6개월 앞서 유도장치 개발을 시작할 수 있었다.

MIT/IL은 유도장치의 하드웨어 개발뿐만 아니라 SPO가 만족할 만한 Q-유도(Q-Guidance) 방식이라는 탄도탄 유도 방식을 제시했다. 원래 Q-유도 방식은 아틀라스 탄도탄에 사용하기 위해 고안된 델타 유도(Delta Guidance) 방식의 단점을 많이 보완한 시스템으로 MIT/IL의 핼 래닝(Hal Laning)과 리처드 바틴(Richard Battin)이 고안했으나 정작 아틀라스에는 Q-유도 방식 대신 델타 유도 방식의 변형을 사용했다. 델타 유도 방식 자체도 핼 래닝과 리처드 바틴의 작품이다.

Q-유도 방식에서 중요한 것은 미사일에 탑재된 유도 컴퓨터가 풀

284

어야 하는 방정식에 중력 항이 나타나지 않는다는 사실이다. 탑재한 유도 컴퓨터가 지구 중력을 계산할 필요가 없어졌다는 사실은 당시 탑재 컴퓨터 능력을 생각할 때 아주 중요한 의미가 있다. 사실 Q-유도 방식의 근간이 되는 Q-매트릭스(Q-Matrix) 성분을 얻으려면 매우 복잡한 계산을 해야 했지만, 이러한 계산은 댈그런(Dahlgren)에 있는 미국 해군무기연구소(Naval Weapons Laboratory) 전산실의 대형 컴퓨터로 수행되었기 때문에 탄도탄에 탑재된 유도 컴퓨터는 간단한 반복 계산만 하면 되었고, 이에 필요한 Q-매트릭스 성분은 유도 컴퓨터에 저장되었다. 계산 결과에 따르면 Q-매트릭스 성분은 아주 서서히 바뀌는 시간의 함수로 나타났고, 시간에 대한 1차 또는 2차 다항식으로 근사되었다. 특히 사거리가 2500km 내외의 IRBM인 경우 Q-매트릭스 성분을 상수로 취급해도 CEP가 1.8km를 넘지 않는 것으로 알려졌다.[191]

Q-유도 방식에서는 미사일이 현재 위치를 알 수도 없고 알 필요도 없다. 발사 위치에서 표적까지의 거리와 비행시간은 Q-매트릭스에 들어 있으며, 표적의 방위각만 맞춰주면 미사일이 주어진 시간에 표적을 명중시킬 수 있는 속도를 찾아가고, 그 속도에 도달한 순간 TTP를 열면 되는 것이다. Q-유도 방식은 다른 유도 방식과는 달리 추력을 조정할 필요가 없었기 때문에 폴라리스 개발을 주관하던 SPO는 Q-유도 방식이 고체로켓 유도에 특히 적합하다고 판단했다. SPO의 기술 책임자였던 스미스 제독은 Q-유도 방식 때문에 폰 브라운 팀의 유도장치 대신 MIT/IL의 관성유도장치를 택했다고 술회했다.

인스트루멘테이션 랩(IL)에서 개발하고 SP-23가 직접 관장하여 폴

---

191 Richard H. Battin, "An Introduction to the Mathematics and Methods of Astrodynamics, Revised Edition", (AIAA, Inc., Reston, VA, 1999) p.10.

라리스 A1의 관성유도장치 Mk-1이 완성되었고, 제너럴 일렉트릭사에서 제조를 맡았다. Mk-1에는 3개의 짐벌이 없는 자이로(Floated Gyroscopes)로 구성된 관성 플랫폼과 여기에 부착된 3개의 PIGA(Pendulous Integrated Gyro Accelerometer)[192]로 구성되었고, 간단한 반복 계산을 하게끔 설계된 특수 목적의 디지털 컴퓨터가 Mk-1에 장착되었다. 스푸트니크 때문에 스케줄이 앞당겨졌고, 가볍고 부피가 작아야 하는 제약 때문에 Mk-1 제작에는 갖가지 문제가 생겼으나 가까스로 폴라리스 스케줄을 맞출 수 있었다. 그러나 Mk-1 시스템은 복잡하고, 자이로 정렬과 방위각 설정은 발사 통제장치를 통해서 하도록 인터페이스가 되어 있어 여간 까다로운 것이 아니었다.

지금까지 설명한 배경과 기술 개발을 통해 완성한 폴라리스 A1은 2단 고체로켓으로 길이 8.69m, 직경은 1.37m이고 무게는 13.09t이었다. 사거리는 1853km이며 CEP는 1.8km 정도로 알려져 있다. 초기에 탑재한 탄두는 600kt의 폭발력을 가진 W-47Y1이고 재돌입체는 Mk-1을 사용했다.[193] 제1단과 제2단 로켓을 모두 에어로제트사에서 제작했다. 제1단 로켓의 무게는 8.36t이고 그중 6.91t이 연료인 폴리우레탄(PU: Polyurethane)과 산화제인 암모늄 퍼클로레이트(AP: Ammonium Perchlorate) 그리고 알루미늄 첨가물이다. 제2단 로켓의 총중량은 4.27t이고 폴리우레탄을 포함한 연료와 산화제의 총 무게는 3.32t이다. PU/AP/Al 고체 연료 로켓인 폴라리스 모터는 모두 6-포인트 스타(6-Point Star)로 그레인이 설계되었으며 비추력은 제1단이 230s, 제2단의

---

[192] PIGA는 '진자형 자이로 적분가속도계'라고 불리며, 정교한 자이로를 이용해 제작한 가속도계로 가장 정밀하게 가속도를 측정할 수 있다. 다만 비싼 것이 흠이다.
[193] RV, 탄두, 유도장치 등 군대에서 사용하는 주요 부품의 모델을 표시할 때 'Mk'라는 접두어를 사용하기 때문에 헷갈리지 않도록 주의가 필요하다.

경우는 진공 중에서 작동하기 때문에 좀 더 높아서 255s로 추정된다.[194] 여기서 Al은 알루미늄을 의미한다.

1962년 5월 6일 태평양에서 실시한 도미니크 핵실험 시리즈(Operation Dominic)의 일환으로 미국은 프리깃 버드(Frigate Bird)라는 암호명의 폴라리스 발사시험을 단행했는데, 이 미사일에는 활성 W-47Y1 탄두가 장착되어 있었다. SSBN 이선 앨런에서 발사된 폴라리스 A1은 1890km를 비행하여 12.5분 후에 표적지점으로부터 2.2km 떨어진 곳에 낙하했으며, 고도 3.3km 지점에서 600kt의 위력으로 폭발했다. 폭발지점으로부터 약 48km 지점에 대기하고 있던 잠수함 카보네로(USS Carbonero)에서 잠망경을 통해 촬영한 버섯구름을 〈사진 5-3〉에서 볼 수 있다. 프리깃 버드 작전의 성공은 폴라리스 SLBM이 실제 작전 환경에서도 미사일과 탄두 모두 원래 의도했던 목적을 달성할 수 있다는 것을 보여주었다.

폴라리스 A1은 1960년 11월 작전 배치된 이후 1965년 10월 14일 폴라리스 A1이 퇴역할 때까지 생존력이 가장 높은 '상호 공멸을 보장하는 2차 공격'용 전략 미사일의 역할을 수행했다. 그동안 A1은 99회 발사되고 79회 성공하여 성공률 79.8%를 기록했다. 획기적인 개념을 도입하여 소형·경량으로 설계된 W-47 탄두는 미소 간의 대기권 핵실험 중지 협의가 진행되고 있던 때라 시간에 쫓기며 개발할 수밖에 없었으며 그 결과 수많은 문제점이 노출되었다. 발사 준비가 극히 예민하고 복잡했던 미사일과 기계적인 안전장치에 문제가 있어 50% 정도 불발

---

[194] 고체 연료 설계에서 스타란 연소 속도를 조절하기 위해 추진제의 축을 따라 내부에 단면이 별같이 생긴 빈 공간을 만들어놓는 것을 말하고, 그레인이란 연료와 산화제를 섞어 만든 고체 추진제 덩어리를 말한다.

사진 5-3_ 폴라리스 A1의 수중 발사 장면(왼쪽)과 프리깃 버드 작전 중 표적 상공에서 폭발하는 W-47Y1의 모습(오른쪽)을 근처에서 대기 중이던 잠수함 카보네로의 잠망경을 통해 찍은 사진 [미국 해군]

가능성이 있었던 탄두가 프리깃 버드 작전에서는 미사일과 탄두가 모두 문제없이 성공한 것은 여러모로 운이 좋았다고 볼 수밖에 없다.

　폴라리스 A1은 개발 계약일로부터 배치될 때까지 4년밖에 걸리지 않았다. A1 개발 스케줄을 맞춘 것은 소련의 SLBM 개발에 대응하기 위한 뜻도 있었지만, 공군이 탄도탄에 대한 주도권을 확보하기 전에 해군의 몫도 확보하려는 SPO의 노력이기도 했다. 이러한 의미에서 보면 A1은 어디까지나 임시변통의 핵 억지 전력이었다고 생각된다. 짧은 시간 내에 폴라리스를 개발했다는 뜻은 그만큼 개선의 여지가 많다는 뜻이기도 하다. 사실 폴라리스 A2는 A1과 함께 개발했다고 보는 것이 옳다. SPO 입장에서는 폴라리스 미사일을 단축된 스케줄에 맞추어 개발하는 것이 미사일의 사거리, 탄두의 폭발력 또는 미사일의 정확도에 우선했다. 따라서 서둘러 개발하다 보니 폴라리스의 사거리는 원래 목표로 정했던 2800km보다 작은 1852km로 줄어들었고, 핵실험 모라토리엄 기간에 걸려 제대로 실험으로 검증되지 못한 채 탄두를 탑재했다. 폴라리스 탄두 개발이 한창 진행 중이던 1958년 8월 22일 아이젠하워 대통령은 소련이 핵실험을 하지 않는다면 미국도 1년간 핵실험을 하지 않겠다고 선언했고, 10월 31일부터 제네바에서 핵실험 모라토리엄을 영구적으로 하기 위한 회담을 시작했다. 다가올 핵실험 모라토리엄에 대비하여 미국과 소련, 영국은 1958년 8월부터 9월까지 2개월간 집중적으로 핵실험을 했다. 그 후 자발적인 핵실험 금지는 1961년 9월까지 이어졌다. W-47Y1은 1Mt의 폭발력을 내도록 개발할 충분한 시간도 없었고 안전장치를 시험할 여유도 없이 1960년 A1에 탑재되었다. A1을 개발하는 중에도 SPO는 원래 목표를 달성하기 위해 미사일과 탄두 개발을 계속했고 그 결과가 폴라리스 A2로 나타났다. 폴라리스 A1을 서둘러 개발한 목적이 해군도 탄도탄의 주체 중 하나라는 것을 알리는 데 있었다면, 폴라리스 A2의 개발은 군사 전략상 꼭 필요한 해군만의 전략 미사일을 보유하기 위함이었다.

1958년 11월 28일 SPO는 폴라리스 A1의 다음 세대 미사일인 A2 개발을 지시했다. 폴라리스 A2의 사거리는 2800km이며 1961년 10월 여섯 번째 SSBN에 탑재하기로 계획되었다. A2는 A1과 매우 흡사하지만 두 가지 면에서 차이가 있다. 첫째, 사거리를 늘리기 위해 1단에 더 많은 연료를 채웠다. 그 결과 제1단의 길이가 A1의 제1단 길이보다도 0.762m 늘어났고 무게도 10.18t으로 늘어났으며, 연료와 산화제는 8.73t으로 A1의 6.91t에 비하여 1.82t이나 증가했다. 추진제는 A1과 마찬가지인 PU/AP/Al을 썼고, 노즐 끝에 부착된 제티베이터(Jetevator)라는 반지 모양의 구조물을 움직여 배출되는 연소 가스의 흐름을 바꾸어 추력 방향을 조종했다. 제2단의 무게는 4.23t이고 그중 3.36t은 연료와

289

산화제 무게였다.

허큘리스 파우더 컴퍼니가 운영하는 앨러게니 탄도연구실(ABL: Allegany Ballistics Laboratory)은 A1의 제2단에 사용했던 PU/AP/Al 복합 추진제보다 좀 더 강력한 AP/NC/NG/Al을 2단 추진제로 채택했다. 여기서 NC는 니트로셀룰로오스(Nitrocellulose)이고 NG는 니트로글리세린(Nitroglycerin)이다. 새로운 추진제를 사용함으로써 연소실의 온도와 압력이 올라갔고, 따라서 비추력이 260s로 증가했다. 로켓의 무게를 줄이기 위해 모터 연소실 케이스는 강철 대신 파이버글래스를 사용했으며, A1에서 사용했던 제티베이터 대신 회전식 노즐을 사용하여 추력 방향을 조정했다. 제2단에 장착된 4개의 노즐은 각각의 노즐이 중립적 위치에 있으면 로켓 축 방향의 추력만 생기나 노즐이 각각의 회전축을 중심으로 회전하면 측면 방향의 추력이 발생하여 로켓 방향이 바뀌게 된다. 대각 선상의 2개 노즐이 같이 움직이면 추력 방향이 바뀌고 서로 반대로 움직이면 롤이 생긴다. 회전 노즐을 채택함으로써 로켓 축 방향의 추력 감소를 최소로 할 수 있었다. A1을 개발하면서 상당한 경험이 축적되었고, A1의 성공으로 A2 개발에 여유가 생겼다. 사실 A2는 A1 개발의 연장 선상에 있었기 때문에 첫 비행시험을 시작했을 때에는 이미 기술이 매우 발전해 있었다. 총 205회의 비행시험 중 16회만 실패하여 발사 성공률이 92%나 된 것만 보아도 A2 개발은 상당히 순조로웠음을 알 수 있다. 그러나 제2단 모터는 제1단 모터와 달리 새로운 것이었기에 모터의 지상시험에서 여러 가지 문제가 나타났다. 회전 노즐이 한 방향에 고정되는 현상이 나타났고 이것을 바로잡는 데 꽤 많은 노력을 해야 했지만, A2X-1이 시험비행을 할 즈음에는 모든 문제가 해결되었다.[195] 비슷한 시기에 개발되고 있던 미니트맨의 회전 노즐도 자꾸 튀어나오는 등 비슷한 문제를 안고 있었음은 이미 앞에서 기술한 바 있다.

1960년 11월 11일부터 케이프커내버럴에서 총 28회의 비행시험을 했는데 19회는 완전한 성공으로, 6회는 부분 성공으로, 3회는 실패로 기록되었다. 28회의 시험 중 8회는 A2 개발시험이 아니라 이미 시작된 폴라리스 A3의 Mk-2 유도장치와 재돌입체(RB) 개발을 위해 A2를 개조한 형태로 발사된 것이었다. 실패한 시험들도 어느 한 가지 설계가 잘못된 데에 원인이 있는 것이 아니고 무작위 원인으로 나타났으며, 비행시험을 통해 미처 생각지 못했던 현상들이 발견되었다. 고체 추진제에 함유된 알루미늄 함유량이 16~18%에 이르기 때문에 연소 가스에 포함된 이온화한 알루미늄 구름이 로켓과 지상 간의 라디오 전파를 교란해서 로켓의 진로가 안전 범위를 벗어났을 때 사용하는 자폭 신호를 방해했다. 이 문제는 로켓의 진행 방향에 중계소를 세움으로써 해결되었다.

1961년 10월 23일 SSBN 이선 앨런은 첫 번째 수중 발사에 성공했고, 다음 해 6월 26일에는 첫 번째 초계 임무에 나서기 위해 노스캐롤라이나의 찰스턴 기지를 떠났다. 폴라리스 A2는 이선 앨런급 SSBN에 16기가 탑재되었고 어뢰 다섯 발도 장착되었다. A2의 총중량은 14.7t가량이었고 이 중 500kg은 표준 탄두와 RB(RV)의 무게였다.[196] 사거리는 2800km, CEP는 2.8km였다. W-47Y2 탄두의 폭발력은 1.2Mt으로 원래 목표에 접근했지만, 탄두의 신뢰도는 아직도 많은 문제가 있었다. 1966년에는 미국 해군이 보유하고 있던 Y2의 75%가 작동 불능 상태에 놓였고, 1967년 10월에 가서야 모든 문제가 해결되었다.[197] 미국이 폴

---

[195] A2X의 X는 시험용을 의미한다.

[196] 재돌입체를 미국 공군에서는 RV(Reentry Vehicle)라 부르고 미국 해군에서는 RB(Reentry Body)라 부른다. 서비스마다 자존심을 지키기 위한 고집인 듯싶다.

[197] Complete List of All U.S. Nuclear Weapons, http://nuclearweaponarchive.org/Usa/Weapons/Allbombs.html.

라리스 개발을 서두르는 동안 소련은 탄도탄 요격미사일(ABM)을 개발하고 있다는 것이 알려졌다. 폴라리스가 보복 전력으로 기능을 유지하기 위해서는 소련이 구상하는 모스크바 주위에 설치될 ABM을 돌파하기 위한 수단이 중요한 과제로 등장했다.

제2세대 SLBM: 폴라리스 A3

폴라리스 A1과 A2 개발 프로그램이 한창 진행되고 있던 1959년 SPO는 A2의 후속 SLBM인 A3 개발을 구상하고 있었다. 전략핵 잠수함 SSBN의 최대 장점은 바닷속 어디에나 숨을 수 있고, 거의 영구적인 원자력으로 추진되기 때문에 해면으로 떠오를 필요가 없어 생존 가능성이 ICBM이나 전략폭격기 같은 무기 시스템보다도 월등히 높다는 것이다. 그러나 A1과 A2의 사거리가 짧아 SSBN의 초계 영역이 노르웨이 해 영역에 머물러야 했다. 이 해역에 대한 소련의 대잠 능력이 강화되면서 폴라리스 SSBN의 생존이 차츰 위협받게 되자 SLBM의 사거리를 늘리는 것이 시급한 문제로 대두되었다. CNO는 사거리뿐만 아니라 탄두의 위력을 늘려 상대방의 핵전력(Nuclear Force)을 공격할 수 있는 대핵 능력(Counterforce) 옵션도 갖추기를 원했다. 그러나 CNO가 원하는 대핵 능력은 두 가지 문제 때문에 이루어질 수 없었다. 첫 번째는 A3에 탑재할 수 있는 마땅한 탄두가 없었다는 것이다. 당시에는 미국과 소련이 자율적으로 핵실험을 중단하고 있었기 때문에 새로운 탄두를 개발할 수도 없었다.[198] 따라서 해군의 선택은 공군을 위해 설계한 강력한 탄두 중 하나를 사용하든가, 아니면 이미 실험으로 확인된 탄두의 위력을 증대시

---

[198] Graham Spinardi, ˝From Polaris to Trident˝, (Cambridge University Press, 1994) p.66.

켜 사용하는 것이었는데, 이 두 가지 선택 모두 다 해군에서는 받아들이기 힘들었다. 공군이 개발한 탄두를 사용하기에는 해군의 자존심이 허락하지 않았고, 실험을 거치지 않고 탄두의 위력을 증대시키는 것은 위험부담이 너무 컸다. 두 번째 문제는 폴라리스 A3의 대핵 능력에 대해 SPO가 완강하게 반대하는 것이었다. SPO는 대핵 능력을 두고 공군과 대립하기를 원치 않았고, 대핵 능력이 전쟁 억지력을 약화시킨다고 생각했다. 대핵 능력과는 별도로 소련의 ABM 시스템이 작동하게 될 경우 ABM 돌파도 큰 문제로 예견되었다. 이 문제는 A2에서도 이미 고려된 바 있었고, A2용 SSBN 1척에 PX-1이라고 불리는 펜에이즈(Penetration Aids) 시스템을 장착한 A2를 배치한 적도 있었다. A3 개발에서도 ABM 돌파 문제는 더욱 심각하게 고려되었다.[199]

　　SPO는 A3에 이미 핵실험을 통해 설계가 증명된 200kt급 탄두 3개를 탑재하도록 설계함으로써 1Mt 탄두와 ABM 돌파 문제를 한꺼번에 해결하면서도 카운터포스(Counterforce: 대핵전력) 문제는 비켜갈 수 있었다. 폴라리스 STG에서 재돌입위원회(Reentry Committee)를 맡고 있던 로버트 베르트하임(Robert Wertheim) 제독에 따르면, 1959년 겨울 A3 탄두 선정 문제는 이미 개발된 튜바(Tuba)라는 탄두의 폭발력을 핵실험 없이 증대시키는 방법과 실험이 끝난 튜바 3기를 클러스트로 탑재하는 방법 중 하나를 선정하는 것이었다고 한다. 핵 설계 연구소 측은 위력이 증대된 튜바를 원했고, 폴라리스를 제작하는 록히드 측은 3기의 200kt급 탄두 클러스터를 원했다. 양측의 의견이 팽팽했지만 실험으로 실증할 수 없는 탄두를 택하는 것은 위험이 너무 크다고 판단하여 베르

---

199 펜에이즈 시스템(Penetration Aids System)이란 RV가 ABM망을 돌파하기 위해 RV를 감춰주는 채프나 모의 탄두 등을 말한다.

트하임 제독은 탄두 클러스터 MRV로 정했다고 한다.[200] 여기서 중요한 것은 200kt 폭발력의 5배인 1Mt급 탄두 1개나 200kt급 탄두 3개나 도시와 산업시설 같은 방호되지 않은 표적에 대한 파괴 면적이 거의 같다는 것을 이해하는 것이다.

핵탄두의 파괴 메커니즘은 폭발에 의해 발생한 충격파의 초과압력(Over Pressure)이고, 표적 파괴에 필요한 초과압력을 유지하는 폭심으로부터 거리는 폭발 에너지의 3분의 1제곱(폭발 에너지$^{1/3}$)에 비례하며, 파괴 면적은 3분의 2제곱(폭발 에너지$^{2/3}$)에 비례한다. 따라서 200kt의 폭발력을 가진 탄두 3개가 파괴하는 면적과 1000kt급 탄두 1개가 주는 피해 면적의 비(Ratio)는 1.026이 된다.[201] 다시 말해 200kt 탄두 3개를 탑재하거나 1000kt(1Mt)탄두 1개를 탑재하거나 도시 같은 넓은 표적을 공격할 때의 효과는 같다는 결론이다. 물론 방사능 낙진은 폭발력에 비례하므로 폭발력이 클수록 커지는 것이 사실이지만, 낙진의 양은 지표 폭발이냐 고공 폭발이냐에 더 민감하게 달라지므로 이 점은 논외로 하겠다. 200kt 탄두는 이미 시험을 통해 설계가 확인되었지만, 1Mt급 탄두의 설계는 모라토리엄 때문에 핵실험을 통한 확인이 불가능했다. 그뿐만 아니라 MRV 개념은 소련에서 개발하고 있는 ABM망을 돌파하는 데에도 훨씬 유리했다. 3기의 재돌입체(RB) 사이의 거리를 충분히 떼어놓는다면 1개의 ABM 탄두로 2기 이상의 RB를 파괴하기는 힘들다는 판단이었다. 이와 같은 근거에서 베르트하임 제독은 폴라리스 A3에 3개의 200kt급 탄두를 MRV 형식으로 탑재할 것을 건의했다.

탄두에 나중에 W-58라는 이름이 붙었고 새로운 재돌입체(RB)

---

200 Graham Spinardi, "From Polaris to Trident", (Cambridge University Press, 1994), p.67.
201 $3 \times 200^{2/3}/1000^{2/3} = 1.026$

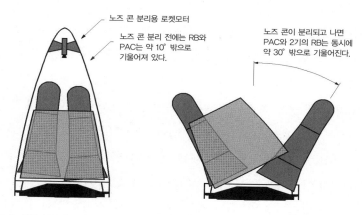

노즈 콘 분리용 로켓모터

노즈 콘 분리 전에는 RB와
PAC는 약 10° 밖으로
기울어져 있다.

노즈 콘이 분리되고 나면
PAC와 2기의 RB는 동시에
약 30° 밖으로 기울어진다.

그림 5-1_ 영국 폴라리스 A3TK 셰버린(Chevaline)의 RV 배치 방법. 여기서는 RV가 둘이지만, 원래 미국의 A3에는 3기의 MRV가 탑재되었다. 그 후 영국에서는 ABM 돌파를 돕기 위해 하나의 RV를 제거하고 펜에이즈를 탑재하였다. [미국 해군]202

Mk-2가 W-58 탄두를 위해 개발되었다. Mk-1 RB가 열 흡수 방식(Heat Sink Type)이었던 반면 Mk-2는 나일론-페놀수지라는 융제물질을 알루미늄 구조물에 입힌 융제(Ablation) 방식으로 제작되었다. A3의 사거리가 4500km 이상으로 정해짐에 따라 열 흡수 방식으로 재돌입 시 발생되는 열을 처리하려면 RB 무게가 너무 무거워지기 때문에 융제 방식을 사용하게 된 것이다.

〈그림 5-1〉이 보여주는 바와 같이 폴라리스 A3의 W-58/Mk-2 RB는 RB 장착 구조물 위에 안쪽으로 10° 기울어서 장착되어 있다가 제2단 로켓이 고고도에 도달하면 RB를 감싸고 있던 보호 덮개가 벗겨지고, 각 RB는 밖을 향해 30° 정도 기울어진다. 이 각도는 RB들이 낙하

---

202 http://en.wikipedia.org/wiki/File:Polaris_A3TK_Chevaline_RV_and_PAC_toe-in_and_tilt-out.gif.

지점에 제대로 분산되도록 하고 먼저 터진 탄두의 폭발로 인해 나머지 탄두가 방사선과 전자파 펄스로 고장 나지 않도록 하는 조건에 의해 결정된다. 3기의 RB는 최소 1.8km 정도 서로 떨어져서 목표 상공에 도달하게 되며, 폭발 시간도 동족 살해 효과(Fratricide)를 피하기 위해 1초 정도 차이를 두고 폭발하도록 조정되었다.[203] A3의 제2단이 표적을 명중시킬 수 있는 속도에 도달하면, RB에 장착된 소형 로켓이 점화되고 3기의 RB는 모터가 작동 중인 제2단에서 비스듬히 밖으로 발사되며 고른 융제와 안정성을 위해 RB의 축을 중심으로 회전을 시작한다.

　　A3는 A1이나 A2와 달리 제2단에 추력 중단장치가 없고, RB가 2단에서 발사되고 난 후에도 2단의 모터는 계속 작동하여 끝까지 연소된다. 따라서 제2단 모터의 설계와 제작이 용이해졌으며, 고장 날 확률도 그만큼 줄어들었고 사거리가 증가하는 효과도 보았다. 물론 정확도가 좀 떨어졌겠지만 A3는 원래 지역 제압용으로 설계되었고, 3기의 RB가 넓은 지역을 커버함으로써 단일 탄두에서와 같은 정확한 CEP가 요구되지는 않았다.

　　SPO는 MRV 탄두 클러스터를 A3에 탑재하여 ABM 돌파 능력을 향상시킨 것 외에 사거리를 4500km 이상으로 늘려 SSBN의 초계 영역을 확장함으로써 SSBN의 생존성을 높였다. 그러나 폴라리스 A3는 폴라리스 A1/A2 탑재용과 똑같은 잠수함에 탑재해야 했기 때문에 A3의 직경은 발사관 크기에 의해 1.37m로 고정되었다. A3는 A2와 길이가 거의 같고 직경이 똑같지만 사거리는 1850km나 더 긴 미사일이었다.

---

203 Fratricide는 원래 형제간 또는 동족 간의 살해를 의미하는데, 먼저 폭발한 MRV 탄두의 폭발 효과에 의해 나머지 MRV 탄두가 파괴되는 것을 이르며, 이러한 현상은 ABM 탄두 폭발에 의해서도 발생할 수 있다.

A3를 이러한 미사일로 개발하려면 A2를 개량하는 것이 아니라 완전히 새로운 미사일로 설계해야 했다. 제1단의 모터 케이스는 강철 대신 파이버글래스를 사용했고 9.91t의 PU/AP/Al 추진제를 포함한 1단의 무게는 11.18t이었다. 제2단의 추진제는 비추력 ISP를 늘리기 위해 TNT보다 훨씬 강력한 고폭 화약인 HMX를 포함한 HMX/AP/NC/Al 복합 더블 베이스(Composite Modified Double Base) 추진제를 4.09t 사용했으며, 그 결과 비추력 ISP는 260s가 되었다. A3에 사용된 Mk-2 유도장치는 A1에 사용된 유도장치 무게의 3분의 1밖에 안 되었고 부피는 반도 안 되었다. 사거리가 4630km(2500nm)로 늘어남에 따라 폴라리스 A3를 탑재한 SSBN은 태평양에 배치되기 시작하여 늘어나는 소련의 대잠수함 작전 능력에 대비했다. 사거리만 늘어난 것이 아니고 정확도를 개선하기 위해 계속 노력한 결과 CEP가 600m까지 작아졌다.[204]

미국의 ICBM에서 채택한 ABM 대응 수단은 거의 알려진 것이 없는 데 비해 초기 SLBM에서 채택한 대응 수단에 대해서는 비교적 많은 것이 일반에게 공개되었다.[205] 대응 수단 시스템 전반에 대한 안목을 높일 수 있는 기회라고 판단하여 폴라리스 미사일에서 채택한 대응 수단 시스템을 좀 더 구체적으로 살펴보겠다. 1961년 11월부터 미국 해군은 폴라리스 A2 미사일을 위한 대응 수단으로 PX-1이라는 시스템을 개발하기 시작했다. PX-1은 6개의 모의 재돌입체(Decoy RV)와 3개의 채프(Chaff) 패키지, 2개의 전자 방해장치(Jammer)로 구성되었다. 채프는 알루미늄과 같은 얇은 금속 막을 띠 형태로 자른 것으로 길이가 ABM 레

---

204 Lockheed UGM-27 Polaris, http://www.designation-systems.net/dusrm/m-27.html.

205 John Baylis and Kristan Stoddart, "Britain and the Chevaline Project", The Journal of Strategic Studies, vol. 26, No. 4(Dec. 2003) pp.124~155.

이더가 사용하는 전자파 파장의 반이 될 때 가장 효율적으로 레이더파를 반사시킬 수 있다. PX-1 개발은 순조롭게 진행되어 1962년 7월 비행시험을 시작했고 이어 생산에 들어갔다. 그 후 SSBN 1척에 PX-1을 장착한 폴라리스 A2가 탑재되었으나 예상했던 소련의 ABM이 그때까지도 배치되지 않은 관계로 PX-1은 다시 제거되었다.

해군은 3개의 MRV 탄두를 탑재하는 폴라리스 A3를 개발하여 동시에 3기의 탄두가 표적에 도착하게 함으로써 ABM을 포화시키고자 했다. 해군은 폴라리스 A3(이하 A3) 탄두의 돌파 확률을 더욱 높이는 방안으로 PX-2라는 대응 수단을 A3와 동시에 개발했다. PX-2는 6개의 모의 RV와 6개의 채프 패키지로 구성되었으며, PX-1과는 달리 전자 방해 장치를 포함하지 않는 대신 채프 패키지를 3개 더 포함했다. PX-2는 1965년 5월부터 생산이 시작되었으나 이번에도 역시 예측했던 소련의 ABM이 현실화되지 않았기 때문에 곧 생산을 중단했고, 필요할 경우 18개월 안에 배치할 수 있는 준비 상태를 유지하도록 조치했다.

여기서 PX-1과 PX-2가 가지고 있던 문제점을 짚고 넘어가기로 하겠다. PX-1과 PX-2 시스템이 활발히 개발되던 1962~1965년에 미국은 소련의 모스크바 ABM 시스템도 미국의 나이키 제우스 시스템과 마찬가지로 대기권 상층부에서 작동하는 비교적 단거리 요격 시스템으로 가정하고 PX-1과 PX-2를 개발했다. 미국은 PX 시스템이 이러한 ABM 시스템을 효과적으로 무력화시킬 수 있다고 믿었다. 따라서 PX 시스템과 유사할 것으로 기대되는 소련의 대응 수단에 의해 미국의 ABM인 나이키 제우스 시스템 역시 여지없이 뚫릴 것으로 판단해 아예 나이키 제우스 시스템 배치를 포기하는 사태에까지 이르렀다. 그러나 소련의 ABM(나중에 A-35로 알려짐)은 나이키 제우스와 달리 대기권 밖에서 RV를 요격하는 장거리 미사일 갈로시와 장거리 레이더로 구성된 것으로

드러났다. 레이더는 미국이 예측했던 파장보다 더 긴 장파장 대역에서 작동했으며, 그래서 개발이 끝난 PX-2의 채프는 효과적으로 RV를 가려 줄 수 없다는 것을 알게 되었다. 물론 주파수가 알려졌으니 새로운 정보에 맞추어 채프를 새로 만들면 되겠지만 PX-1과 PX-2는 이미 생산이 끝난 상태였기 때문에 매우 번거로워졌다. 더구나 고위력 탄두를 탑재하고 사거리가 300km인 갈로시 미사일 1기만으로도 A3가 탑재한 RV 3기를 한꺼번에 무력화시킬 수도 있다고 판단되었다.

미국은 1965년부터 A3가 모스크바의 ABM망을 돌파하는 데 필요한 펜에이즈를 개발하기 위해 여러 가지 서로 다른 프로그램을 추진했다. 1966년에 와서 이들 프로그램을 앤틸로프(Antelope)라는 하나의 프로젝트로 통합했다. 대기권 밖에서 RV를 요격하는 소련의 ABM 시스템의 원리는 탄두 폭발에서 발생하는 방사선과 전자기파 펄스 EMP (Electro Magnetic Pulse)를 이용해 RV와 탄두를 무력화시킬 수 있다는 사실에 근거한 것이었다. 대기권 밖에서는 방사선과 EMP가 상당한 거리까지 퍼져갈 수 있어 폭심에서부터 10~15km 떨어진 거리에서도 경화 (Hardening)되지 않은 탄두 또는 RV를 무력화시킬 수 있었다. 앤틸로프 시스템은 한편으로는 모의 RV 또는 채프를 통해 방어 측 레이더가 보는 표적 수를 대폭 증가시켰다. 또 한편으로는 기존 RV에 추가로 보호 막을 덧입혀 방사능으로 인한 피해를 막고, 3기의 RV 중 하나를 펜에이즈 운반체(PAC: Penaids Carrier)로 교체하도록 했다. PAC는 작은 고체로 켓을 이용해 7개의 대응 수단 패키지를 탄도에 수직한 평면 내 일곱 방향의 부채꼴 섹터로 사출하도록 설계되었다. 각 섹터는 모의 RV와 채프 패키지를 포함하는데 7개 중 2개만이 진짜 RV를 포함한다. 대응 수단 패키지는 진짜 탄두와 모의 탄두가 섞인 탄두 구름(Threat Cloud)을 형성하고 이들 대부분이 표적 부근으로 낙하하도록 설계했다. 여기에

임팔라 프로그램이 추가되었는데 이는 4개의 비교적 큰 모의 RV로 구성된 RV 사출기를 제2단 모터 단열층 위에 설치했다가 진짜 RV 궤도로 모의 RV들을 사출시켜서 대기권으로 재돌입하는 종말 탄도용 모의 RV를 제공하도록 한 것이다. 임팔라 프로그램은 후에 앤틸로프 프로젝트로 흡수되어 A3의 대응 수단용으로 시험까지 마쳤다. 앤틸로프 프로젝트의 일환으로 A3 RV와 탄두를 갈로시의 탄두 폭발에서도 살아남을 수 있게 경화시킨 것도 중요한 결과 중 하나라고 할 수 있다.

그러나 A3를 위해 개발된 대응 수단은 그 어느 것도 실제로 채택되지는 않았다. 첫째 이유는 당시 소련이 모스크바에 배치할 것으로 예측한 ABM의 규모가 제한적이고 앞으로도 별 변동이 없을 것으로 판단되었으며, 또 이것을 돌파하여 파괴하는 임무는 미니트맨에 주어졌기 때문이다. 둘째로 해군은 폴라리스 A3를 개선하는 것보다는 MIRV화된 차세대 SLBM 포세이돈(Poseidon)을 개발하는 데 더 관심을 두고 있었다. 1971년에 배치하기 시작한 포세이돈 미사일은 최대 14기의 MIRV를 탑재할 수 있었다. 따라서 짧은 시간 내에 ABM이 대처할 수 있는 능력을 훨씬 상회하는 많은 수의 탄두로 ABM을 포화시키거나, 또는 ABM을 무력화시키기 위한 1~2발의 예비 폭발(Precursor Detonation)을 미리 프로그램화할 수도 있었다. 따라서 미국은 포세이돈을 배치함으로써 모스크바 주변의 ABM을 쉽게 돌파할 수 있다고 판단했고, 따라서 A3에 굳이 대응 수단을 탑재해야 할 필요성을 느끼지 않았던 것이다.

그러나 미국 해군은 뛰어난 포세이돈의 ABM 돌파 능력을 더욱더 향상시키기 위해 포세이돈에 탑재할 여러 가지 대응 수단을 다시 연구했다. 그중 하나는 1개의 RV 대신 7개의 모의 RV와 12개의 레이더 교란장치(Clutter Clumps)를 포함하는 대응 수단 사출기를 탑재하는 것이었다. 하지만 1972년 ABM 협정이 체결됨에 따라 소련은 모스크바 주위에 100기 이상의 요격미사일을 배치할 수 없게 되었고, 이에 따라 포세이돈의 대응 수단 시스템은 탑재할 필요가 없어졌다. 미국 해군은 포세이돈의 후속 모델인 트라이던트-I 시스템을 위해서도 대응 수단 시스템을 개발했다. 트라이던트의 대응 수단은 마크-500(Mk-500 Evader)라는 기동성 RV인 MaRV를 중심으로 모의 탄두와 채프를 추가하여 개발했다고 한다. 마크-500의 재돌입 시험은 1970년대 중반 이후부터 1980년대 중반까지 이루어졌다. 그러나 이 시스템 역시 다른 미사일들의 대응 수단 시스템과 마찬가지로 실전 배치된 적은 없다. 아무튼 미국은 개발하는 모든 미사일마다 독특한 대응 수단 시스템을 개발했지만 정작 작전 배치해 운용한 적은 거의 없었던 것으로 보인다. 이것은 소련의 ABM이 모스크바 주위로 한정되어 있고 요격미사일 수도 100기로 제한되어 있었기 때문에 미국은 펜에이즈 없이도 항상 모스크바를 공략할 수 있다는 자신감이 있었기 때문이다.

어차피 펜에이즈 없이도 모스크바 ABM 시스템을 무력화시키는 것이 가능하니, 미사일의 사거리를 줄이거나 탑재된 RV 수를 줄여가면서까지 굳이 대응 수단(펜에이즈)을 장착할 필요가 없었다고 생각했을 것이다. 그러면 왜 쓰지도 않을 이러한 시스템을 새로운 미사일을 개발할 때마다 매번 개발했을까? 그것은 아마도 소련이 개발할지도 모를 슈퍼 ABM 또는 ABM의 대량 배치 같은 만약의 사태에 대비한 것이 아닌가 생각한다. 트라이던트-I의 후속 미사일인 트라이던트-II를 위한 대응 수단 시스템도 개발했을 것으로 짐작되지만 여기에 대해서는 아무것도 알려진 것이 없다.

미국 해군은 '자유 41(Forty-one for Freedom)'이라는 계획 아래 41척의 폴라리스 잠수함을 건조했다. 41척의 잠수함은 모두 아이젠하워 정부와 케네디 정부에서 계획했고, 1967년 10월 3일까지 건조를 완료했다. 잠수함 이름은 미국의 독립 전쟁, 서부 개척 시대 또는 미국을 위해 활약한 인물들과 미국 대통령 등 41명의 이름을 따 붙였으며, 이러한 연유로 폴라리스 SSBN 함대 건설 계획을 '자유 41 프로젝트'라고 부르게 된 것이다. 41척의 잠수함을 겨우 7년 반 만에 모두 진수했다는 것은 매우 놀라운 일이다. 이들은 모두 폴라리스 A1, A2 혹은 A3를 탑재했지만 일부는 뒤에 설명할 제3세대 SLBM 포세이돈 C3와 제4세대 트라이던트 C4를 탑재하도록 개조되었다. 이 41척의 잠수함은 22년 후에 18척의 오하이오급(Ohio Class) 잠수함으로 모두 교체될 때까지 미국의 보복 전력으로서 임무를 충실히 수행했다. 18척이었던 오하이오급 SSBN은 현재 14척으로 줄었다.

'자유를 위한 41' SSBN 함대는 조지 워싱턴, 이선 앨런, 라파예트 (Lafayette), 제임스 매디슨(James Madison), 벤저민 프랭클린(Benjamin Franklin) 등 5개의 다른 종류의 잠수함으로 분류되었다. 조지 워싱턴급의 1번 함과 2번 함은 스킵잭급 공격용 잠수함(Hunter-Killer)으로 건조 중에 있던 스코피언과 건조 준비 중이던 스컬핀(Sculpin)에 40m 길이의 미사일 섹션을 삽입하여 만들었다. 나머지 3척의 조지 워싱턴급 잠수함도 조금씩은 다르지만 스킵잭급 고속 공격용 잠수함과 모든 특성이 거의 같다. 1964년 중반부터 이들 5척의 잠수함에 탑재된 폴라리스 A1을 A3로 교체하기 위한 잠수함 개조 작업에 들어가서 1965년 10월에 작업을 마쳤다.

이선 앨런급 잠수함은 조지 워싱턴급과는 달리 처음부터 A2를 탑재하기 위해 새로 설계한 잠수함이다. 총 5척이 건조되었고, 1970년대 초반부터 중반까지 모두 A3용으로 성능이 향상되었다. 라파예트급 SSBN 역시 처음에는 폴라리스 A2를 탑재하도록 총 9척이 건조되었다. 1번 함부터 8번 함까지는 일단 A2를 탑재했다가 A3로 교체했지만, 라파예트 시리즈의 마지막 함인 대니얼 웹스터(Daniel Webster)는 처음부터 A3를 탑재했다. 1970년대 중반에는 새로 개발한 포세이돈 C3를 탑재하기 위해 라파예트급 잠수함의 성능 개선 사업에 들어갔다. 포세이돈 함으로 개조된 라파예트 함들은 1986년부터 퇴역하기 시작하여 1992년 훈련용으로 개조한 대니얼 웹스터만 빼고는 모두 퇴역했다.

네 번째 폴라리스 SSBN으로 건조된 제임스 매디슨급은 사실상 라파예트급과 똑같고, 처음부터 A3 탑재를 목적으로 총 10척이 건조되었다. 라파예트나 제임스 매디슨급의 수중 배수량은 8380t으로 조지 워싱턴의 6709~6888t이나 이선 앨런의 7900t보다 500~1500t 정도 무겁다. 1970년대 말부터 1980년대 초까지 10척 중 선정된 일부는 트라이던트 C4 탑재 SSBN으로 개조되었다. 마지막으로 벤저민 프랭클린급은 12척 모두가 처음부터 폴라리스 A3를 싣고 진수되었다. 포세이돈 개발이 완료되자 모든 A3 탑재 잠수함은 C3용으로 개조되었고, 이어서 트라이던트 C4가 개발되자 10척은 다시 C4용으로 개조되었다. 후에 오하이오급 잠수함 취역이 시작되자 SLBM의 SALT-II 상한선(656기의 SLBM 상한선)을 지키기 위해 벤저민 프랭클린급 2척은 발사관에 시멘트를 채우고 특수부대용으로 전환했다.

제3세대 SLBM(Countervalue Weapons): 포세이돈 C3

웨스팅하우스(Westinghouse)사는 발사관에 충격 완충제로 플라스틱 폼(Plastic Foam)을 채우고 압축 공기로 미사일을 밀어내는 대신 작은 고체로켓으로 발생시킨 수증기로 로켓을 밀어내는 부피가 작고 가벼운 새로운 발사관을 개발했다. 원래 육상 이동식 IRBM을 위해서 개발했지만 아무도 관심을 두지 않았다. 웨스팅하우스사는 A3 개발을 막 시작한 SPO에 이 발사관을 사용하면 무게도 가볍고 부피도 많이 줄어든다고 설득했다. SPO는 만약 웨스팅하우스의 발사관을 사용한다면 SSBN의 크기를 줄여도 현재와 같은 수인 16기의 SLBM을 탑재할 수 있고, SSBN의 크기를 그대로 유지한다면 20~24기의 SLBM을 탑재할 수 있다는 결론을 내렸다. SPO를 더욱 기쁘게 한 것은 원래 조지 워싱턴의 발사관 설치를 위해 마련한 충분한 여유 공간을 활용하여 폴라리스 미사일의 직경 1.37m보다 훨씬 큰 1.9m급 미사일도 폴라리스 SSBN에 탑재할 수 있다는 것이었다.

1962~1964년에 미국은 소련 레이더의 능력이 탄두의 진위 여부를 식별할 수 있을 정도로 크게 개선될 것으로 보았고, 1967년 이후에는 대기권 밖에서 RV를 요격하는 갈로시 같은 장거리 ABM 외에 미국의 스프린트(Sprint) 미사일과 같이 대기권 내에서 RV를 요격하는 단거리 ABM도 갖출 것으로 내다보았다. 자연히 ABM 돌파 능력이 포세이돈 C3(Poseidon C3, 이하 C3)의 주요 과제로 부상했다. 처음에는 위력이 큰 3개의 탄두와 펜에이즈 PX를 탑재하고 이리저리 움직여가면서 ABM을 돌파하는 것을 고려했다. 액체질소를 증발시켜 얻는 가스 제트를 이용해 탄두와 펜에이즈를 장착한 플랫폼을 이동하고 RB 방출 자세를 잡아주는 것으로 생각했다. 이러한 생각은 곧 각각의 RB를 표적으로 유도하는 다탄두 미사일 'MIRV 버스' 개념으로 발전하였다. 한편 1962년에 미국 공군도 Mk-12로 알려진 새로운 RV 개념을 제안했고, 1963년 미국 국방성 연구개발차관보(DDRE: Director of Defense Research and Engineering)는 공군과 해군이 공동 개발한다는 조건 아래 Mk-12라는 RV(RB) 개발을 승인했다.

1964년 5월 록히드는 직경이 1.9m인 폴라리스 B3를 제안했다. 길이는 A3와 비슷하고 미사일 부피와 페이로드 능력이 각각 2배에 달했다. 따라서 B3는 Mk-12 6기와 펜에이즈로 약 4000km 밖의 표적을 노릴 수 있게 설계되었다. 당시 전략가들은 소련의 대잠 능력 예측이나 미국 잠수함 능력으로 보아 사거리가 더 길 필요가 없다고 판단했기 때문에 새로운 미사일의 설계 노력은 페이로드 능력과 ABM 돌파 능력 향상에 집중되어 있었다. 공군에서는 RV를 장착하는 플랫폼 내에 유도 조종장치와 RV들을 장착하고 플랫폼에 장착한 모종의 추진장치를 이용해 이동하면서 한 번에 하나씩 RV를 방출하여 RV들이 표적 상공에 도착하도록 하는 개념이다. 공군은 이러한 RV 방출 방법을 메일맨 (Mailman)이라 불렀으며 미니트맨에 적용하기 위해 개발하고 있는 기술이었다.

B3는 본질적으로 A3와 같이 하나의 표적을 공격하는 개념이었다. 그러나 록히드는 1964년 RB 방출 플랫폼의 가스 작동 시간을 늘리고 방향 조종을 좀 더 정밀하게 조정할 수 있다면 4기의 Mk-12나 훨씬 작은 RB 시스템을 12기까지 각기 다른 표적으로 유도할 수 있다고 판단했다. 플랫폼에 장착한 여러 개의 밸브를 열고 닫음으로써 고체 추진제를 연소시켜 얻은 고온 가스를 필요한 방향으로 분출시켜 플랫폼도 이동시키고, RB를 방출하기 전에 표적을 향해 겨냥할 수도 있게 되었다.[206] 공군은 액체로켓을 버스 추진 수단으로 사용할 수 있었지만, SPO는 액체로켓에 대해 강한 거부감이 있었기 때문에 액체로켓을 이용한 버스 추진기관 대신 고체 추진제를 연소시켜 발생한 가스를 버스 추진에 사용하는 것을 제안했다. 이렇게 해서 다수의 표적을 독립적으로 공격할 수 있는 다탄두 미사일 MIRV 버스 개념이 차츰 현실화되었

---

[206] 표적을 겨냥한다는 말은 RB의 방출 방향과 방출 속도를 RB가 표적을 관통하는 자유낙하 궤도상에 놓이도록 조정하는 것을 의미한다. 즉 방출 속도를 그 위치에서 람베르트 속도가 되게 해준다는 뜻이다.

다. 다수의 독립적으로 유도되는 RB로 여러 개의 표적을 하나의 미사일로 공격하는 것은 경제적 측면에서도 아주 매력적인 제안이었다.

1965년 1월 18일 린든 존슨 미국 대통령은 의회에 보내는 특별 메시지에서 존슨 행정부는 C3라는 새로운 함대탄도미사일(FBM)을 개발하겠다고 발표했다. 존슨 대통령은 자신의 행정부가 아무런 전략무기도 개발하지 않는다는 비난을 의식해서인지 FBM 이름에 특히 신경을 써서 폴라리스 B3가 아닌 C3로 바꿨다. C3는 A3보다 길이가 0.914m 긴 10.39m이고, 직경은 1.88m로 1.37배 커졌으며, 무게는 13.64t 더 무거웠다. A3보다 상당히 뚱뚱해졌지만 폴라리스 SSBN이 갖춘 16개의 발사관에 장착할 수 있었다. MRV보다 훨씬 더 복잡한 MIRV 표적 겨냥(Targeting)을 위해 잠수함의 발사 통제 시스템도 바꿔야 했다. 그러나 새로운 잠수함을 건조하지 않고도 대형 SLBM을 새로 개발할 수 있다는 사실이 SPO로서는 상당히 반가운 일이었다. MIRV 버스가 첫 번째 표적을 적중할 수 있는 속도, 즉 람베르트 속도에 근접하면 제2단에 설치한 추력 중단장치(TTP)에 의해 2단 모터의 작동이 강제로 중단되고 버스는 로켓으로부터 분리된다. 고체 추진제를 연소시켜 얻은 고온 가스를 이용하여 버스는 RB 방출 위치로 이동할 수도 있고, RB 방출을 위해 정확한 자세를 잡을 수도 있다. 버스가 고온 가스를 이용해 첫 번째 표적에 맞는 RB의 속도와 방향에 도달하면 해당하는 RB를 살그머니 내려놓고 회전시킨 후 뒤로 물러나 다음 표적을 겨냥한다. 이러한 과정은 모든 RB가 방출될 때까지 반복된다.

MIRV의 도입으로 폴라리스 탄두에 사용된 Q-유도 방식을 풀 람베르트 유도(Full Lambert Guidance)에 가까운 방식으로 바꿔야 할 필요성이 제기되었다. 지금까지 폴라리스 미사일 유도에 사용되었던 Q-유도 방식은 유도해야 할 RB가 하나일 때에는 간편한 방식이었지만, 유도해야 할 RB가 여러 기인 MIRV 시스템에서는 아주 복잡한 방식이 된다. 따라서 MIRV 시스템에서는 RB의 현재 위치와 표적 위치 그리고 비행시간으로부터 표적 조준에 필요한 속력과 방향(람베르트 속도)을 구할 수 있는 람베르트 유도 방식이 훨씬 편리하다. 물론 소형·경량의 아주 빠른 탑재 유도 컴퓨터가 있다는 전제에서만 람베르트 유도 방식이 가능하다. 람베르트 유도 방식의 장점은 언제 어디서 어느 곳으로나 미사일을 유도하는 것이 가능하고 현재 위치, 표적 위치, 비행시간만 입력하여 표적을 재지정할 수 있다는 것이다.

그러나 소련 미사일 유도 프로그램 대부분은 1990년까지도 델타 유도 방식에 가까운 시스템이 사용되었다. 소련 로켓은 대부분 액체로켓을 사용하기 때문에 델타 가이던스에 적합하고 정확도도 많이 떨어지지 않는다. 다만 MIRV 탄두를 시용할 경우에는 지상에서 처리해야 할 계산이 굉장히 복잡해지고 탑재 컴퓨터에 입력해야 할 파라미터 수도 50~100개에 이를 것으로 판단된다.[207] 따라서 전시와 같은 급박한 상황에서 실시간으로 표적을 재지정한다는 것은 거의 불가능하다고 봐야 한다. 이러한 이유로 미국의 제한적이고 장기적인 핵전쟁을 수용하는 핵전략이 소련에는 받아들이기 힘든 아주 부담스러운 전략일 것으로 판단된다. MIRV의 유도 방식에 따라 선택할 수 있는 핵전략이 크게 좌우된다는 것은 흥미롭다.

포세이돈의 정확도를 카운터포스급으로 올리라는 DDRE의 해럴드 브라운(Harold Brown)과 국방장관 로버트 맥나마라의 압력에 마지못해 정확도를 50% 올리겠다고 수용한 SPO의 리버링 스미스는 MIT/IL과

---

[207] Donald Mackenzie, "Inventing Accuracy", (MIT Press, Cambridge, MA, 1990) p.320.

포세이돈의 유도장치 Mk-3 개발 계약을 맺었다.[208] MIT/IL의 기술자들은 Q-유도 방식은 MIRV 탄두를 유도하는 데에는 적합하지 않다고 판단하고 람베르트 유도 방식을 채택하기로 했다. 람베르트 유도 방식을 사용하는 버스는 항상 자신의 위치와 속도를 알고 있으며, 각 RB를 각자 표적에 맞추어 방출해야 하는 위치와 속도에 도달하기 위해 필요한 속도와의 차이를 계산하고 버스에 실린 주 추진기관을 이용해 필요한 위치로 이동하고 RV를 가속시킨다. 합당한 속도에 이르면 보조 로켓을 이용해 RB 방출을 하기 위해 버스 자세를 정밀 조종한다. 이러한 유도 프로그램을 처리하기 위해 당시로서는 아주 강력한 집속 회로로 제작한 범용 디지털 컴퓨터를 포세이돈에 탑재했다.

MIRV를 탑재하기로 원칙은 세웠지만, DDRE와 국방성에서 요구하는 미니트맨을 위해 공군이 개발하던 Mk-12를 탑재해야 할지 아니면 전혀 새로운 RB를 탑재해야 할지 아직 결정하지 못하고 있었다. SPO는 Mk-12를 공군과 공동으로 개발하는 경우 공군은 Mk-12 개발 프로그램에 대한 SPO의 장악력을 줄이려 할 것이고, 결과적으로 Mk-12는 해군 전략에 최적화된 MIRV가 될 수 없다고 판단했다. SPO는 리버모어 연구소의 칼 하우스만과 록히드의 로이드 윌슨이 1964년 폴라리스 B3 때 제안한 초소형·초경량 탄두/RB 콤비네이션에 흥미를 가졌다. 아직까지도 국방성은 Mk-12에 강한 집념을 가지고 있었지만 SPO는 나중에 Mk-3로 알려진 소형 RB를 본격적으로 검토하고 있었다. Mk-3는 원래 Mk-100, 크레스(CRESS), 페블스(Pebbles) 등 갖가지 이름으로 불렸다. 국방성을 혼란스럽게 만들기 위해서 이름을 이것저

---

[208] 카운터포스(Counterforce)는 견고한 미사일 사일로나 견고화된 벙커를 공격할 수 있는 전력을 의미하며 '대핵 능력'이라고 말할 수 있다.

것 바꿨다고 록히드의 한 기술자가 술회했다고 한다.[209] 1964년 11월 소련이 붉은 광장에 갈로시 ABM을 전시하자 Mk-3를 여러 기 탑재하려는 SPO가 힘을 얻었다. 여러 가지 검토를 거친 끝에 1965년 Mk-12 옵션은 고려 대상에서 아예 제외했다. SPO는 Mk-3가 Mk-12보다 작기 때문에 훨씬 많은 수의 Mk-3를 탑재할 수 있고, 많은 수의 RB가 ABM을 뚫고 표적을 공격하는 데 훨씬 유리하다고 판단한 것이다. ABM 돌파를 위한 가장 완벽한 모의 탄두는 무게, 모양 등 모든 면에서 진짜 탄두와 같은 것이지만 이러한 모의 탄두보다 더 완벽한 것은 진짜 탄두라는 결론을 얻은 것이다.

Mk-12가 제외되고 나서도 맥나마라 국방장관과 DDRE의 브라운은 Mk-17을 이용하여 소련의 사일로를 공격할 수 있는 대핵 능력 옵션도 원했기 때문에 포세이돈의 정확도를 크게 향상시키도록 SPO에 지속적인 압력을 가했다. Mk-17은 1.5Mt 탄두를 나르는 재돌입체로, 국방성과 SAC이 미니트맨-III의 RV 옵션으로 원했으며, 해군에서도 RV 옵션으로 요구하고 있었다. 1966년 포세이돈 시스템의 성능 특성은 소련의 대잠 능력이 아닌 소련의 ABM 개발에 의해 결정되었다. 따라서 사거리는 A3와 비슷해도 되지만 ABM을 무력화시키기 위해 각 미사일마다 되도록 많은 수의 Mk-3를 탑재하는 것을 원칙으로 하되, 명목상의 Mk-17 능력은 갖추는 것으로 결정을 보았다. 정확도는 A3에 비해 50% 개선을 목표로 했지만 달성 목표(Requirement)로 요구된 것은 아니었다. 포세이돈의 정확도 개선 노력은 두 가지 방향에서 추진되었다. 하나는 포세이돈 미사일의 정확한 유도를 위한 유도장치 Mk-4 개발이

---

[209] Graham Spinardi, "From Polaris to Trident", (Cambridge University Press, 1994) p.220, note 19.

었고, 또 다른 하나는 포세이돈 SSBN 항법장치의 정확도를 높임과 동시에 함정의 정확한 위치를 파악하여 항법장치를 초기화하는 간격을 늘리는 작업이었다.[210]

Mk-4에는 제너럴 프리시전(General Precision)사의 자회사 키어포트(Kearfott)의 설계에 따라 포세이돈 발사 시 들어오는 플랫폼의 수평관련 오차를 제거할 수 있도록 Mk-3의 관성 플랫폼에 별을 추적하는 광학장치를 덧붙여 만든 천측-관성유도장치(SIGS: Stellar Inertial Guidance System)를 사용했다. 국방성과 DDRE는 포세이돈의 정확도를 늘려 상대방의 사일로 같은 견고표적을 타깃으로 삼고 싶어 했지만, SPO는 견고표적용 미사일 개발이 오히려 전쟁 억지력을 약화시킬 염려가 있다는 외부적인 이유와, 공군이 추구하는 대핵 능력과 차별화하려는 내부적인 이유로 반대했다. 결국 이 문제는 국회에서도 정치 문제로 떠올라 Mk-4 프로젝트는 취소될 수밖에 없었다. 반면 SPO에서 추진하던 로란-C와 신세대 트랜싯 위성항법 시스템(TIPS: Transit Improvement Program Satellites)에 의한 SINS 개선에 대해서는 해군뿐만 아니라 정치권에서도 조용했다.

Mk-4 도입이 취소되고 포세이돈은 순수한 관성항법장치인 Mk-3를 탑재하게 되었다. 포세이돈의 Mk-3 유도장치는 관성 플랫폼을 사용했으며, 람베르트 유도에 가까운 방식을 채택하였기 때문에 Q-유도 방식 때와는 달리 정밀한 지구의 중력 모델이 필요했다. 지구를 구(Sphere)라고 가정한 적절한 중력 모델을 사용하는 한편, 측정 데이터를 이용하여 특정 궤도에 대한 중력 보정 효과를 미리 계산했다. 이 보

---

[210] 자이로 드리프트 등으로 시간이 흐름에 따라 SINS의 오차가 누적된다. 주기적으로 외부 정보를 이용해 SINS 데이터를 업데이트하는 것을 초기화 또는 리셋(Reset)이라고 한다.

정 항들은 댈그런의 NSWC(Naval Surface Weapons Center)에서 대형 컴퓨터로 미리 계산되고 발사 통제 컴퓨터에 기억시켰다가 발사 직전에 포세이돈 유도 컴퓨터에 입력된다. 갈로시 폭발에 대비하여 Mk-3에 사용되는 회로는 전자기 충격파와 방사선에 대한 보호 조치를 취해 경화(Hardening)시켰다.

포세이돈 미사일의 탄두 섹션 직경은 188cm이고 최대 탑재량은 2000kg이다.[211] 2000kg은 10기의 RB를 탑재하고 사거리 4600km를 기준으로 했을 때에 최대 탑재량이다. 포세이돈에는 6~14기의 W-68/Mk-3를 탑재할 수 있는 것으로 알려졌다. 10기의 RB를 탑재했을 때 명목상의 사거리는 A3와 마찬가지로 4600km이지만 14기의 W-68/Mk-3를 탑재하면 사거리는 3300km밖에 안 된다. 그러나 6기의 RB만 탑재한다면 C3의 사거리는 최소한 5500km 이상으로 늘어난다.

MIRV 도입과 함께 A3에서는 필요 없었던 TTP를 포세이돈의 제2단에 다시 도입했다. 그러나 미리 TTP를 만들어놓고 막았던 A1 또는 A2와는 달리 C3에서는 선형작약(Linear Charge)으로 파이버글래스 모터 케이스에 구멍을 뚫어버리는 방법을 사용했다. TTP 사용 목적은 MIRV 탄두들이 표적을 겨냥하기에 적합한 속도에서 로켓모터의 작동을 멈추게 하는 것이다. 각 RB를 각각의 표적에 적합한 속도로 가속하고 적합한 방향으로 방출하려면 버스를 이동시키고 방향을 잡아주는 추진 시스템이 필요하다. 공군의 미니트맨-III에서는 이 목적으로 자동 점화 액체로켓 엔진을 사용하는 데 반해 해군에서는 고체 추진제를 사용하기로 결정했다. 잠수함에 싣고 다니는 무기에 액체를 사용하는 것을 꺼

[211] Memorandum of Understanding: Mou Text,
http://dtirp.dtra.mil/TIC/START/st_mou.htm.

렸기 때문이다. 액체 엔진은 비교적 자유스럽게 껐다 켰다 할 수 있지만 고체 엔진은 그럴 수가 없다. 포세이돈에서는 고체 추진제를 계속해서 연소시켜 가스 발생기로 사용하고 8쌍의 가스 노즐을 통해 가스를 분출함으로써 버스의 방향과 속도를 조절한다. 14기의 RB를 탑재했을 때에는 사거리가 3300km 정도 되고, 횡 방향의 RB 분산이 거의 없기 때문에 RB는 MIRV 기능이 없다고 판단된다. 그러나 10기의 RB를 탑재했을 경우 C3의 사거리는 4600km이며 RB들이 분산되는 거리는 280km이다. 만약 6기의 RB만 탑재하면 C3의 사거리는 5560km로 늘어나고 RB의 분산거리는 550km에 달하는 것으로 보인다.[212] Mk-3 RB는 아주 작은 재돌입체이고 융제 방법에 의해 재돌입에 의한 열을 차단하도록 설계되었다. 재돌입 시 융제되는 면이 균일하지 않으면 양력이 발생해 정확도가 많이 떨어지므로 RB 방출 시 재돌입 각도로 RB 방향을 정확히 맞추고 원뿔의 축을 중심으로 회전시킨다.

1971년 제임스 매디슨함이 A3 대신 C3를 싣고 패트롤에 나감으로써 포세이돈이 작전 배치되기 시작했다. 폴라리스 SSBN은 C3를 탑재하기 위해 SINS, 발사 통제장치 및 발사관을 교체했다. C3의 W-68 탄두는 1975년 생산이 종료될 때까지 무려 5220개 생산되어 미국의 핵탄두 중 가장 많이 생산되었다. W-68는 미국 역사상 가장 많은 실험을 통해 개발된 탄두이지만 가장 말썽 많은 탄두이기도 했다.[213] 메가톤급 탄두에 귀가 익숙해진 우리에겐 폭발력이 40~50kt으로 알려진 W-68의 탄두는 아주 빈약하다고 생각되지만, W-68의 위력은 나가사키 원폭의 2배에 이르는 폭발력이다.

---

[212] Graham Spinardi, "From Polaris to Trident", (Cambridge University Press, 1994) p.107.
[213] Chuck Hansen, "US Nuclear Weapons", (Aerofax, Inc., Arlington, Texas, 1988) p.206.

사실 C3의 정확도는 견고표적용으로는 부족하지만 대량 보복을 위한 도시 공격용으로는 지나치게 정확하여 어정쩡한 상태였다. 따라서 많은 해군 관계자들은 다음 세대 SLBM은 견고표적을 대상으로 삼아야 한다고 생각하게 되었다. SPO의 독립성도 많이 훼손되어 1967년에는 이름이 전략 시스템 프로젝트국(SSPO: Strategic Systems Project Office)으로 바뀌고 공식적으로 전략적 공격 및 방어 시스템 사무국(OSODS: Office of Strategic Offensive and Defensive Systems)의 예속기관이 되었다. 그동안 SPO는 공군과의 차별화와 대량 보복에 의한 억지력 확보라는 대내외적인 명분으로 SLBM의 지나친 정확도 향상에 반대하며 버텨왔지만, SSPO의 위상 약화와 여건 변화로 대핵 능력을 가진 SLBM의 출현은 시간문제가 되었다.

제4세대 SLBM: 트라이던트-I

늘 그래왔듯이 C3 개발이 진행 중이고, C3의 세부 특성이 확정되기 이전부터 차세대 SLBM에 대한 검토가 시작되었다. 방위분석연구소(IDA: Institute for Defense Analysis) 주관으로 수행된 스트라트-X(Strat-X)는 소련의 ABM과 나날이 정확도가 향상되는 소련 탄도탄에 대응하는 가장 좋은 방법을 찾기 위한 기술적인 연구 검토 프로젝트였다. 유일한 조건이라면 기존 시스템이나 이전 시스템과는 확실히 차별화되는 시스템이어야 한다는 것이었다. 공군은 미니트맨을 대체할 대형 미사일 WS-120A를 제안했고, 해군은 대형 잠수함에 사거리가 8000~1만 2000km인 미사일을 장착한 캐니스터 20~24기를 함체 밖에 탑재하는 수중 장거리 미사일 시스템(ULMS: Under-sea Long-range Missile System)을 제안했다. 배치 모드를 비교하기 위해 공군과 해군은 직경 2.03m인 미사일을 공통적으로 사용했다. 스트라트-X는 가장 경제적이고 생존 가능한 옵션을 찾기 위해 무려 125가지가 넘는 미사일 배치 방법(Missile Basing Method)을 분석하고 검토한 결과 해군의 ULMS가 가장 경제적이고 생존할 확률이 높은 시스템이라고 판단했다.

1969년 SSPO는 스트라트-X 개념에서 잠수함 선체 밖에 탑재하는 캐니스터 개념을 포기하고 함 내 수직 발사관에서 발사하는 통상적인 개념을 택했다. 폴라리스나 포세이돈 미사일을 개발할 때에는 잠수함에 대한 논쟁은 일어나지 않았지만 ULMS를 탑재할 SSBN의 경우는 달랐다. SSPO는 공격용 잠수함 나왈(Narwhal)의 1만 7000shp(Shaft Horse-power: 축마력)[214] 원자로를 이용하려 했지만, 막강한 영향력을 가진 리코버 제독은 나왈 원자로를 사용하면 잠수함의 최대 속도가 18~19노트로 제한되므로 당시에 개발 중이던 3만shp 원자로 2개로 추진되는 24노트급 잠수함을 건조해야 한다고 주장했다. 새로 CNO에 취임한 엘모 줌왈트(Elmo Zumwalt) 제독은 SSPO의 스미스 제독에게 하루빨리 리코버와 합의점을 찾아내 잠수함 건설 계획을 추진하라고 압력을 가했다. 스미스는 SLBM의 무게와 크기 등의 특성을 제시하고 리코버는 여기에 합당한 잠수함을 설계하기로 합의했다. 리코버는 자연 순환되는 3만shp 원자로 2개로 추진되고 최대 속도가 26~27노트에 달하는 잠수함을 설계했다. 포세이돈 발사관보다 부피가 3배 반이나 큰 ULMS 발사관을 수용하기 위해 잠수함의 외각 직경이 15m가 넘고 수중 배수량은 3만t이나 되었다. 이것으로 ULMS SSBN 문제는 일단락되는 듯했으나 1970년 국방차관 데이비드 패커드(David Packard)는 이렇게 거대한 잠수함 개발을 승낙하지 않았다.

---

214 'Shaft Horsepower'는 배의 프로펠러 샤프트에 전달된 파워를 말한다. 1 horsepower(hp)는 대략 0.746kw에 해당한다.

결국 패커드는 ULMS 개발은 지속하되 IOC[215]는 1984년 이후로 미루고, ULMS가 실용화될 때까지 SSBN의 생존력을 늘리기 위한 임시방편으로 사거리 연장형 포세이돈(EXPO: Extended Range Poseidon)을 1978년까지 개발할 것을 제안했다. 1971년 9월 14일 국방장관은 ULMS에 대한 결정을 내렸다. 그 내용은 포세이돈 SSBN에 탑재할 수 있는 사거리 7400km의 ULMS-I 미사일을 1977년까지 개발하고, 원래 의도했던 ULMS인 ULMS-II를 개발할 것을 명시했으나 배치 기한은 정하지 않았다. 그러나 당시 미국 대통령 리처드 닉슨(Richard Nixon)은 소련과의 SALT 협상에서 ULMS를 미국에 유리한 지렛대로 사용하기 위해 패커드에게 미국의 FBM 확충 프로젝트를 서두르라고 주문했다. 원래 백악관에서 원한 것은 포세이돈 타입 잠수함을 더 많이 건조하는 것이었지만 패커드는 1971년 12월 26일 대통령과 상의 없이 ULMS를 앞당겨 추진하라고 지시했는데 1972년 1월 이 사실이 언론에 누출되어 기정사실화되었다.

패커드 국방장관이 ULMS 프로젝트를 본격적으로 후원한다는 사실을 알게 된 ULMS 프로젝트 오피스는 잠수함의 구체적인 설계에 들어갔다. ULMS SSBN의 외각 직경은 12.8m, 수중 배수량은 1만 8700t이고 3만 5000shp의 원자로로 추진하며 24기의 ULMS를 탑재하도록 설계했다. 원래 해군에서는 20기의 트라이던트 미사일을 탑재하기로 했지만 패커드 국방장관이 언론에 발표하는 과정에서 실수로 24기라고 발표한 것이 그대로 굳어졌다.[216] 1972년 5월 15일 ULMS는 트라이던트(Trident)로, ULMS-I은 트라이던트-I C4(이하 C4)로, ULMS-II는 트라이던트-II

[215] IOC란 무기로서 유용한 의미를 가질 수 있는 최소한의 무기가 처음으로 배치된 상태를 말한다.
[216] Graham Spinardi, "From Polaris to Trident", (Cambridge University Press, 1994) p.122.

D5(이하 D5)로 명칭이 바뀌었다. 그러나 이것으로 트라이던트 논쟁이 끝난 것은 아니었다. 국회에서 홍역을 치르면서 트라이던트 예산이 책정되었지만, 새로 임명된 제임스 슐레진저(James Schlesinger) 국방장관은 상원 군사분과위원회의 건의를 받아들여 트라이던트 잠수함의 건조 계획을 연간 3척에서 2척으로 줄이되, 1979년부터 10척의 포세이돈 보트에 C4를 탑재하라고 지시했다.

원래 스트라트-X는 도시 공격용(Countervalue Weapons)으로 시작되었지만, 한편에서는 C4의 CEP를 줄여 견고표적을 선제공격할 수 있는 카운터포스용으로 개발하고자 하는 노력도 있었다. 반면 국회에 대한 반카운터포스 로비 때문에 카운터포스 능력을 강조하는 것은 또 다른 문제를 일으킬 수 있었다. 그러나 미사일의 사거리가 늘어나면 그에 따라 CEP가 증가하므로 유도장치의 정확도 개선이 요구되었다. 또 소련의 대잠 능력이 향상되어 미국 SSBN이 발각될 위험을 줄이기 위해서는 수면 가까이 올라와 외부 정보를 받아야 하는 항법장치 초기화의 간격을 가급적 넓게 벌릴 필요도 생겼다. C4의 사거리가 7400km로 늘어났지만, CEP는 4600km 사거리를 가진 C3의 CEP와 같은 550m 내외로 정하자는 데에는 큰 이의가 없었다. 잠수함의 은밀성을 위해 항법장치 초기화 사이의 간격을 30여 일로 늘리면서도 C3의 CEP를 유지하려면 초기화 직후의 CEP는 C3에 비해 월등히 작아야 한다. 이러한 조건을 만족시키기 위해서는 C3에 도입하려다 좌절된 기술인 천측-관성항법(SIGS) 도입이 당연시되었고, 천측-관성항법으로 유도되는 C4의 CEP는 220~460m 사이에서 변화했다.

천측-관성항법의 주 추진 세력을 형성한 키어포트의 존 브렛(John Brett)은 전략 시스템을 관장하는 국방차관이 되었고, 패커드 장관이 애매모호하게 지시한 트라이던트 시스템을 구체적으로 정의하는 위치에

섰다. 그는 상호 공멸에 의한 전쟁 억지력을 주장하여 미사일의 정확도 향상을 반대하는 다수의 카운터밸류 그룹에 정면으로 맞서지 않고 C4의 최대사거리에서 CEP를 C3의 최대사거리에서 CEP와 같게 해야 한다고 설득했으며, 이러한 주장은 받아들여졌다. C4의 최대사거리가 늘어난 이유는 물론 생존성을 높이기 위한 것이었고 트라이던트 잠수함 항법장치 초기화 사이의 시간 간격을 늘리는 것 역시 잠수함의 생존성을 높이기 위한 기술의 적용이라고 주장했다. 이러한 작업은 트라이던트 미사일 잠수함의 정확한 위치와 속도 파악에 도움이 되었고, 따라서 트라이던트 미사일의 정확도 향상에도 기여했다.

이렇게 개발된 C4의 Mk-5 유도 시스템에는 천측-관성항법장치뿐만 아니라, 키어포트에서 설계한 2차원 자이로(Two-degree of Freedom Gyro) 2개가 들어 있었다. 1차원 자이로를 사용한다면 3개가 필요했겠지만 2차원 자이로를 사용했기 때문에 2개로 충분했고 따라서 부피가 매우 작아졌다. 여유로 생긴 빈 공간에는 별을 추적하기 위한 별-추적기(Star-Tracker)를 장착했다. C4의 Mk-5에 장착한 가속도계는 C3의 Mk-3에서 사용한 것과 대동소이한 진동 진자형 적분 가속도계(PIPA: Pulsed Integrating Pendulous Accelerometer)였다. PIGA가 훨씬 정확했지만 무겁고 제작이 어려웠으며, PIPA로도 목표로 세운 CEP를 달성하는 데에는 아무런 문제가 없다고 판단했기 때문이었다. 천측 보정(Stellar Update) 계산은 로켓 추진이 끝나자마자 최단 시간 내에 이루어져야 버스의 연료를 절약할 수 있다. 이때 천측 보정 계산을 위해 Mk-5는 컴퓨터 성능을 100% 요구한다. Mk-5의 컴퓨터는 200K의 프로그램을 할 수 있는 메모리를 갖추었고, 발사 전에 필요한 파라미터를 읽어내는 48K의 RAM 메모리도 갖추었다.

C4 미사일 개발을 둘러싸고도 C3 때와 마찬가지로 정확도와 탄두

폭발력 문제에 대한 많은 논란이 일었다. 그러나 사거리를 대폭 늘려야 할 필요성은 여러 사람이 인정했다. 늘어난 사거리를 달성하기 위해 C4의 추진기관은 3단 고체로켓을 사용해야 하는 한편, C4의 크기는 포세이돈 SSBN에 탑재한다는 조건 때문에 최대 직경 1.88m, 높이 10.39m로 제한될 수밖에 없었다. 포세이돈과 길이와 직경이 거의 똑같은 미사일로 사거리를 2800km 더 늘리려면 여러 가지를 새롭게 고안해야 했다. 2단 미사일 포세이돈과 같은 길이에서 3단 로켓을 꾸려내기 위해 C4 설계자들은 포세이돈 탄두부의 RB 배열 형식을 바꿨다.

제3단 고체 모터를 탄두부 섹션 가운데에 배치하고 RB들을 그 주변에 원형으로 배치하는 형식을 택했다. 설계자들은 이러한 RB 배열 방법을 덱-관통 설계(Through Deck Design)라고 한다. 그 결과 탑재 가능한 탄두의 직경은 아주 작아졌으며, 큰 직경이 요구되는 메가톤급 이상의 탄두는 처음부터 제외되었다. 그러나 C3의 W-68보다는 훨씬 강력해야 한다는 주장이 만만치 않았다. SSPO는 얼마간 폭발력이 더 큰 탄두를 탑재하기 위해 새로운 RB를 개발하는 것은 비용 대 효과 면에서 비효율적이라고 주장했으나, 종국에는 국방부 의견에 계속 반대하는 것은 결코 트라이던트 프로젝트에 유리할 것이 없다고 판단했다. 결국 SSPO는 100kt 안팎의 탄두를 수용하기로 했으며, 록히드는 이에 적합한 재돌입체 Mk-4를 개발했다.

기존의 고체로켓 유도 방법에서는 2단 로켓의 속도가 첫 번째 RB의 표적을 명중시킬 수 있는 속력과 방향에 도달하면 추력 중단구(TTP)를 열어 고체 모터를 중단시키고, PBV는 RB들을 각자 표적에 맞는 속도로 방출하기 위한 이동과 방향 조종에 들어간다. TTP가 열리면 연소실 내 고온·고압의 연소 가스가 로켓모터 상단에서 밖으로 비스듬히 뿜어져 나오기 때문에 역추진력이 걸리고 연소실의 압력도 급감하여 모터 작동이 중지되었다. 그러나 C4에서는 덱-관통 설계의 도입으로 A1, A2와 C3에서 사용하던 유도 방법을 사용할 수 없었다. C4 설계에서는 3단 모터 주변을 탄두가 빙 둘러싸고 있기 때문에 고온·고압가스가 뿜어져 나올 TTP를 배치할 수 없는 상황이 되었다.

이 문제의 해결책으로 에너지 소비 비행(GEMS: General Energy Management Steering) 유도 방법이 등장했다. GEMS는 로켓모터를 중도에 강제로 컷오프하는 대신 연료가 다 타서 소진될 때까지 기다리는 방법이다. 미사일의 유도 조종장치가 하는 일은 로켓의 연료가 소진되는 순간에 로켓의 속력과 방향이 첫 번째 표적을 명중시키는 데 필요한 람베르트 속도에 도달하도록 동력비행 궤도를 프로그램화하는 역할을 한다. GEMS 유도 방법은 트라이던트와 같이 길이 제한이 심각한 경우는 물론이고, 부스트 단계(Boost Phase)에서 요격을 피하기 위해 동력비행 궤도를 예측하지 못하게 이리저리 바꿀 목적으로도 사용한다. 러시아의 토폴-M 미사일이 좋은 본보기라 할 수 있다.

C4의 페어링은 여러 기의 RB와 3단 모터를 보호하기 위해 필요하지만, 길이가 제한되기 때문에 공기저항을 줄이기에 적합한 형태가 아닌 뭉뚝한 형태로 설계되었다. 록히드는 C4의 사거리를 조금이라도 더 늘리기 위해 발사된 후 두꺼운 대기층을 뚫고 올라갈 때 생기는 공기마찰을 줄이려고 접이식 에어로스파이크(Telescopic Aero-spike)라는 흑연 막대를 3단 모터 안에 장치했다. 미사일이 발사되면 접혀 있던 에어로스파이크가 앞으로 길게 튀어나와 선수 충격파(Bow Shock)를 만들고, 충격파를 뭉뚝한 페어링에서 분리시킴으로써 공기 마찰이 50% 정도 줄어든다. 노즈 콘(Nose Cone) 안에 설치된 에어로스파이크는 잠수함에서 미사일이 고압가스에 의해 사출되면 작은 고체로켓 가스 발생기가 점화되고, 가스 힘에 의해 튀어나와 고정된다. 발사 후 2분쯤 지

나면 에어로스파이크는 페어링과 함께 떨어져 나간다.[217] 에어로스파이크는 값싸고 비교적 간단한 마찰 감소 장치이지만 마찰 감소 효과를 사거리로 환산하면 550km나 된다.

C4에는 RB의 CEP를 줄이기 위한 대책의 하나로 PAM(Plume Avoidance Maneuver)이라는 RB를 장착한 ES(Eqipment Section)의 기동 방법을 들 수 있다. ES는 3단 모터, RB와 PBCS(Post Boost Control System)의 장착대라고 볼 수 있다. PBCS는 유도장치와 ES의 이동과 방향 전환을 위한 노즐 및 가스 발생용 고체 추진제 등으로 구성되어 있다. 3단 모터가 소진되면 3단 모터를 분리하고 미리 정해둔 별을 관측할 수 있는 방향으로 ES가 회전한다. 최단 시간 내에 천측 보정이 끝나면 ES는 첫 번째 RB 표적에 적합한 방출 속도에 도달하기 위해 속도를 조절한다. RB를 방출하는 데 필요한 속도에 도달하면 ES는 RB를 조용히 내려놓고 뒤로 물러나야 한다. 이때 사용되는 ES의 로켓 분사 가스(Plume)에 의해 RB가 영향을 받을 수 있으므로 유도 컴퓨터는 RB에 분사 가스가 영향을 주지 않을 노즐만 사용하고, 영향을 줄 수 있는 위치에 있는 노즐은 밸브를 닫아놓는다. ES의 이러한 기동을 PAM이라 하는데, 똑같은 테크닉이 피스키퍼 미사일에서도 사용되었다.

사거리 목표를 달성하기 위해서는 1 · 2 · 3단 모터의 비추력 I_{SP}를 최대한 끌어올리고 비활성 부품의 무게를 최대한 줄여야 했다. 허큘리스사와 티오콜사가 1단과 2단을, 유나이티드 테크놀로지(United Technology)사가 3단 모터를 개발하기로 했다. 너무 과욕을 부린 탓인지 2단 모터가 지상 연소시험 중에 폭발하는 사고가 발생했다. 그 후 1 · 2단

---

[217] Mark D. Waterman and B. J. Richter, "Aerodynamic Spike Mechanism", http://ntrs.nasa.gov/archive/nasa/casi.ntrs.nasa.gov/19790014372_1979014372.pdf.

모터는 덜 강력한 추진제로 바꾸었으나 3단 모터는 XLDB-70(Cross-Link Double-Base 70%)라는 고체 연료와 PGA(Polyglycol Adipate), NC, NG, HDI(Hexadiisocryanate) 등으로 만든 바인더(Binder)를 사용했다. XLDB-70는 HMX라는 TNT에 비해 성능이 거의 2배인 고성능 화약과 알루미늄 및 AP로 이루어진 아주 강력하고 폭발성도 있는 위험한 추진 제였지만 사거리 목표 달성을 위해서는 사용이 불가피했다. 그러나 위험성을 고려하여 3단 모터에만 사용하기로 했고 비활성 무게를 줄이기 위해 1·2·3단 모터 케이스를 전부 케블라(Keblar)로 만들었다. 이러한 준비를 거쳐 포세이돈과 치수가 같은 C4의 사거리가 2800km나 더 길어졌다. 외부 입력에 의한 항법장치의 초기화를 언제 했느냐에 따라 CEP도 220~450m 사이에서 변화할 것으로 예측되지만 명목상의 CEP는 380m로 알려졌다. C4 SLBM에는 W-76/Mk-4 RB를 탑재하기로 최종 결정되었다.

W-76는 로스앨러모스의 설계로, 폭발력은 100kt으로 포세이돈 탄두에 비해 2배 정도 강력해졌지만 CEP가 380m인 점을 고려하면 C4의 용도 역시 애매하다고 볼 수 있다. 카운터포스용으로 사용하려면 경화된 사일로에 대한 단발 파괴 확률(SSKP)이 최소 0.7은 되어야 의미가 있다. SSKP가 0.7이면 2기의 미사일에서 각각 1개의 탄두로 같은 표적을 공격할 때 표적이 파괴될 확률은 0.91이다.[218] 100kt의 폭발력에 대한 견고도가 136기압인 표적의 파괴 반경은 약 170m이다. 따라서 W-76의 136기압에 대한 SSKP는 0.13 미만이고 견고도가 68기압인 표적에 대해서도 0.2 미만이다. 그러나 도시와 산업시설 같은 카운터밸류 표적

---

[218] 이러한 공격 방법을 교차사격(Cross Targeting)이라고 하며, 사일로 같은 견고표적을 무력화시키기 위해 통상적으로 사용하는 공격 방법이다.

의 기준이 되는 0.34기압(5psi)의 여압으로 보면 파괴 반경이 2.25km나 되어 SSKP는 1이다.[219] 이와 같은 기준에서 본다면 C4는 카운터밸류용으로는 너무 정확하고 카운터포스용으로는 폭발력도 약하고 정확도도 많이 부족하다고 볼 수 있다.

C4 미사일은 12척의 제임스 매디슨급과 벤저민 프랭클린급 포세이돈 잠수함에 각각 16기씩 탑재되었고, 나중에는 8척의 오하이오급 잠수함에도 24기씩 탑재되었다. C4는 MAD 개념에 입각한 확실한 전쟁 억지 수단으로 20여 년간 미국 해군에서 운영하였다.

5세대 SLBM: 트라이던트-II

1971년 9월 14일 패커드 국방장관의 발표로 D5 SLBM과 3만 5000shp로 추진되는 1만 8000t급 트라이던트 잠수함의 개발이 기정사실화되었지만, D5 SLBM의 요구 특성(Required Characteristics)이 정해진 것은 없었다. 스트라트-X에서 검토되었던 ULMS는 사거리가 1만 1000km에 달하는 잠수함 발사 ICBM이었다. 긴 사거리는 날로 증강되는 소련의 대잠수함 전력(Anti-submarine Warfare)에 대항해 SSBN이 살아남기 위한 확실한 수단이기에 사거리 연장에 대한 반대 의견은 크지 않았다. 그러나 D5 개발이 구체적으로 논의될 시점에서는 D5가 갖춰야 할 특성이 사거리에서 정확도 쪽으로 기울어지기 시작했다.

1950년대 후반과 1960년대를 가로질러 SPO(또는 SSPO)의 일관된 정책은 SLBM의 정확도는 MAD를 보장하는 수준이면 된다는 것이었다. 그러나 국방성과 CNO는 SLBM의 정확도를 향상시켜 어느 정도의 카운터포스 능력을 부여함으로써 전략적인 유연성을 얻고 싶어 했다.

---

219 psi는 제곱 인치당 1파운드의 힘을 나타내는 압력 단위로 14.7psi는 1기압에 해당한다.

C4 때까지만 해도 SPO의 주장을 받아들여 SLBM의 정확도는 대개 SPO 와 CNO가 주장하는 중간선에서 애매모호한 타협을 보았다. 그러나 1973년 경제학자 출신으로 1963~1969년 랜드에서 전략 문제 연구를 이끌었던 제임스 슐레진저가 국방장관에 취임하면서 정확도에 대한 정책에 변화가 일기 시작했다. 랜드 시절 슐레진저는 제한적인 핵전쟁과 소규모 선택적인 표적 공격 옵션이 국제 정치의 지렛대로 필요하다는 전략을 지지해왔다. 이러한 핵전략 개념은 1974년 닉슨 대통령이 서명한 NSDM-242에 의해 핵정책으로 채택되었다. 이 정책은 기존의 MAD 전략으로부터 이탈을 의미하며 NSDM-242 내에는 군사 기지에 대한 미리 예정된 소규모 핵 공격 계획까지 포함되어 있었다.[220] 당시의 미국 핵전력만 가지고도 NSDM-242에서 요구하는 유연성을 확보할 수 있었지만 슐레진저는 앞으로 개발할 SLBM은 카운터포스용으로 설계할 것을 SSPO에 요구했다. SSPO는 이번에도 정확도를 설계 요구 사항으로 받아들이지는 않았지만 정확도 향상 프로그램(IAP: Improved Accuracy Programme)을 시작했다.

IAP의 일환으로 SLBM 발사 직전 잠수함의 속도와 위치를 정확히 알 수 있는 속도와 위치 기준 시스템(VPRS: Velocity and Position Reference System)이라는 자동신호 반응기(Transponder) 네트워크를 해저에 구성했다. 이 외에도 특별히 조정한 로란-C를 이용한 잠수함 위치 파악과 새트랙(Satrack)이라는 이름의 GPS(Global Positioning Satellite)를 이용한 SLBM 오차 분석 방법도 개발했다.[221] 이러한 분석을 통해 잠수함의 속

---

220 NSDM은 'National Security Decision Memorandum'의 약자로 '국가 안보 결정 사항에 대한 메모'를 뜻한다. NSDM 242는 'Policy for Planning the Employment of Nuclear Weapons'라는 제목으로 1974년 1월 17일 국무장관에게 보낸 메모로 지금은 비밀 해제된 1급 비밀문서이다. http://www.gwu.edu/~nsarchiv/NSAEBB/NSAEBB173/SIOP-24b.pdf.

도와 별을 관측하는 천측 감지기(Stellar Sensor)가 SLBM의 오차 요인 중
가장 크다는 결론을 내렸다. 그 후 1974년부터 1982년까지 SSPO는 C4
의 천측-관성유도장치 Mk-5를 개선하는 데 집중적인 노력을 기울여
7400km 사거리에서 CEP 150m를 기대할 수 있게 되었다. 따라서 차세
대 FBM인 D5 역시 자연스럽게 천측-관성유도(Stellar Inertial Guidance)
방식을 채택하게 되었다.

1977년 미국 의회에서 D5 예산을 승인하면서 그동안 오락가락하
던 초기 배치 시기도 1987년으로 결정했다. 공군이 견고표적 파괴용
ICBM 개발을 주장해온 데 반해 해군의 SLBM 개발을 주관해온 SPO(이
후에 SSPO)는 MAD 개념에 입각한 도시-산업시설만을 표적으로 삼을
것을 줄기차게 주장하여 공군과 차별화해왔다. 그러나 1970년대 후반
에 이러한 상황에 변화가 생겼다. 대형 탄두를 장착한 소련 미사일의
정확도가 많이 향상되었고, 소련 ICBM의 MIRV화가 빠른 속도로 진행
됨에 따라 소련의 선제공격으로 미국의 모든 ICBM이 무력화될 수도 있
다는 예측이 나왔다. 그에 따라 만약의 경우에 대비하여 ICBM을 대신
해 견고표적을 공격할 수 있는 SLBM의 필요성이 대두되기 시작했다.
카운터포스 능력이 새로운 FBM 설계의 근간이 되었을 뿐만 아니라 공
군 ICBM을 대체할 수 있는 수단이 된다고까지 생각하게 된 것이다. 당
시 이러한 ICBM 취약성 문제는 D5와 거의 동시에 진행되던 공군의
MX 미사일 개발에서 배치 문제가 주요 이슈로 떠오른 것에서도 쉽게
알 수 있다.

고정된 사일로를 아무리 견고하게 설계해도 차세대 소련 ICBM 공

---

221 Graham Spinardi, "From Polaris to Trident", (Cambridge University Press, 1994)
pp.143~144.

격에서 살아남을 가능성이 희박해지자, 미국 의회는 공군이 개발하려는 미사일은 성능보다도 생존 가능한 배치 방법을 찾아야 개발을 승인하겠다고 했다. 슈퍼 사일로, 레일 이동식, MPS, 밀집 배치, 해저 배치 등등 수십 가지의 배치 방식을 검토했지만 예산과 민원 또는 기술적 문제로 난항을 걷다가 애초에 생각한 수의 4분의 1에 해당하는 50기만 보강된 미니트맨-II 사일로에 배치했다. 미니트맨의 생존 가능성이 희박해지자 그 문제를 해결할 대안으로 제안되었던 피스키퍼도 결국은 고정 사일로에 배치됨으로써 피스키퍼의 생존 가능성도 미니트맨에 비해 나아진 것이 없었다. 이렇게 되자 결국 육상의 카운터포스 ICBM을 대체할 수단으로 D5가 부각된 것이다. SSBN에 탑재된 SLBM이야말로 생존성이 가장 높은 핵전력으로 누구나 인정했기 때문이었다.

여태까지 SLBM은 근원적으로 육상에 고정 배치하는 ICBM에 비해 정확도가 떨어질 것이라고 믿어왔지만, IAP를 위한 노력과 전반적인 기술 발전의 결과 SLBM의 CEP가 최고 정확도를 자랑하는 공군의 피스키퍼 CEP와 차이가 거의 없어졌다. 국회의 비둘기파들은 피스키퍼를 더 큰 악마로, 피스키퍼에 비해 생존성이 높은 D5를 작은 악마로 여겼다. 여기에 FBM의 정확도를 높이려는 시도에 줄기차게 저항해왔던 리버링 스미스 제독이 1977년 11월 SSPO의 책임자 자리에서 물러났다. D5의 후보로 C4의 정확도 대폭 향상, C4에 강력한 1단 장착 또는 피스키퍼와 상당 부분을 공유한 초정밀 D5 등 여러 가지 옵션을 저울질한 끝에 1981년 10월 레이건 행정부는 초정밀 D5를 '차기 FBM'으로 결정했고 초기 배치 시점을 1989년으로 정했다. 이렇게 해서 D5는 카운터포스 특성을 내놓고 설계할 수 있게 되었다. D5가 장거리 카운터포스 SLBM으로 결정됨에 따라 CEP를 줄이고 폭발력을 높이려는 노력이 동시에 진행되었다.

CEP를 줄이기 위한 노력은 D5의 정확도 개선과 트라이던트 SSBN 항법의 정확도 향상이라는 양방향에서 추진되었다. D5 역시 덱-관통 설계를 취하여 3단 모터를 둘러싸고 RB가 배열되기 때문에 GEMS 유도 방식을 사용할 수밖에 없었다. 3단 모터에 사용된 추진제는 C4의 3단에 사용된 추진제처럼 XLDB이지만 HMX 함유량이 약간 더 높은 52%로 폭발 가능성이 더 높았다. 바인더도 C4의 PGA/NG 대신 PEG/NG²²²로 바꿨다. PEG 접착제는 PGA 접착제보다 유연성과 유동성이 뛰어나 고체 연료를 75%까지 넣어도 무난했다. 이러한 D5의 추진제를 NEPE-75라는 상표명으로 불렀다. NEPE-75는 폭발성 1.1급(Detonable 1.1 Class)으로 분류되어 고성능 화약에 준해 취급해야 한다. 한편 대략 70%의 AP와 16%의 알루미늄, 14%의 접착제를 사용하는 XLDB는 폭발 위험성이 거의 없는 비폭발성 1.3급(Non-detonable 1.3 Class) 복합 추진제로 비추력이 260s인 데 비해 NEPE-75의 비추력은 그보다 4%가 큰 270s이다. 이를 사거리로 환산하면 8% 정도 차이가 나는 640km이다. 추진제 성능을 향상시키는 한편 D5 모터 케이스의 무게를 줄이기 위해 C4에서 사용한 케블라 대신 흑연/에폭시수지로 바꾸었다.

D5의 유도장치 Mk-6를 개발할 당시 처음에는 레이저 자이로를 사용할 생각도 했으나 별을 관측하기 위한 별 감지 센서(Stellar Sensor) 부착 문제와 방사선에 노출될 수도 있는 환경 등을 고려하여 C4에서 사용한 것과 마찬가지로 키어포트의 2차원 자이로를 사용했다. 가속도계는 미사일의 정확도에 미치는 영향이 플랫폼에 사용되는 자이로보다 더 크므로 C4에 사용한 PIPA 대신 정확하지만 값이 비싼 드레이퍼 연

---

222 PGA/NG는 Polyglycol Adipate/NG이고 PEG/NG는 Polyethylene Glycol/NG이다.

구소[223]의 지름 2.54cm인 10-PIGA를 선택했다. 별 감지기에서도 C4에서 사용한 비디콘(Vidicon) 대신 반도체 제품인 전하 결합 소자(CCD: Charge Coupled Device)로 바꾸었다. RB를 방출할 때 생기는 섭동을 조금이나마 줄이기 위해 C4에서 효과적이었던 PAM 테크닉을 더욱 정교하게 사용했고, 공기 마찰을 줄이기 위해 C4에서도 사용한 에어로스파이크를 사용했다.

현대식 미사일의 CEP에 가장 큰 영향을 주는 부분이 재돌입 시에 발생하는 오차이다. 표적 상공의 풍속과 공기 밀도 등에도 민감할 뿐만 아니라 재돌입 각도와 RB가 얼마나 균일하게 융제되느냐에 크게 좌우된다. 바람의 영향과 ABM의 요격 가능성을 줄이는 방법은 재돌입 과정에서 가급적 속도를 줄이지 않고 지상에 도달하도록 RB 설계를 하는 것이다. 빠른 재돌입 속도를 유지하려면 탄도계수가 커야 하고, 탄도계수를 크게 하려면 뾰족하고 길고 무겁고 단면이 작은 원뿔형이 되어야 한다. 피스키퍼의 W-87/Mk-21의 탄도계수는 14만 4000N/m²으로 거의 이론적 한계치에 달하는 값이며,[224] 지면 충돌 속도는 대략 3.4km/s 정도 되어 바람의 영향도 별로 받지 않을 뿐만 아니라 ABM으로 요격하기도 쉽지 않다. D5의 탄두/RB 역시 피스키퍼의 값과 유사한 탄도계수일 것으로 추론된다.

ES가 RB의 축을 재돌입 각도에 맞추고 섭동 없이 방출한 후에 RB가 올바른 재돌입 각도를 유지하도록 하기 위해 RB를 원뿔의 축을 중심으로 회전시킨다. RB의 회전은 재돌입 각도 문제만 해결해주는 것이 아니라 융제가 한 방향만 일어나지 않고 골고루 일어나 RB의 특정 방

---

[223] 드레이퍼 연구소(Draper Laboratory)는 MIT/IL이 MIT로부터 독립한 후의 이름.

[224] "Countermeasures", p.153. http://www.ucsusa.org/assets/documents/nwgs/cm_all.pdf.

향으로 양력이 생기지 않게 해준다. 그러나 스핀만으로는 균일한 융제를 보장해주지 못한다. 원뿔의 끝 부분은 온도가 특히 높이 올라가기 때문에 탄소/탄소 복합체를 사용하여 만든다. RB의 뾰족한 끝의 온도는 재돌입 각도에 따라 다르지만 7000~8000K 이상 올라갈 수 있다. 따라서 끝 부분의 융제가 불균일하게 진행되어 양력을 발생시킬 수 있다. 이러한 현상을 막기 위해 비교적 낮은 온도에서 융제가 일어나는 가느다란 금속화 탄소(Metallated Carbon)를 RB 코끝(Nose Tip) 중심부에 넣어줌으로써 중심부가 먼저 융제되어 전체적으로 균일하게 융제되도록 한다. 이러한 작용을 '형상 안정화된 코끝(SSNT: Shape Stable Nose Tip)'이라고 한다.

RB의 정확도를 결정하는 또 다른 요인은 잠수함의 속도, 위치 및 국지 중력의 정확한 데이터이다. 천측 데이터를 이용해 잠수함의 초기 위치(위도 및 경도)와 발사 방위각(Azimuth)의 오차는 교정이 가능하다고 보지만, 발사 시 잠수함 속도와 관성 플랫폼의 국지 수평면(플랫폼의 중심과 지구 중심을 통과하는 선에 수직한 면)에 포함된 오차는 바로잡을 수가 없다. 국지 수평면 오차를 줄이는 문제는 국지 중력 방향의 문제와 같다. D5에 요구된 CEP=90~120m 내외의 정확도에서는 장소에 따른 중력 변화(Local Gravity Anomaly)로 인한 오차는 반드시 보정되어야 한다. 따라서 해양 측지 탐사선(Survey Ship)과 인공위성을 동원한 지구 측지와 지구의 정확한 모델 및 국지 중력 지도를 제작해야 했다. 그간 트랜싯, GEOS III와 시샛(Seasat) 시스템을 이용해 수집한 중력 데이터는 D5의 정확도를 보장해주기에 불충분하다고 판단되었고, 이에 따라 이보다 훨씬 정밀한 중력 데이터를 수집해줄 새로운 인공위성 지오샛(Geosat)을 개발했다. 인공위성을 이용한 측지 외에 측지 탐사선을 이용한 해저지형 지도 작성과 국지 중력 지도를 만들었다. 해저지형 모델은 해저 신호 반응기와 함께 잠수함의 위치와 속도를 정확히 측정하는 데 필수적이었다. 이러한 측지 작업은 비용이 많이 들고 시간도 오래 걸린다. 따라서 SSPO는 트라이던트-II SSBN의 모든 초계 지역(Patrol Area)을 커버하는 정확한 중력 데이터를 얻는 것은 현실적으로 어려웠기 때문에 한정된 사거리 지역에서만 정확한 데이터를 사용하기로 결정했고, D5의 명목상 사거리를 7400km로 제한했다. C4에서는 SINS를 주기적으로 초기화하는 데에만 사용한 정전기 부상 자이로스코프(ESG: Electrostatically Suspended Gyroscope)를 D5에서는 항법장치로 채택했다. 각 잠수함은 2개의 ESG를 이용한 항법장치를 탑재하여 만약의 경우에 대비하는 한편 로란-C와 트랜싯을 사용하여 주기적으로 항법장치를 초기화하는 것도 그대로 유지했다.

CNO와 SSPO에서 조사한 바에 따르면 500kt 전후의 탄두를 탑재할 때 D5의 카운터포스 성능이 최대가 된다는 결론을 얻었다. 500kt의 폭발력은 D5에 탑재하는 탄두 수를 크게 줄이지 않고 탑재할 수 있는 최대 폭발력으로 보면 된다. 미국 국방부는 사거리가 7400km, CEP가 120m에 475kt의 폭발력을 가진 W-88 탄두를 Mk-5 재돌입체와 결합하여 D5에 탑재하기로 결정했다. 원래 SSPO는 W-76를 원했지만, 리버모어 연구소나 로스앨러모스 연구소에서는 피스키퍼와 트라이던트를 염두에 두고 오래전부터 475kt급 탄두 개발을 추진해오고 있었다. D5를 카운터포스 무기로 원하던 국방성은 475kt급 탄두와 새로운 RB의 결합을 원했다. 처음 계획대로 20척의 트라이던트 잠수함이 모두 건조되어 각각 24기의 D5를 탑재하고 각 미사일마다 8개의 W-88를 탑재했다면 4000개 이상의 W-88를 생산해야 했을 것이다.(〈사진 5-4〉 참고)

1989년 플루토늄 부품을 생산하는 로키 플랫(Rocky Flat)이 환경법

사진 5-4_ 가스발생기의 가스 압력으로 수면 밖으로 발사된 D5의 로켓모터가 점화되어 표적 방향으로 상승하고 있는 장면. D5는 히로시마 폭탄의 35배의 위력을 가진 탄두를 8개나 탑재하고 있다. [미국 해군][225]

을 어겼고, 환경보호국(EPA)과 연방수사국(FBI)의 영장 집행으로 로키 플래트 가동이 전면 중단되었기 때문에 W-88는 400개가 생산된 후 더 이상 생산할 수 없게 되었다. 이어서 소련연방이 붕괴되어 더 이상 플루토늄 부품 생산이 필요하지 않게 되었고 공장은 폐쇄되었다. 총 18척의 트라이던트 함이 건조되었지만, W-88를 장착한 D5를 탑재한 잠수함은 2~3척 미만으로 추정되고 나머지는 W-76/Mk-4로 무장한 C4와 D5가 탑재되었다.

W-88/Mk-5는 W-87/Mk-21보다 CEP가 약간 큰 대신 폭발력도 약간 커서 실제로 견고표적 파괴 확률은 대동소이하다고 볼 수 있다.

---

[225] http://en.wikipedia.org/wiki/UGM-133_Trident_II.

사진 5-5_ 사진 5-5 USS 메릴랜드(Maryland)호가 패트롤을 위해 킹스베이(Kings Bay)항을 떠나는 모습 [미국 해군]226

특히 GPS로 보완된 Mk-5의 CEP는 Mk-21의 90m와 동일한 것으로 추정된다. 결국 미국 해군은 공군의 ICBM보다 생존 가능성이 월등히 높은 카운터포스용 FBM을 보유하게 되었다.

한편 공군에서 개발해온 견고표적 공격용 피스키퍼의 탄두 역시 475kt급으로 설계했지만, 당시 레이건 행정부가 강력하게 추진하던 갖가지 순항미사일 탄두 생산 때문에 무기급 우라늄이 부족하게 되었다. 그 결과 피스키퍼 탄두인 W-87의 폭발력은 475kt이 아닌 300kt으로 줄어들었다. 이로써 미국 역사상 처음으로 해군의 탄도탄 탄두가 공군의 탄도탄 탄두보다 더 강한 폭발력을 지니게 되었다. 1980년대 말을 목표로 미국 공군과 해군이 야심적으로 추진하던 MX와 트라이던트 프

---

226 http://en.wikipedia.org/wiki/File:USS_Maryland_(SSBN_738).jpg.

로젝트가 하나는 우라늄 부품 부족으로, 다른 하나는 플루토늄 부품 부족으로 프로젝트에 차질이 생겼다는 것은 우연이었을까, 아니면 소련 연방이 곧 붕괴되니 W-87이나 W-88 같은 강력한 탄두가 필요 없다는 암시였을까 자못 궁금하다.

〈사진 5-5〉는 SSBN 메릴랜드(USS Maryland: SSBN 738)가 패트롤을 나가는 모습을 보여주고 있다. 햇빛이 쏟아지는 잔잔한 바다 위를 조용히 지나 초계 해역을 향하는 '부머(Boomer)'의 뒷모습이 조금 쓸쓸해 보이는 것은 왜일까?[227]

---

[227] 'Boomer' 란 SSBN을 일컫는 미국 해군의 통용어이다.

2
소련/러시아의 SLBM 개발사

SLBM의 원조: 잠수함 발사 스커드(Sea Scud)

소련이 미국보다 먼저 잠수함 탑재 탄도탄을 시험하고 운용했다는 것은 잘 알려지지 않은 사실이다. '스커드(Scud)'는 전 세계에 가장 널리 퍼져 있는 지상 발사용 전술 탄도탄인 동시에 세계 최초로 잠수함에 탑재되어 운용된 미사일이기도 하다.

1947년 소련은 잠수함에서 발사하는 V-2를 개발하려고 했지만 실천에 옮기지는 못했다. 물론 이러한 시도는 소련이 처음은 아니었다. 페네뮌데에서 폰 브라운의 오른팔로 V-2의 비행역학, 유도 조종 및 원격 계측기 부서를 담당한 에른스트 슈타인호프(Ernst Steinhoff)는 당시 독일 해군 잠수함 U-511의 함장이었던 그의 형 프리츠 슈타인호프(Fritz Steinhoff)의 도움을 받아 1942년 5월과 6월 사이 소형 로켓들을 수중 15m에서 발사하는 데 성공함으로써 잠수함에서 V-2를 발사할 수 있다는 것을 보여주었다. 해군 대제독 카를 되니츠(Karl Dönitz)는 뉴욕을 공격하기 위해 잠수함에 로켓을 탑재하는 제안에 원칙적으로는 찬성했지만, 여러 가지 기술적 문제와 육군과의 자존심 문제 등으로 사업 추진이 지지부진한 사이 전쟁이 끝났다.[228]

1954년 1월 26일 소련 정부는 잠수함 탑재 순항미사일과 탄도탄을 연구하는 '프로젝트 볼나(Project Volna)'를 발표했다. OKB-1의 코롤료프가 잠수함 발사용 미사일 시스템 D-1의 수석 설계사로 임명되었고, 필류긴의 NII-885가 유도 조종을, 이사예프의 OKB-2가 추진기관을, 엘러(E. I. Eller)의 해군 NII-1이 항법 시스템을 맡았다. 소련 당국은 하루속히 SLBM을 개발하고 싶어 했지만, 코롤료프는 최우선 순위로 개발하고 있는 ICBM R-7 때문에 여유가 없었다. 결국 코롤료프는 새로운 미사일을 개발하는 대신 이미 개발된 미사일을 우선 사용하기로 결정했다. 이때까지 소련이 개발한 미사일 중 잠수함에 탑재할 만큼 작은 미사일은 R-11 스커드 미사일뿐이었다. 코롤료프는 지상에서 사용하도록 설계된 '스커드 R-11(Scud-A)'을 잠수함에서 발사할 수 있도록 개조하고 R-11FM이라고 불렀다. 이렇게 급조한 R-11FM이 소련의 첫 번째 SLBM으로 선택되었다. R-11FM은 1단 액체로켓으로 단일 탄두를 탑재했으며, 단일 연소실을 가지고 있었다.

잠수함용 미사일 시스템은 미사일과 발사대를 포함한 발사 시스템 (Firing System)으로 구성된다. D-1 미사일 시스템 개발에서 당면한 기술적 문제는 미사일이 아니라 발사대와 관련된 것이었다. 바람직한 발사 방법은 잠수한 상태에서 미사일을 발사하는 것이지만 미국이나 소련 모두 이러한 경험을 갖고 있지 않았다. 미국은 SLBM 개발에 들어가기 전에 수중 발사와 관련된 문제들을 차분히 연구하고 시험했으나 소련

---

[228] The U-Boat Rocket Program, http://www.prinzeugen.com/V2.htm.

은 수상에서 발사해도 좋으니 하루라도 빨리 잠수함에 탑재할 수 있는 탄도탄을 확보하고 싶어 했다. 미사일을 발사하기 위해서는 잠수함이 물 위로 부상한 후에 일종의 엘리베이터를 이용해 미사일을 발사관 밖으로 밀어 올려놓고 발사하는 개념이었다. 미사일의 기기나 엔진 부위는 방수 처리했고, R-11FM의 유도 조종장치는 잠수함의 항법 시스템으로부터 데이터를 받을 수 있도록 개조했다.

R-11FM의 시험은 세 단계로 실시되었다. 첫 단계는 지상의 고정된 발사대에서 발사하는 것이었다. 세 번의 지상 발사시험은 성공적으로 실시되었다. 두 번째 단계는 그네를 타듯 흔들리는 발사대에서 발사하는 것이었는데 열한 번에 걸쳐 시험 발사했다. 마지막 단계는 실제로 잠수함에서 발사하는 것이었다. 1955년 9월부터 10월까지 백해(White Sea)에서 콜라 반도(Kola Peninsula)를 향해 발사한 8회 중 7회는 성공적으로 기록되었다. 기술적으로 해결했어야 하는 문제는 잠수함이 파도에 따라 계속 흔들려도 발사 전에 미사일을 수직으로 세우고 움직이지 않게 하는 것이었다. 만약 미사일이 발사 시에 수직에서 약간만 어긋나도 표적에서는 몇 킬로미터의 오차가 나게 된다. 또 다른 문제는 발사 지점을 정확하게 알 수 있는 방법을 찾는 것이었다. 소련 잠수함은 관성항법장치도 갖추지 못했고, 미국처럼 대서양이나 태평양에 있는 잠수함에 항해용 전파를 발사해줄 전파 기지를 가질 수도 없었다. 소련은 미사일 잠수함에 '혼 앤드 후프(Horn and Hoof)'라는 안정화된 발사 플랫폼 SM-49을 장착하여 파도로 인한 문제를 해결하고자 했고 '새턴(Saturn)'이라고 부르는 관성항법장치를 새로 개발했다.[229]

[229] Steven J. Zaloga, "The Kremlin's Nuclear Sword: The Rise and Fall of Russia's Strategic Nuclear Forces, 1945~2000", (Smithsonian Institution Press, Washington D.C., 2002) p.53.

　　육상용으로 개발한 R-11의 원래 CEP도 3km를 넘었는데 잠수함 갑판에서 발사할 수 있도록 개조한 R-11FM은 배의 움직임 때문에 CEP가 2배가 넘는 7km 정도로 나왔다. R-11은 저장 가능한 액체 추진제인 경유와 질산을 사용한 탄도탄이었다. 산화제로 쓰는 질산은 부식성이 아주 강해서 산화제 탱크가 부식되는 것을 막기 위해 탱크의 내면을 유리로 코팅했지만 가끔씩 질산이 밖으로 새어 나왔다. 소련 해군은 이렇게 문제가 많고 정확도가 떨어지는 잠수함 발사 탄도탄 시스템을 채택하는 것을 주저했지만, 흐루쇼프 서기장과 군수장관 유스티노프는 성능이 떨어지더라도 탄도탄으로 무장한 잠수함대를 하루속히 갖기를 원했다. 비록 만족스럽지는 않지만 우선 배치하고 난 후에 개선하거나 또는 새로운 시스템을 개발하자는 것이 이들의 생각이었다.

　　1956년 공격용 잠수함으로 개발한 소련의 '프로젝트 611(Project 611)' 잠수함의 사령탑(Conning Tower)을 확장하여 611의 외각(Hull) 크기보다 큰 R-11FM을 수납할 수 있도록 잠수함을 개조했다.[230] 이렇게 해서 만들어진 것이 프로젝트 611AV 또는 나토에서 '줄루 V(Zulu V)'라고 부르는 초창기 잠수함 발사 미사일 시스템이다. 1956년 8월부터 10월까지 잠수함을 갖가지 상황에서 운영하면서 미사일을 30일에서 80여 일까지 잠수함에 싣고 다니다 발사하는 미사일의 지속적인 전투준비 태세를 시험했다. R-7 사업으로 바쁜 코롤료프는 이러한 기초적인 시험을 마친 후에 R-11FM 사업을 첼랴빈스크(Chelyabinsk)의 미아스(Miass)에 있는 SKB-385의 빅토르 마케예프(Victor Makeyev)에게 맡겼다. 1957년에는 7척의 프로젝트 611이 611AV로 전환되었으며, 1958년

---

[230] 제2차 세계대전 후 소련이 설계한 첫 번째 공격용 잠수함 프로젝트 611을 나토에서는 줄루(Zulu)라고 불렀다.

에는 모든 시험을 끝내고 1959년부터 양산 체제로 들어갔다.

　　1959년 2월 20일 R-11FM은 해군에 정식으로 배치되었고, 프로젝트 611AV와 프로젝트 629(Golf)급 잠수함에 탑재되었다. R-11FM은 새로운 SLBM과 잠수함의 등장으로 1967년 현역에서 모두 퇴역할 때까지 총 77회의 발사 중 59회를 성공했다. R-11FM에는 핵탄두를 장착할 예정이었지만, 실제로 장착한 적은 없었던 것으로 알려져 있다.[231, 232] 미사일의 페이로드는 975kg이고, 사거리는 지상 발사 버전인 R-11의 270km보다 훨씬 짧은 150~165km 정도였다. 수중에서 발사되고 600kt의 폭발력을 가진 탄두를 1900km 밖으로 운반할 수 있는 폴라리스 A1 16기를 탑재한 조지 워싱턴이 작전 배치된 것이 1960년 11월이었음을 상기하면 당시 미국과 소련의 SLBM 기술 격차를 짐작할 수 있다.

제1세대 SLBM: R-13과 R-21

　　R-11FM의 사거리가 짧은 관계로 이 미사일을 탑재한 잠수함은 해안에 가까운 곳만 표적으로 삼을 수 있었지만, 표적 근해는 대잠수함 방어망이 잘되어 있어 접근이 어려웠다. R-11FM의 이러한 단점을 극복하기 위해 소련은 1955년 8월 25일 정부 포고를 통해 사거리가 최소 400km인 잠수함 발사 미사일을 개발하기로 결정했다. 1956년 1월 D-2 시스템으로 명명된 미사일의 개략적인 설계가 완성되자 마케예프의 SKB-385로 프로젝트를 이전했다. 사거리 600km의 1단 로켓인 이 미사일은 R-13으로 명명되었고, 탄두는 재돌입하기 전에 로켓 몸체로부

---

[231] Pavel Podvig, edited, "Russian Strategic Nuclear Forces", (The MIT Press, Cambridge, Mass., 2004) p.312.
[232] R-11M 또는 R-11FM의 'M'은 핵탄두를 탑재한다는 의미가 있다.

터 분리되도록 설계되었다. 페이로드는 1.6t으로 1Mt급 탄두를 탑재하기에 충분했지만 핵탄두는 탑재하지 않았다. 시험장에서 19회 발사하여 15회 성공을 거둔 후에 실제로 잠수함에서 13회의 발사시험을 했는데, 이 중에서 11회의 성공을 거두었다. 추진제를 주유한 후 3~6개월간 발사 준비 상태를 유지할 수 있었고, 주유를 하지 않은 상태로는 5~7년간 저장할 수 있는 것으로 추정되었다. D-2 시스템은 1961년 10월 프로젝트 629과 프로젝트 658(Hotel) 잠수함에 탑재되었다.

소련은 새로운 미사일 R-13을 개발하면서 D-2 시스템을 탑재하기 위한 프로젝트 658급 원자력잠수함도 함께 개발했다. 미국의 첫 번째 폴라리스 잠수함이 그랬듯이 658급도 공격용 원자력잠수함인 프로젝트 627 노벰버(November)급을 개조해 만들었기 때문에 프로젝트 658와 노벰버는 미사일 섹션 외에는 거의 동일하다. 658급에는 629급에서와 마찬가지로 3기의 R-13을 확장된 사령탑에 수직으로 장착했다. 비록 R-13은 수중 발사가 불가능해 발사하기 위해서는 수면으로 부상해야 했지만, 12분 내에 3기를 모두 발사하는 것도 가능했다. R-13은 1960년부터 1972년까지 배치되었고, 이 기간 중에 발사한 311기의 R-13 중 225기가 성공적이었다.

수상에서만 발사할 수 있는 R-13의 단점을 보완하기 위해 소련은 수중에서 발사할 수 있는 D-4 시스템과 R-21 미사일을 개발하기로 결정했다. 원래 D-4 시스템은 얀겔이 수석 설계사로 있는 OKB-586에서 개발하기로 했으나, 1959년 3월 다른 SLBM 시스템과 함께 전체 프로그램을 마케예프 특별 설계국 SKB-385로 이관했다. 소련은 프로젝트 611을 개조해 만든 B-67이라는 잠수함에서 R-11FM을 이용하여 수중 발사시험을 했으며, 몇 번의 실패 끝에 1960년 9월 처음으로 R-11FM을 개조한 S4.7이라는 미사일을 수중에서 발사하는 데 성공했다. S4.7

그림 5-2_ 골프 SSB와 호텔 SSBN의 초계 영역이 빗금으로 표시되어 있다.[233]

을 실험하는 동안 R-21을 수중에서 발사할 수 있도록 개조한 K1.1이라는 미사일도 같이 실험했다.

소련은 629B(Golf I)를 개조하여 R-21의 수중 발사시험에 이용했으며, 총 27회의 시험을 거친 후에 D-4는 1963년 5월 15일 해군에서 무기로 채택하여 프로젝트 629A(Golf II)와 프로젝트 658M에 탑재되었다. R-21은 소련에서는 처음으로 물속에서 발사하도록 설계한 SLBM이고, 추진제를 충전한 상태로 6개월에서 2년까지 발사 대기 상태를 유지할 수 있었다. R-21을 나토에서는 SS-N-5 사르크(Sark)라고 부른다. 수중 발사 방식은 미리 바닷물로 채워진 발사관에서 발사하며, 페이로드는 1.2t이고 최대사거리는 1400km로 알려졌다. R-21은 소련 최초로 핵탄두를 탑재한 SLBM이고, CEP는 2.8km로 1Mt급 탄두를 탑재할 경우 대

233 Hans M. Kristensen, 'Russian Nuclear Submarine Patrols', http://www.nukestrat.com/russia/subpatrols.htm.

부분의 표적을 무력화시키기에 충분했다. R-21은 1989년까지 26년간 작전에 배치되어 총 228기가 시험 발사되었고, 그중 193기가 성공하여 D-2에 비해 높은 신뢰도를 보였다.

〈그림 5-2〉에는 1960년대 중반에서 1970년대 중반까지 골프(Golf I/II)급 SSB(재래식 탄도탄 잠수함)와 호텔급 SSBN의 초계 영역(Patrol Area)이 빗금으로 표시되어 있다. R-13의 짧은 사거리로 인해 잠수함들은 미국 동해안과 서해안에서 멀리 떨어질 수가 없었다.

제2세대 SLBM: R-27, R-29, R-31

소련의 제1세대 SLBM은 사거리가 짧고 잠수함 1척에 탑재할 수 있는 SLBM 수도 3기로 제한되었다. 사거리 1400km의 R-21이 등장할 때까지는 미사일의 발사지점과 표적지점은 수백 킬로미터 이상 떨어질 수가 없었다. R-21이 1963년 5월 작전에 투입되면서 잠수함들이 미국 본토에 바싹 다가가지 않아도 되었지만, 여전히 미국의 ASW 감시망을 돌파해야 하는 부담이 컸다. R-21을 제외한 소련의 다른 SLBM들은 미사일을 발사하려면 수면으로 부상해야 하므로 발각될 확률이 매우 높았고, 배치한 R-21은 1965년까지만 해도 9기에 지나지 않았다. 소련은 1965년에 총 25척의 탄도탄 발사 잠수함을 보유했는데, 그중 호텔급 원자력잠수함은 2척에 불과했고 나머지 23척은 골프급 잠수함으로 같은 시기에 미국이 보유했던 24척의 폴라리스 원자력잠수함에 탑재한 384기의 폴라리스 미사일과는 너무나 대조적이었다.

R-27(SS-N-6: Serb) 미사일을 근간으로 하는 D-5 시스템은 1960년대 초 SKB-385에서 연구한 대함 탄도탄 연구 결과에 기초하여 개발했다.[234] SKB-385는 이를 토대로 하여 소형·경량의 1단 로켓으로 사거리가 2400km인 SLBM을 개발하겠다고 소련 해군과 정부에 제안했고,

1962년 4월 소련 정부는 이 제안을 수락했다. D-5 시스템은 1958년부터 개발하고 있던 원자력잠수함 프로젝트 667A(Yankee I)에 탑재하는 계획을 세웠다. R-27의 무게나 직경은 R-13과 별 차이가 없지만 획기적으로 사거리를 늘리는 것을 강조했다. R-13의 사거리, 길이, 직경, 무게가 각각 600km, 11.84m, 1.3m, 13.75t인 데 반해 R-27은 2400km, 9.65m, 1.5m, 14.2t이었다. 직경이 20cm 커진 반면 길이는 2.18m가 줄었고 무게는 455kg 늘었을 뿐인데 사거리는 4배가 늘었다. R-21에 비해서도 R-27은 무게와 길이 등이 대폭 줄었고 직경은 10cm 정도 늘어난 데 비해 사거리는 1000km나 늘어났다.

　R-27의 설계는 상당히 앞선 신기술을 도입한 미사일이었다. 그중 몇 가지를 살펴보면 다음과 같다. 첫째, R-27은 주 엔진이 연료 탱크 안에 잠기도록 설계하여 구조적으로 기존 설계에서는 빈 공간이 될 수밖에 없었던 공간을 연료를 충전하는 데 사용할 수 있었다. 이러한 설계는 미사일의 부피를 줄이는 효과적인 방법으로 그 후 SKB-385에서 설계한 모든 미사일에 적용되었다. 둘째, 미사일의 몸체는 모두 용접하여 제작했다. 셋째, R-27의 외부 네 군데에 고무와 금속으로 만든 띠를 둘러 발사할 때에 발생하는 충격과 폭뢰 공격에서 오는 충격을 흡수하도록 했다. 넷째, 추진제 탱크는 공장에서 충전하고 캡슐에 밀봉했다. 마지막으로 발사 준비와 '일제 발사(Salvo Firing)' 준비를 자동으로 수행하도록 했다. 발사 준비에는 10여 분이 소요되지만, 발사와 발사 사이 시간은 약 8초 정도 소요된다. 이 외에도 소련 SLBM으로는 처음으로 자이로 안정기에 의해 안정된 플랫폼(Gyro Stabilized Plaform)을 사용했

234 Pavel Podvig, edited, "Russian Strategic Nuclear Forces", (The MIT Press, Cambridge, Mass., 2004) p.319.

다. R-27은 물이 차 있는 발사관에서 발사되었고, 미사일 바닥에 장착한 어댑터는 공기주머니를 만들어 물이 찬 발사관에서 로켓이 점화될 때 생기는 충격을 완화하는 역할을 했다.

1966년 6월에서 1967년 4월 사이에 프로젝트 667A의 1번 함인 K-137을 이용해 여섯 번의 발사시험을 실시했다. 이 시험은 모두 성공했고, D-5 R-27 시스템은 프로젝트 667A 잠수함에 16기씩 탑재되었으며, 1968년 3월부터 경계 임무에 들어갔다. 소련 탄도탄 잠수함들이 여태까지 3기의 SLBM밖에 싣지 못했던 것에 비하면 장족의 발전을 이룬 셈이다. R-27은 수중에서 발사할 수 있고 페이로드 중량은 650kg으로 1Mt 탄두 1개를 탑재했지만, 1974년에 취역하는 R-27U는 300kt급 탄두 3개를 MRV 형태로 탑재하며 사거리도 3000km로 연장되었다. R-27U에 탑재한 3기의 RV는 보호 덮개 없이 외부에 노출된 형태로 장착되었다.

CEP는 R-27이 1.9km, R-27U가 1.3~1.8km로 알려져 있다.[235] R-27은 여러모로 폴라리스 A1 및 A2와 비슷하고, R-27U는 폴라리스 A3와 비교되는 미사일이다. 잠수함 프로젝트 667A는 질적인 면에서 조지 워싱턴급과 비견되는 SSBN이다. 굳이 다른 점을 찾자면 폴라리스 A3는 고체 연료 로켓으로 추진된 데 비해 R-27은 UDMH를 연료로, 사산화이질소를 산화제로 사용한다는 것이다. 비록 R-27이 액체로켓이긴 하나 추진제는 공장에서 주유되고 앰풀 형태로 밀봉되어 잠수함에 탑재되기 때문에 고체건 액체건 별 차이가 없다. 그러나 폴라리스 A1이 취역한 날짜가 1960년 10월이고, 사거리 2800km의 A2가 취역한 날짜가 1961년 10월임을 생각하면 소련은 SLBM 분야에서 7년 반 정도 미

235 Pavel Podvig, edited, "Russian Strategic Nuclear Forces", (The MIT Press, Cambridge, Mass., 2004) p.321.

국에 뒤져 있었음을 알 수 있다. R-27은 1968년부터 1988년 사이에 492회의 발사시험을 실시하여 429회를 성공했으며, R-27U는 161회의 발사시험 중 150회를 성공했다. R-27과 R-27U의 사용 연한은 원래 5년 으로 되어 있지만 몇 차례의 비행시험을 통해 13년으로 연장되었다.

R-27은 우리와도 무관하지 않다. 마케예프에서 설계한 R-27을 북 한에서 육상용으로 개조한 IRBM은 무수단, BM-25, 지브(Zyb) 또는 노 동-B라는 이름으로 알려졌고, 북한이 생산하고 있는 것으로 알려진 가 운데 2010년 10월 10일 처음으로 서방 언론에 공개되었다.[236] 스티븐 잘로가(Steven Zaloga)가 R-27과 무수단을 비교하여 그린 그림을 보면 무수단은 단순한 R-27의 복제가 아닌 것으로 보인다.[237] R-27의 길이는 9.65m, 직경은 1.5m, 페이로드는 650kg[238]인 데 비해 무수단의 길이는 12m로 추산되고 사거리도 3500km 이상으로 연장된 것으로 추정된다.

D-5 시스템을 개발하면서 별도로 D-6라는 고체로켓과 D-7 RT- 15M 시스템을 SLBM으로 연구했지만 무게가 과도하거나 사거리가 너 무 짧아 생산으로 이어지지 못하고 개발이 취소되었다. D-5 R-27 이후 개발에 성공한 2세대 미사일은 D-9 R-29 미사일 시스템이다.[239] R-29 은 최초로 대륙 간 사거리를 가진 SLBM으로 1963년부터 SKB-385가 설계를 시작했다. 비슷한 시기에 OKB-52의 첼로메이(V. N. Chelomey)

---

[236] North Korea Debuts an IRBM,
http://pollack.armscontrolwonk.com/archive/3351/north-korea-debuts-an-irbm.
[237] ibid.
[238] Pavel Podvig, edited, "Russian Strategic Nuclear Forces", (The MIT Press, Cambridge, Mass., 2004), p.321.
[239] D-5 R-27과 같은 표기에서 D-5는 미사일을 발사하는 시스템 모델명이고 R-27은 D-5에 의해 발사되는 탄도탄 모델명이지만, 때로는 D-5 하나만 사용해도 D-5 R-27 전체를 의미 한다.

도 이에 비견할 만한 미사일을 제안했으나, 1964년 소련 국방위원회는 SKB-385의 마케예프 설계를 선택했고 그해 9월 28일 D-9 시스템을 개발하는 결의안을 채택했다. 지금까지 SLBM은 모두 1단 로켓으로 탄두 1개만 장착하는 미사일로 설계되었지만, R-29은 ICBM 사거리를 달성하기 위해 2단 로켓으로 설계할 수밖에 없었다. 잠수함이라는 한정된 높이와 부피의 제약 속에서 ICBM 사거리를 내려면 미사일의 무게와 부피를 최대한 줄이기 위한 피나는 노력이 필요했을 것으로 보인다.

미사일의 무게를 줄이기 위해 알루미늄-마그네슘 케이스는 용접하여 제작했으며, 연료 탱크와 산화제 탱크 사이에는 공간을 두지 않았다. 부피를 줄이기 위한 방안으로 제1단의 주 엔진과 제2단 엔진은 연료 속에 잠기도록 설계했고, 제2단 모터 추진제 탱크의 윗면은 움푹 들어간 원뿔형으로 설계해 원뿔형 탄두가 딱 들어맞도록 배치했다.[240] 이렇게 무게를 줄이고 추진제로 빈틈없이 채운 R-29은 1.1t 무게의 페이로드를 7800km 밖으로 운반할 수 있었고 CEP는 1.5km였다. R-29으로 무장한 잠수함은 소련 영토 근방으로 초계 지역을 옮김으로써 소련 전투기의 공중 엄호와 ASW의 보호를 받을 수 있었다. D-9 시스템은 수중 또는 수상에서 R-29을 발사할 수 있었기 때문에 필요한 경우 소련 내의 모항에서 직접 발사할 수도 있었다. ICBM 사거리에서 R-27이 2400km에서 갖는 CEP 1.5km를 유지하기 위해 SKB-385는 세계 최초로 천측-관성유도로 발사 방위각 오차를 교정했고, 소련 최초로 디지털 컴퓨터를 탑재했다. 천측-관성유도는 미국에서 먼저 개발했지만, 비둘기파 의회와 카운터포스를 원치 않은 SPO의 반대로 실제 잠수함에 탑재한 것은 미국보다 소련이 먼저 하게 된 것이다. R-29의 정확도는 미사일 유도장치의

---

[240] R-29 Ballistic Missile of D-9 Complex, http://www.makeyev.ru/roccomp/2nd/r29.

정확도뿐만 아니라 잠수함 항법장치의 정확도에 의해 좌우된다. 미국의 폴라리스 잠수함들은 SINS와 외부 입력에 의한 초기화를 통해 미사일의 정확도를 높여왔다. 마찬가지로 소련도 처음으로 생산한 4척의 프로젝트 667A에 '시그마 항법장치(Sigma Navigational System)'를 장착하여 항법 오차를 최소로 유지하고자 했다. 이후에 생산한 30척의 프로젝트 667A에는 위성 데이터로 초기화시키는 '토볼(Tobol)' 시스템을 장착해 거의 폴라리스 잠수함급의 항법장치 정확도를 갖게 된 것으로 추정한다.

프로젝트 667A에는 조지 워싱턴에 탑재된 폴라리스와 마찬가지로 R-29 16기가 두 줄로 탑재되었고, 미사일은 40~50m 수심에서 5.56~7.41km/hr 속도로 움직이면서 4기씩 한꺼번에 발사(일제 발사)할 수 있었다. 일제 발사 시 미사일은 8초 간격으로 순차적으로 발사되며, 일제 발사 후 다시 발사할 수 있는 조건으로 돌아오는 데 3분 정도 걸리지만 두 번째 일제 발사와 세 번째 일제 발사 사이에는 비워진 발사관 공간에 물을 채우기 위해 20~35분의 시간이 필요했다. R-29은 소련 미사일로는 최초로 ABM 돌파를 위한 펜에이즈를 탑재한 미사일이었다. 제2단 연료 탱크에 용접한 원주형 용기 안에 풍선형 모의 탄두를 접어 넣었다가 탄두가 분리되는 순간 같이 방출되면서 부풀어 오르게 된다.

R-29 개발을 위한 비행시험의 첫 단계로 제1단 모터와 유도장치만 활성이고, 제2단과 페이로드는 비활성인 D-9 시스템의 R-29 모크업(Mockup)을 포함한 R-29의 해상 발사시험이 1971년에서 1972년 사이 흑해에서 실시되었다. R-29 지상 발사시험은 네노크사(Nenoksa)에 있는 소련 해군 시험장에서 1969년부터 1971년 말까지 20회에 걸쳐 실시되었다. 실제 수중 발사시험은 호텔-III(Hotel-III)를 개조한 K-145와 프로젝트 667B(Delta I)의 1번 함인 K-279을 이용해 실시했다. 첫 번째 발사시험은 1971년 12월 백해에서 실시했고, 1972년 11월까지 모두 19회

의 발사시험을 했으며 그중 18기가 성공을 거두었다. D-9 시스템과 프로젝트 667B는 1년 4개월간의 시험 운항을 거쳐 1974년 3월 12일 정식으로 해군 전력에 취역했다. D-9은 나중에 D-9D로 개량되었으며, R-29D는 사거리가 9100km로 연장되었다. D-9D 미사일 시스템은 더욱 현대화된 잠수함 프로젝트 667BD(Delta II)에 탑재되었고, 프로젝트 667B 몇 척도 D-9D를 탑재했다. 프로젝트 667B에는 D-9 또는 D-9D를 12기만 탑재할 수 있는 데 비해 프로젝트 667BD에는 D-9 또는 D-9D를 16기나 탑재했다. D-9D는 정확도도 많이 개선되어 CEP가 D-9의 1500m에서 900m 정도로 줄어들었다.

R-29을 탑재한 델타-I은 소련 전략해군에 막강한 능력을 부여했다. 8000km 사거리를 가진 R-29은 무르만스크(Murmansk)의 콜라(Kola) 반도나 태평양의 캄차카(Kamchatka) 반도에 있는 모항을 떠나 초계 영역으로 이동 중 어디에서나 미국 내의 어떤 표적이라도 공격할 수 있게 되었기 때문이다. 서방측 소식통에 따르면 프로젝트 667B와 667BD, 667BDR의 통상적인 초계 지역은 그린란드 해와 바렌츠 해, 오호츠크 해였다고 한다.[241]

제3세대 SLBM: R-29R와 R-39

1970년대 중반에 들어서면서 단일 탄두를 장착한 D-9 시스템의 R-29 미사일을 근간으로 삼아 여러 개의 탄두 각각이 독립적으로 표적에 유도되는 MIRV를 탑재하는 다탄두 미사일 R-29R를 개발하기 시작했다. 제1단과 제2단까지는 R-29과 아주 비슷하지만, R-29R에는 다탄

---

241 Pavel Podvig, edited, "Russian Strategic Nuclear Forces", (The MIT Press, Cambridge, Mass., 2004) p.274.

두를 탑재하고 표적 겨냥과 RV를 방출하기 위한 '버스'를 장착한 것이 다른 점이다. 소련에서는 '컴배트 스테이지(CS: Combat Stage, 미국의 ES 또는 PBV)'라고 부르는 버스는 자체 추진을 위한 연소실이 4개인 액체 엔진, 유도 제어장치 등을 수용하는 기계실과 MIRV로 구성되어 있다. R-29R에는 단일 탄두 모드, 3기의 MIRV 또는 7기의 MIRV를 탑재하는 세 가지 변형 R-29R, R-29RL, R-29RK가 존재한다. R-29R에는 450kt 탄두 1개를 탑재하고, R-29RL에는 3개의 200kt 탄두를, R-29RK에는 7개의 100kt급 탄두를 탑재했다.[242] ICBM 사거리를 가지는 SLBM을 개발할 때 제일 큰 문제는 잠수함의 높이에서 오는 길이의 제약이다. 고체로켓을 사용하는 경우에는 3단 로켓이 필요하고 액체로켓을 사용하는 경우에는 2단 로켓이 필요하지만, 지상 배치 ICBM과 같이 길이를 마음 놓고 늘일 수가 없는 데다 MIRV를 장착하기 위해서는 별도의 ES 또는 CS라고 부르는 버스가 필요해 높이는 더욱 높아지기 마련이다.

미국이 ICBM 사거리를 갖는 트라이던트 SLBM을 개발하기 위해 덱-관통 설계를 했듯이 마케예프는 2단 로켓연료 탱크 윗부분의 가운데를 뭉뚝한 원뿔형으로 움푹 들어가게 설계하여 MIRV 탄두들이 들어갈 빈 공간을 만들어놓았다. CS는 2단 위에 장착했고, RV들은 CS의 외부에 밑을 향해 안쪽으로 비스듬하게 장착하여 2단 로켓연료 탱크의 뭉뚝한 원뿔형으로 움푹 들어간 빈 공간 안에 놓이도록 하였다. CS를 이동시키는 엔진은 CS 케이스 외부에 밑을 향해 비스듬하게 장착했고, 각종 장비와 펜에이즈는 CS 케이스 내부에 장착했다.[243] 이렇게 배열함으로써 2단에 더 많은 추진제를 실을 수 있었고, 버스의 추진력이 보태

---

[242] Ibid. p.330.
[243] Ibid. p.331.

져 R-29의 1.1t보다 훨씬 무거운 1.65t의 페이로드 능력을 가지고도 사거리 손실은 그리 크지 않게 R-29R를 설계하는 것이 가능했던 것이다. 서방세계에서는 R-29R를 SS-N-18 '스팅레이(Stingray)'라는 나토 코드 네임으로 부르고 있다.(주석 126 참고)

R-29R의 비행시험은 1976년 11월부터 1978년 10월까지 프로젝트 667BDR(Delta III)의 1번 함인 K-441을 사용하여 바렌츠 해와 백해에서 실시되었다. 이 비행시험 시리즈에서 소련은 단일 탄두형을 4회, 3기의 MIRV를 6회, 그리고 7기의 MIRV형을 12회 실시했다. 단일 탄두형의 사거리는 8000km인 데 비해 다탄두형의 사거리는 6500km로 줄어들었고, CEP는 900m 정도인 것으로 알려졌다.[244] 14척의 667BDR에 D-9R SLBM을 탑재했으나 나중에는 7기의 MIRV형은 폐기하고 모두 4개의 탄두만을 탑재하는 모델로 바꿨다. 프로젝트 667BDR의 항법장치는 위성과 연계한 토볼-M-1을 설치했으나 나중에는 토볼-M-2로 교체했다. 이전의 SLBM에서는 크게 문제가 되지 않았지만, SLBM의 정확도가 CEP 400~500m 이하로 줄어들면 SLBM을 발사할 때 잠수함의 절대속도와 정확한 위치가 상대적으로 중요해진다. 미국이 그러했듯이 소련도 소나(Sonar)를 이용한 항법장치 '슈멜(Schmel)'을 개발하여 잠수함에 장착했다. 슈멜의 역할은 위치가 정확하게 알려진 해저에 미리 장치한 자동 발신기에서 보내는 음향신호를 추적해 잠수함의 정확한 위치와 속도를 SLBM 유도 컴퓨터에 입력해주는 것이다.

1971년 D-11 경합이 붙었을 때부터 SKB-385는 고체로켓 ICBM에 대한 연구를 하고 있었다. 이 고체로켓 ICBM 시스템은 D-19 시스템으

---

[244] T. Cochran, et al., "Nuclear Weapons Databook, vol. 4: Soviet Nuclear Weapons", (Ballinger, 1988), p.114.

로 명명했고 미사일 명칭은 R-39이었으나, 나중에 서방세계에서는 이 미사일을 SS-N-20 '스터전(Sturgeon)'이라고 불렀다.[245] R-39은 사거리가 8300km, 페이로드 무게가 2.55t인 3단 고체로켓 SLBM으로 10개의 100kt 다탄두를 탑재할 수 있는 대형 미사일이었다. 미국의 피스키퍼처럼 길이를 줄이기 위해 접이식 노즐을 사용했고, 10기의 MIRV는 R-29R의 MIRV처럼 버스의 밑면 가장자리에 밑을 향해 장착했는데 RV들은 3단 모터 노즐 주위에 빙 둘러 놓이게 배열했다. 어차피 노즐이 차지할 길이에 탄두도 같이 배열함으로써 길이가 최소로 증가하도록 고려한 것이다. 트라이던트에서는 3단 모터 주위에 RV를 배치한 것과는 대조적으로 R-39에서는 3단 노즐 주위에 RV를 배치한 것이 색다르다고 볼 수 있다.

R-39은 특수한 충격 완충기에 의해 발사관 위의 원형 거치대에 매달리는 형식으로 발사관 안에 안치된다. 미사일은 가스 발생기를 이용해 건식 방법으로 발사된다. 미사일의 충격 완충기 안에 설치한 고체로켓으로 가스를 발생시켜 미사일을 감싸게 하므로 미사일이 수면으로 치솟을 때 받는 물과의 마찰 충격을 완화하도록 안배했다. 제1단 모터는 R-39이 발사관을 떠나는 순간 점화된다. R-39의 비행시험은 1979년부터 몇 단계로 나누어 실시되었다. 네노크사의 소련 중앙 해군 시험장에서 행한 17회의 시험 중 과반 이상이 제1단과 제2단의 엔진 고장으로 실패했다. 엔진 문제를 해결한 후 프로젝트 941(Project 941)의 1번함 TK-208에서 모두 13회에 걸쳐 발사시험을 실시하여 11회의 성공을

---

[245] SLBM이라도 사거리가 5500km 이상이면 ICBM이라고 부를 수 있다. ICBM이라는 어원 자체가 대륙 간 사거리를 가진 탄도탄이라는 뜻이지, 육지에서만 발사해야 ICBM이라는 뜻은 아니다.

사진 5-6_ 프로젝트 941 '타이푼(Typhoon)' 급 잠수함 드미트리 돈스코이(Dmitri Donskoi). 전망탑 앞쪽에 20개의 발사관 윤곽이 보인다.[246]

거두었으며, 1984년 20기의 D-19을 탑재한 TK-208가 취역했다. R-39의 유도 조종은 2차원 천측-관성항법장치를 이용하여 CEP를 500m로 낮출 수 있었다.[247] 사실 R-39 미사일은 어떤 기준으로 보아도 대형 미사일이다. 무게는 90t, 직경은 2.4m로 미국 ICBM 피스키퍼의 무게 97t, 직경 2.3m에 비견된다. 소련은 모두 6척의 프로젝트 941을 건조했으며, R-39을 20기씩 탑재했다.

〈사진 5-6〉에서 보는 프로젝트 941은 세계에서 가장 크고 무거운 잠수함으로 소련에서는 아쿨라(Akula)라고도 부르며, 나토 코드네임은 타이푼(Typhoon)이다. 1973년 12월 19일 정부 포고령으로 루빈 설계국

---

[246] http://upload.wikimedia.org/wikipedia/commons/e/e1/Typhoon3.jpg.
[247] 2차원 천측-관성항법이란 2개의 별을 동시에 관측하여 발사 위치와 발사 방위각의 오차를 보정하는 천측-관성항법이란 뜻이다.

(Rubin Design Bureau)에서 타이푼의 설계와 건조를 시작했다. 타이푼은 뗏목처럼 2개의 선체를 나란히 연결한 구조를 가진 '캐터머랜(Catamaran)'형의 잠수함으로 설계되었다.[248] 평행하게 연결된 2개의 독립된 압력 선체(Pressure Hull)를 가지고 있고, 어뢰실과 사령실은 독립된 별개의 방수격실로 구성되어 있다. 직경 7.2m의 압력 선체와 사령실 및 어뢰실은 티타늄으로 만들었다.

이러한 격실 구조로 인해 압력 선체 하나가 파손되더라도 나머지 압력 선체나 방수격실에 있는 승무원들의 생존 가능성이 아주 높을 것으로 생각된다. 물론 압력 선체와 각 방수격실은 통로로 연결되어 있고 미사일 구획은 사령탑 앞쪽의 두 압력 선체 사이에 설치되었다. 최대 선폭은 무려 23m이고, 선체 높이도 11.5m나 된다. 이는 미국에서 제일 큰 선폭 13m의 오하이오급 트라이던트 잠수함보다 훨씬 큰 것이다. 최대 배수 중량 역시 3만 3800t으로 오하이오급 1만 8780t의 1.8배이며, 추진력도 10만shp로 오하이오급 3만 5000shp보다 3배 가까이 강력하다. 부피가 크기 때문에 승무원들이 훨씬 편안하게 지낼 수 있고, 생필품 등을 여유 있게 저장할 수 있어 180일간 부상하지 않고 잠항을 계속할 수 있으며, 전시에는 훨씬 더 오래 잠항할 수도 있다. 이렇게 크고 무거운 잠수함이지만 소련 잠수함 중에서는 가장 조용하고 민첩한 기동성을 자랑한다.

타이푼은 북극의 얼음 밑을 잠항할 수도 있으며, 얼음을 깨고 수면으로 부상할 수도 있도록 설계했다. 선수에 있는 수평타는 선체 안으로 끌어넣을 수 있게 설계했고, 이 외에 2개의 잠망경과 전파 육분의(Radio

---

[248] 캐터머랜 스트럭처(Catamaran Structure)란 쌍둥이선과 마찬가지로 2개 혹은 그 이상의 원주형 선체(Hull)를 평행으로 뗏목처럼 묶어서 안정성을 높이는 구조를 말한다.

Sextant), 레이더, 전파 송수신기, 항해용 및 방향 탐지 마스트 등도 모두 사령탑 안으로 집어넣을 수 있도록 설계했다. 사령탑은 얼음을 깰 수 있도록 둥글게 설계했고 단단히 보강했다. 원래 프로젝트 941의 수명은 7~8년에 한 번씩 오버홀을 받는다는 조건 아래 20~30년가량 될 것으로 추정했지만, 필요할 때 오버홀을 받지 못하면 10~15년으로 수명이 단축될 수밖에 없다. 소련연방이 와해된 후 제대로 오버홀을 받지 못한 타이푼들은 '돈스코이(Donskoy)' 1척을 제외하고는 모두 퇴역할 수밖에 없었다. 또 탑재하고 있던 SLBM R-39의 수명이 다한 것도 타이푼의 퇴역을 재촉한 원인 가운데 하나이다.

제4세대 SLBM: R-29RM

R-29R가 1979년에 작전 배치되고 R-39 개발이 한창 진행 중이던 1979년부터 SKB-385의 마케예프는 R-29R를 개량하여 새로운 SLBM R-29RM을 개발하는 작업에 착수하고 있었다. R-29RM은 서방세계에서는 SS-N-23 '스키프(Skiff)'라고 부른다. 이 미사일은 3단 액체로켓으로 설계되었다. 사실 액체로켓 ICBM은 모두 2단 더하기 버스 형태로 개발하는 것이 관례인데, R-29RM의 3단 모터는 버스의 추진기관 역할을 겸하고 있다. 즉 3단 자체가 버스인 셈이다.[249] 이 미사일의 제1단과 제2단 엔진은 모두 연료 탱크 속에 잠기도록 설계해 빈 공간을 사실상 없앴다. R-29RM은 10기의 100kt MIRV로 비행시험도 했지만, 제1차 전략무기 제한협정(SALT-I)으로 4기의 MIRV만 탑재했다. 4기의 MIRV는 3단의 주 모터 주위에 밑을 향해 장착하고 2단 모터의 뭉뚝한 원뿔형 연료 탱

---

[249] Pavel Podvig, edited, "Russian Strategic Nuclear Forces", (The MIT Press, Cambridge, Mass., 2004) p.335.

크 캡 안에 배치됐다. R-29R보다 직경이 10cm, 길이가 70cm 늘어났고 무게도 5t 정도 늘었다. 그 결과 페이로드는 R-29R의 1.65t에서 2.8t으로 대폭 증가했고, 사거리도 약간 늘어 8300km가 되었다.

유도 조종은 R-29R와 마찬가지로 2차원 천측-라디오-관성항법장치(2-Dimensional Stellar-Radio-Inertial Guidance)를 사용했으며 GLONAS 위성 데이터로 갱신하여 R-29R의 CEP 900m를 500m 이하로 줄이는 데 성공했다. 1986년 D-9RM 시스템은 프로젝트 667BDRM(Delta IV)에 16기씩 탑재되어 취역했고, 1988년에는 R-29RM의 현대화 작업을 실시했다. 이 작업의 일환으로 최소 에너지 궤도보다 낮은 궤도인 저궤도, 즉 DT(Depressed Trajectory)로 발사할 때 생기는 과도한 재돌입 열에도 견디고 정확도가 떨어지는 것도 어느 정도 막을 수 있도록 RV를 보완했다.

이와 더불어 고위도(High Latitude)에서 발사할 수 있도록 유도장치도 보완했으며, 인근에서 폭발하는 핵탄두의 EMP와 방사선에도 살아남게 탄두를 경화했다. DT 발사의 경우 미사일 속도는 빠르고 고도는 낮아 비행시간이 훨씬 짧아지고, 표적에 가까워질 때까지 조기 경계 레이더 지평선 아래에 놓이기 때문에 방어 측이 대응할 시간적 여유가 없다. 즉 R-29RM은 기습 공격 능력을 고려한 미사일이라 볼 수 있다.

프로젝트 667BDRM은 D-9RM R-29RM 미사일 시스템을 운반하기 위해 개발했으며, 이 잠수함은 기본적으로 667BDR과 같지만 길어진 R-29RM을 탑재하기 위해 R-29RM 발사관과 발사관들을 포함한 잠수함의 미사일 섹션 높이를 많이 높인 것을 알 수 있다. 〈사진 5-7〉을 보면 미사일 섹션이 마치 잠수함에 컨테이너를 실은 것처럼 보인다. 압력 선체와 선수(Bow) 섹션이 늘어나서 결과적으로 무게도 1200t이 늘었으며, 길이도 667BDR보다 12m나 길어졌다. 667BDRM은 55m 깊이

제5장 미사일 SLBM 개발사

사진 5-7_ 프로젝트 667BDRM(Delta Ⅳ) 250

에서 11.1km/hr로 달리면서도 단 한 번의 일제 발사로 모든 R-29RM 미사일을 발사할 수 있다. 밖으로 전파되는 소음을 줄이기 위해 모든 기계 장비를 하나의 지지 구조물에 설치하고, 압력 선체와 완충 메커니즘을 통해 격리시켰다. 소음을 흡수하는 물질로 동력실 주위를 둘러싸고, 더욱 효율적인 방음 코팅으로 선체의 안팎을 처리했으며, 조용한 '5엽(5-Blade)' 프로펠러를 사용했다. 이러한 노력 덕분에 667BDRM의 소음 레벨은 667BDR에 비해 3분의 1로 떨어졌다. 667BDRM은 서방세계에서는 델타 Ⅳ(Delta Ⅳ)로 알려졌으며, 모두 7척이 건조되었다.

R-29RM과 R-39의 사거리가 소련 연안에서도 미국 내의 모든 표적을 공격할 수 있게 됨에 따라 소련/러시아의 전략탄도탄 잠수함들의 '패트롤' 영역은 〈그림 5-3〉과 같이 비교적 안전한 소련/러시아 연안

---

250 http://en.wikipedia.org/wiki/File:Submarine_Delta_IV_class.jpg.

그림 5-3_ 프로젝트 941과 프로젝트 667BDRM(Delta Ⅳ)의 초계 해역이 빗금으로 표시되어 있다.[251] 앞으로 불라바를 탑재하는 보레이(Borei)급 SSBN의 초계 해역도 위와 같을 것으로 본다.

근방으로 한정된 것을 알 수 있다.

소련연방이 붕괴된 후 러시아는 완전히 새로운 5세대 SLBM '불라바(Bulava)'를 개발해왔고, 동시에 이 미사일을 탑재할 '보레이(Borei 또는 Borey)'급 잠수함도 개발했지만, 불라바의 개발은 순조롭지 않았다. 따라서 러시아는 낡은 잠수함 델타 Ⅲ와 타이푼에 탑재한 SLBM이 퇴역하면 그 빈자리를 메우기 위해 R-29RM을 개선한 '시네바(Sineva)'를 개발했고, 이 미사일은 델타 Ⅳ에 탑재했다. 시네바 및 불라바 SLBM과 앞으로의 전망에 관해서는 이 책의 자매편인 『ICBM, 그리고 한반도』에서 자세히 설명했으므로 여기서는 생략하기로 하겠다.

---

251 Hans M. Kristensen, 'Russian Nuclear Submarine Patrols',
http://www.nukestrat.com/russia/subpatrols.htm.

맺음말

　「혹성탈출」, 「터미네이터」 등 핵전쟁으로 인해 지구가 종말을 고할 것을 가상한 영화는 많다. 특히 1983년 니컬러스 마이어 감독의 영화 「그날 이후(The Day After)」는 핵전쟁의 비참함을 보여주어 많은 사람들을 핵전쟁의 공포에 싸이게 했다. 사실 핵전쟁의 가능성은 항상 있어왔고, 미국과 소련의 지도자들도 이 문제를 충분히 인지하여 전쟁을 막기 위한 여러 가지 안전장치를 마련하고 군축에 힘써왔다. 그러나 문제의 심각성은 인류를 멸망시킬 수도 있는 핵전쟁이 국가 정상들이나 군부와 같은 제도권의 결정에 의해 시작될 가능성보다는 아주 사소한 시스템의 오류나 오해 또는 개인의 잘못에 의해 우발적으로 시작될 가능성이 훨씬 크다는 데 있다. 실제로 핵전쟁이 벌어질 뻔했던 사건들 중 우리가 알고 있는 것만 해도 4~5건이나 된다. 여기서는 일반인들에게는 잘 알려지지 않은 사건 하나만 살펴보기로 하자.

두려운 진실

　1983년 9월 26일 소련 방공군의 스타니슬라프 페트로프(Stanislav Petrov) 중령은 모스크바 교외에 있는 세르푸코프-15(Serpukhov-15)이라는 비밀 벙커에서 당직을 서고 있었다. 세르푸코프-15은 적외선을 이용해 ICBM 발사를 탐지하는 '오코(Oko)' 위성의 사진을 분석하여 미국의 ICBM 발사를 감시하고 발사 여부를 판단해 핵 공격 명령 라인에 보고하는 곳이었다.

미국은 1970년부터 5기로 구성된 '방위 지원 프로그램(DSP: Defense Support Program)'이라는 적외선 탐지위성을 정지 궤도에 올려놓고 범세계적인 미사일 발사를 탐지해오고 있다. 3기는 활동 중인 위성이고 2기는 백업 위성이다. DSP는 걸프전 때 이라크가 발사한 모든 스커드 미사일을 빠짐없이 탐지해 패트리엇 팀에게 전해준 것으로 그 신뢰성을 입증했다. 소련도 1960년대부터 ICBM 발사를 탐지하는 위성을 연구하기 시작했고, 그 뒤 수많은 실패를 겪은 끝에 1980년부터 4기의 오코(US-KS) 적외선 탐지위성을 몰니야 궤도(Molniya Orbit)에 올려놓았다. 오코는 몰니야 궤도를 돌면서 미국 몬태나 주의 말름스트롬 미니트맨 기지를 감시했다.[252] 그러나 정지 궤도에서 지구 전체를 10초에 한 번씩 스캔하는 DSP 위성과는 달리 오코 위성은 지구 전체를 관측하는 대신 깜깜한 우주를 배경으로 몬태나 지역 상공을 아주 비스듬한 각도로 관찰하도록 설계되었다. 초기 DSP의 적외선 탐지 소자는 6000픽셀(Pixel) 길이로 제작된 데 비해 소련의 적외선 탐지 소자는 50픽셀 길이밖에 되지 않았다. 이는 지구 전체를 관측할 경우 DSP의 분해능이 $1km^2$인 데 비해 오코의 분해능은 1만 $4000km^2$가 되는 것을 의미한다.[253] 따라서 오코의 탐지 지역은 지구 전체가 아닌, 가장 관심 있는 미사일 필드인 몬태나 지역으로 제한될 수밖에 없었다.

---

[252] 몰니야 궤도는 원지점의 고도가 대략 3만 6000km이고 근지점은 1000km 내외인 긴 타원형 궤도로 주기가 12시간 정도이며, 주로 통신위성이나 감시위성 궤도로 이용된다.
[253] 지구 전체를 커버하려면 1픽셀이 120km×120km 구역을 담당해야 함을 의미한다.

DSP 위성으로부터 오는 신호는 콜로라도 주 오로라(Aurora) 근처의 버클리 공군 기지(Buckley Air Force)에 있는 제460 우주비행단으로 보내진다. 이 비행단 소속의 제460 작전 그룹은 DSP를 운영하고 보내온 정보를 분석하며, 미사일 경계경보를 샤이엔 산속에 있는 북미항공우주방위사령부(NORAD: North American Aerospace Defense Command)와 미국전략사령부(U. S. Strategic Command) 조기 경보 센터로 보고한다. 페트로프가 당직을 섰던 소련의 세르푸코프-15는 바로 미국의 제460 우주비행단에 해당하는 곳으로서 오코 위성을 관장하고, 위성을 이용한 조기 경계경보를 전담하고 있었다.

소프트웨어 엔지니어이기도 했던 페트로프는 정기적으로 당직을 서는 장교가 아니었지만, 오코 위성과 세르푸코프-15에 대한 감을 잃지 않기 위해 한 달에 두 번씩 당직 책임을 맡아왔다. 그리고 그날은 페트로프의 당직일이 아니었으나 친구 대신 당직을 서고 있었다. 원래 세르푸코프-15는 조기 경보 위성이 보내는 적외선 사진을 담당자들이 분석하도록 설계되었다. 하지만 소련은 사람의 실수를 미연에 방지하기 위해 사람의 간섭을 별로 받지 않고 ICBM 발사 여부를 판단하고 경보를 발령하는 컴퓨터 시스템을 추가로 설치했다.[254]

모스크바 시간으로 자정이 조금 지난 26일 0시 30분, 갑자기 요란한 경고음이 울리며 모니터 화면이 붉은색으로 바뀌고 경광등이 번쩍거렸다. 나중에 페트로프는 "갑작스러운 컴퓨터 경고는 '기분 나쁜 충격'이었다"고 술회했다. 벙커 내에 있던 120명의 인원이 의자에서 벌떡 일어나 페트로프를 쳐다보았고, 모니터에는 몬태나에서 발사된 ICBM

---

254 The Legend of Stanislav Petrov,
http://www.geoffolson.com/page5/page8/page24/page24.html.

제6장

1기가 소련을 향해 비행하고 있다는 내용이 떠 있었다. 세르푸코프-15에는 이런 경우에 대비해 책임자가 수행해야 하는 절차를 명시한 매뉴얼이 있었다. 페트로프가 직접 작성한 매뉴얼이었다. 그는 매뉴얼에 따라 모든 시스템의 작동 상태를 하나하나 점검했지만 시스템은 모두 정상적으로 작동하는 것으로 나타났고, 컴퓨터는 계속해서 미사일 발사를 경고하고 있었다. 모든 상황으로 미루어 미국이 1기의 ICBM을 발사한 것이 분명해 보였다. 매뉴얼에 의하면 미사일 발사가 확실할 경우 세르푸코프-15의 당직 책임자는 붉은빛이 점멸하는 '스타트(Start)'라는 커다란 버튼을 누르게 되어 있었다. 스타트 버튼을 누르는 순간 체게트(Cheget)라고 부르는 핵 발사 명령을 내리는 통신 수단인 '핵 가방'을 가지고 있는 서기장과 국방장관에게 "미국이 ICBM으로 소련을 공격하고 있다"라고 보고되는 것이다. 당시 소련의 서기장은 유리 안드로포프(Yuri Vladimirovich Andropov)였고 국방장관은 드미트리 유스티노프였다. 안드로포프는 같은 해 2월 신장 기능이 완전히 정지되었고 8월부터는 병원에 입원하여 업무를 전혀 볼 수 없는 상황이었기 때문에 핵공격 경보를 받았더라면 유스티노프가 주도적으로 처리할 수밖에 없는 상황이었다.

하지만 페트로프는 뭔가 상황이 이상하다고 생각했다. 그는 미국이 소련을 공격할 때에는 처음부터 수백 기의 미사일로 공격해올 것이라고 교육받았고, 그래서 그에 대한 준비를 해왔다. 그런데 컴퓨터는 미국이 단 1기의 미사일로 소련을 공격하고 있음을 보여주고 있었다. 페트로프는 컴퓨터 에러일 것으로 판단했다. 소련 국경에 배치한 레이더에는 아직까지 미국 미사일이 잡히지 않고 있지만, 레이더에 잡힐 즈음이면 소련이 미국에 보복공격을 할 기회조차 없어짐을 의미했다. 오코 위성 자체에도 문제가 많았고, 컴퓨터 에러는 전에도 있었다. 그러는 사이 새로운 경보음이 울리고 컴퓨터는 두 번째, 세 번째 미사일에 이어 모두 4기의 ICBM이 추가로 발사된 것을 보여주었다. 그러나 페트로프는 5기의 미사일로 핵전쟁을 시작한다는 것은 있을 수 없다고 생각했으며, 경보는 컴퓨터 오류에 의한 것이 분명하다고 판단했다. 머리로는 그렇게 생각했지만, 컴퓨터 에러라고 단정할 수 있는 증거는 사실 아무것도 없었다.[255]

그는 컴퓨터 소프트웨어에 의한 '잘못된 경보(False Alarm)'라고 확신했고, 그래서 스타트 버튼을 누르지 않았다. 따라서 핵 가방을 책임지고 있던 유스티노프는 미국의 미사일 공격을 확인할 수가 없었다. 미국의 미사일이 지상 레이더에 잡히기까지 10분간은 할 수 있는 일이 아무것도 없었다. 지상 레이더에서 미사일을 확인하게 될 때면 탄두가 소련에서 폭발할 때까지 남은 시간이 채 15분도 되지 않기 때문에 제대로 보복공격을 하기에는 시간이 너무 부족했다. 하지만 페트로프는 기다리기로 결심했고 시간은 흘러갔다. 그리고 아무 일도 일어나지 않았다.

이것은 전쟁 게임 시나리오가 아니고 1983년 9월 26일 0시 30분경에 일어났던 실제 상황이다. 소련은 아무 일도 없었던 것으로 처리했지만, 소련 방공 미사일 부대 사령관을 지낸 유리 보틴체프(Yuri Votintsev) 대장의 회고록이 출판된 후 1990년대 말 그 이야기가 세상에 알려지게 되었다.[256] 페트로프의 추론대로 경보는 컴퓨터 오류로 밝혀졌다. 미사일 필드를 항상 비스듬하게 바라보도록 안배한 탐지 방법에 문제가 있었지만, 문제가 생길 것을 예측하지 못했기 때문에 오코와 세르푸코프-

---

[255] Geoffrey Fordan, "Reducing a Common Danger", Policy Analysis No. 399(May 3, 2001), pp.1-20.

[256] "Col. Stanislav Petrov Saves the World", http://lists.indymedia.org.au/pipermail/imc-sydney-content/2003-September/001119.html.

15에서 사용하는 소프트웨어는 이러한 문제를 걸러낼 수가 없었다. 추분을 전후한 어떤 특정 시간에는 태양과 몬태나의 말름스트롬 기지 상공에 있는 구름 그리고 오코 위성이 한 평면상에 배열될 수 있고, 높은 구름에 반사된 햇빛이 오코의 적외선 탐지기에 미사일 배출 가스의 적외선 시그널로 탐지되었던 것이다.

여기서 만일 페트로프가 스타트 버튼을 눌렀다면 어떤 상황이 벌어졌을까? 소련의 핵 공격 명령권자인 안드로포프나 유스티노프의 선택을 좌우할 수 있는 중요한 요소는 안드로포프나 유스티노프가 '느끼는' 미국과 소련의 정치, 외교 및 군사적 관계였다고 본다. 즉 소련 지도부가 '미국이 소련을 공격할 만한 동기가 있다'고 생각하면 페트로프의 공격 확인 보고를 받는 즉시 반격을 선택할 것이고, '동기가 없다'고 생각하면 지상 레이더 등에 의해 공격이 확인될 때까지 반격을 미뤘을 것이다. 1983년 9월 1일 소련은 뉴욕에서 서울로 오던 우리 여객기 KAL 007을 사할린 상공에서 격추하여 269명의 민간인 승객이 사망한 직후여서 미국과 서방 진영은 소련의 만행을 규탄하던 중이었고, 그해 봄에 서유럽에서 실시한 NATO의 기동훈련 등으로 인해 소련의 신경이 극히 날카로워져 있는 상태여서 컴퓨터가 핵 공격 오보를 냈을 당시 미국과 소련의 관계는 사상 최악의 상태에 있었다. 크렘린, 국방부, KGB를 포함한 소련연방 전체가 미국이 곧 핵 공격을 해올 것으로 짐작하고 있던 상황이었으며, 이에 대해 즉각 대량 보복을 할 예정이었다.

더구나 최고 명령권자인 안드로포프는 사경을 헤매고 있었다. 이러한 여러 가지 상황으로 미루어 페트로프가 스타트 버튼을 눌렀다면 인류는 1983년 11월 20일 「그날 이후」[257]라는 영화를 TV로 보는 대신 1983년 9월 26일 우리 모두가 직접 주연과 조연, 엑스트라로 출연하지 않았을까 하는 생각이 든다. '추분 사건(The Autumn Equinox Incident)'

으로 알려진 이 사건은 핵 문제에 신중을 기하기 위해 만든 기계에 오류가 생기거나 오작동을 하게 되면 인류는 재앙을 맞을 수도 있다는 하나의 예를 보여준다. 만약 추분 사건 때 반사된 태양광으로 인해 생긴 미사일 허상이 5기가 아닌 500기였다면 무슨 일이 일어났을까? 이 외에도 우리는 알게 모르게 여러 번의 위기를 맞았고, 그때마다 관련된 한두 사람의 신중한 판단 때문에 위기를 잘 모면해왔다.[258] 기계가 표시하고 분석한 데이터를 믿고 미리 정한 규칙대로 행동하라는 교육과 훈련에도 불구하고 소련이나 미국의 국가 통수 기구(NCA: National Command Authority)에서 일하는 사람들의 마음속에는 절대로 핵전쟁이 일어나서는 안 된다는 확고한 신념이 있었을 것이라고 믿는다.

희망은 있다

이 글을 쓴 필자나 이 글을 읽는 독자들은 스타니슬라프 페트로프에게 생명을 빚졌다고 볼 수도 있다. 지구 역사상 단 한 사람의 결단에 의해 이렇게 많은 사람이 생명을 구한 적은 없다. 한 사람의 고뇌에 찬 결정으로 우리의 삶이 이어지게 된 것이다. 그 한 사람이 결정을 반대로 했다면 우리는 지금 살아 있지 못할 수도 있다는 생각을 하면 모골이 송연해진다. 오지에서 어린이 수백 명을 도와주면 노벨 평화상을 타지만, 인류의 은인 중 한 사람인 페트로프가 지금도 한 달에 연금 몇백 달러로 모스크바 교외에서 어렵게 살아가고 있다는 것을 아는 사람은 그리 많지 않다. 다행히 대부분의 사람이 몰랐던 덕에 아옹다옹하는 가

257 에드워드 흄(Edward Hume)이 대본을 쓰고 니컬러스 마이어(Nicholas Meyer)가 감독한 TV 영화.
258 Geoffrey Forden, "False Alarms on the Nuclear Front", http://www.pbs.org/wgbh/nova/missileers/falsealarms.html.

운데 그런대로 행복하게 살아가고 있는 것 같다. 문득 '모르는 게 약이
다'라는 속담이 생각난다.

1950년대 이후 미국과 소련을 '미사일 경쟁'이라는 치킨게임으로
몰고 간 악마의 유혹도 소련연방의 붕괴로 마력을 상실했고, 1969년 이
후 추진해온 미국과 소련 간의 SALT-I, SALT-II, START-I, SORT, New
START 등 전략무기제한협정과 전략무기감축협정이 효과를 발해 우리
를 위협하는 ICBM과 SLBM 수는 해마다 줄어들고 있다. 물론 전략무기
는 앞으로도 한동안 우리와 함께 존재할 것으로 보인다. 우리가 이것들
을 제대로 관리하지 못한다면 언제 또다시 추분 사건과 같은 위기를 맞
게 될지 모른다. 더구나 현재 미국, 러시아, 중국, 영국, 프랑스, 인도,
파키스탄과 이스라엘 및 북한 등이 핵미사일 보유국으로 이미 합류했
거나 또는 합류하고 싶어 하므로 과거에는 미국과 소련 양 국가 간의
합의만 있으면 어느 정도 통제가 가능하던 상황이 점점 더 통제하기 어
려운 상태로 되어가고 있는 것이 사실이다. 그러나 페트로프의 '기계보
다는 인간을 더 믿는 마음' 덕에 우리가 삶을 지속할 수 있었듯이 앞으
로도 비슷한 위기에 닥치면 또 다른 인물이 인류의 재앙을 막아줄 것을
믿어 의심치 않는다.

하지만 탄도탄에 관련된 사항이 모두 암담한 것만은 아니다. 최근
30여 년간 우리의 생활은 몰라보게 편리해졌다. 그뿐만 아니라 전 세계
를 실시간으로 연결하는 문화생활을 즐기게 되었으며, 우리의 과학 지
식은 눈부시게 발전했다. 역설적으로 들리겠지만, 이 모든 것이 미국과
소련이 벌인 탄도미사일 경쟁의 결과이다. 배치됐던 미사일은 모두 새
로운 미사일로 교체되어 퇴역했거나, 군축 회담 결과에 의해 일선 부대
에서 물러났다. 이들 미사일은 폐기하기에는 너무나 값비싸고 아까운
자산일 뿐만 아니라 소형에서 중형 인공위성까지 궤도에 올릴 수 있는

유용한 우주 발사체였다. 미국 미니트맨의 제1단과 제2단은 경량급 우주 발사체 마이너토-I(Minotaur-I)의 추진기관으로 사용되고 있으며, 피스키퍼는 그 자체로 마이너토-IV(Minotaur-IV)의 추진기관으로 사용되고 있다. 소련의 경우 퇴역한 군용 탄도탄은 더욱 광범위하게 우주 발사체로 전용(Conversion)되고 있다. R-36MUTTh는 드네프르(Dnepr), R-36는 치클론(Tsyklon), UR-100N은 로코트(Rockot), R-29RM은 슈틸(Schtil), RT-2PM 토폴은 스타트-I(Start-I)으로 이름이 바뀌어 갖가지 위성 발사체로 이용되고 있다.

ICBM이나 SLBM을 약간 개조해서 우주 발사체로 사용하는 것 외에 미국과 소련의 우주 발사 전용 로켓의 대부분도 그 뿌리는 군용 탄도탄에 두고 있다. 미국의 '델타 패밀리(Delta Family)', '타이탄 패밀리(Titan Family)', '아틀라스 패밀리(Atlas Family)'도 각각 소어(Thor) IRBM, 타이탄-II ICBM, 아틀라스 ICBM에서 시작되었다. 가장 유명한 우주 발사체 시리즈인 스푸트니크, 보스토크(Vostok), 보스호트(Voskhod), 몰니야(Molniya), 소유스(Soyuz) 시리즈는 세계 최초의 ICBM R-7에서 비롯된 것이다. 이와 같이 우리를 죽음의 공포로 몰아넣었던 ICBM과 SLBM 같은 무기들이 인류의 생활을 한층 윤택하게 해준 것도 틀림없는 사실이다.

- ABL(Allegany Ballistics Laboratory) : 허큘리스 파우더 컴퍼니가 운영한 앨러게니 탄도연구실.
- ABM(Anti-Ballistic Missile) : 탄도탄 요격미사일.
- ABM Treaty(Anti-Ballistic Missile Treaty) : 탄도탄 요격미사일 협정.
- Accelerometer : 가속도계. 설치한 플랫폼의 가속도를 재는 감지기로 플랫폼이 가속도계에 전달하는 힘에 의한 가속도만 측정 가능. 자유낙하 시 중력에 의한 가속도는 잴 수 없음.
- AEC(Atomic Energy Commission) : 미국 원자력위원회.
- AIRS(Advanced Inertial Reference Sphere) : MX 미사일의 정확한 관성유도를 위해 개발한 관성 측정 기준 시스템.
- Al(Aluminum) : 알루미늄.
- ALCC(Airborne Launch Control Center) : 전략 미사일 발사 통제기.
- ALCM(Air Launched Cruising Missile) : 공중 발사 순항미사일.
- AP(Ammonium Perchlorate) : 암모늄 퍼클로레이트. 고체로켓 추진제에 사용하는 강력한 산화제.
- APL(Applied Physics Lab.) : 존스 홉킨스 대학교 응용물리연구실.
- ARDC(Air Research and Development Command) : 미국 공군 연구개발사령부.
- ASW(Anti-Submarine Weapon) : 대잠무기.
- BMD(Ballistic Missile Division) : 탄도탄개발단. 미국 공군의 탄도탄 개발 부서였던 WDD의 새로운 이름(1957년 이후).

- BMEWS(Ballistic Missile Early Warning System) : 미국의 대탄도탄 조기 경계 시스템.
- BT(Balance of Terror) : 상호 확증 파괴에 입각한 공포의 균형.
- BuAer(Bureau of Aeronautics) : 미국 해군 항공국.
- BuOrd(Bureau of Ordnance) : 미국 해군 병기국.
- Burya : 소련이 제2차 세계대전 후에 개발하던 초음속 순항미사일로 R-7 탄도탄이 성공하자 취소되었음.
- CCD(Charge Coupled Device) : 전하 결합 소자. 빛을 전하로 변화시켜 화상을 만드는 소자.
- CEP(Circle of Error Probable) : 원형공산오차. 탄착지점의 50%가 안에 존재하는 원의 반경.
- Chicken Game : 두 사람이 하는 담력 시험 놀이. 누구도 먼저 양보하려 하지 않지만 둘 다 양보를 하지 않을 경우 두 사람에게 최악의 결과를 가져옴.
- CIA(Central Intelligence Agency) : 미국 중앙정보국.
- CNO(Chief of Naval Operations) : 미국 해군작전사령관.
- Cold Launch : 잠수함이나 사일로에서 미사일을 압축가스나 수증기 등으로 밀어낸 후 엔진을 점화하는 발사 방식.
- Counterforce Target : ICBM 사일로, 핵 폭격기 기지, 지휘 본부 등 군사적으로 중요한 표적으로 대부분이 견고표적.
- Countervalue Target : 각국이 가장 지키고 싶어 하는 가치를 가진 표적으로 인구 밀집 지역, 산업시설 같은 연표적.
- CS(Combat Stage) : 미국의 PBV 또는 ES에 해당하는 소련의 RV 운반체.
- DDRE(Director of Defense Research and Engineering) : 미국 국방성 연구개발차관보.
- Deep Parity : 미소 간 전략무기의 균형을 넘어 미국의 전략무기와 중국의 핵무기, 나토의 전력을 합친 전력과 소련의 전략무기 간의 균형을 의미.
- DIA(Defense Intelligence Agency) : 미국 국방정보국.
- Dry Hydrogen Bomb : 건식 수소탄. 액체 중수 대신 고체 형태의 리튬-중수소 화합물(LiD)을 사용한 수소폭탄. 모든 실전용 수소폭탄은 리튬-중수소 화합물을 사용.
- DSP(Defense Support Program) : 방위 지원 프로그램. 탄도탄 발사를 탐지하는 적

외선 감지기를 탑재한 미국 정지위성 시스템.

- DT(Depressed Trajectory) : 최대사거리 탄도보다 낮은 각도로 발사된 탄도탄의 궤도.
- DVL(=German Aviation Research Institute) : 연합군의 레이더를 분석하고 '재밍 (Jamming)' 시스템을 연구하던 제2차 세계대전 당시 독일의 레이더 연구소.
- EMP(Electro Magnetic Pulse) : 도체의 길이 1m당 수백 볼트에서 수만 볼트의 전압을 유도할 수 있는 초강력 전자기파 펄스.
- ENEC(Extendible Nozzle Exit Cones) : 진공 중에서 로켓엔진의 효율을 높이기 위해 개발한 접이식 노즐.
- ES(Equipment Section) : 유도 조종장치, RV, 기동 엔진, 자세제어 엔진 등을 포함한 RV 운반체.
- ESG(Electrostatically Suspended Gyroscope) : 정전기에 의해 로터(Rotor)가 떠서 회전하는 자이로. 마찰이 없으므로 자이로의 회전 지속 시간이 아주 김.
- Explicit Guidance : 람베르트 유도 방식과 같음.
- EXPO(Extended Range Poseidon) : 사거리가 연장된 포세이돈.
- Fat Man : 미국이 나가사키에 투하한 원자폭탄의 코드네임. 뚱뚱한 윈스턴 처칠을 빗댄 이름.
- FBM(Fleet Ballistic Missile) : 미국의 함대 탄도탄.
- FOBS(Fractional Orbit Bombardment System) : 부분 궤도 폭격 시스템. 북극을 넘어오는 소련 ICBM을 탐지하기 위해 미국이 설치한 북쪽을 향하는 조기 경계 레이더를 피하기 위해 남극을 넘어 미국을 공격하도록 설계한 소련의 초장거리 탄도탄. RV는 궤도의 상당 부분을 인공위성 궤도를 따라 비행하다 목표 상공에서 재돌입하게 됨.
- Free Rocket : 무유도 로켓.
- FROG(Free Rocket Over Ground) : 소련이 개발한 단거리 공격용 무유도 로켓 시리즈.
- GALCIT(The Guggenheim Aeronautical Laboratory at the California Institute of Technology) : 캘리포니아 공과대학 구겐하임 항공연구실험실. 1926년 캘테크에 설립한 항공 연구소로 시어도어 폰 카르만의 지도 아래 미국 최초의 대학교 로켓 연구 기관으로 성장.
- GDL(Gas Dynamic Laboratory) : 소련 최초로 국가가 지원하는 로켓 기술 개발 연구소. 발렌틴 글루시코(Valentin P. Glushko) 등을 배출.

- GEMS(General Energy Management Steering) : 에너지 소비 비행에 의한 탄도탄 조종 방식으로 추력 중단구가 필요 없음.
- GIRD(Group for the Study of Jet Propulsion) : F. A. 찬데르(F. A. Tsander), M. K. 티혼라보프(M. K. Tikhonravov), 유 A. 포베도노스체프(Yu. A. Pobedonostsev), S. P. 코롤료프(S. P. Korolev) 등이 조직하고 활동하던 소련의 대규모 로켓 연구 그룹.
- GKO(=State Committee for Defense) : 소련 국방위원회.
- GLONASS(GLObal NAvigation Satellite System) : 소련/러시아의 위성항법 시스템.
- GOC(Global Operations Center) : 미국 전략사령부의 세계작전센터.
- GPS(Global Positioning System) : 미국이 운영하는 위성항법 시스템.
- HDI(Hexadiisocryanate) : 트라이던트 SLBM 고체로켓 추진제에 사용하는 접착제 중 하나.
- HMX(High Melting eXplosive; Her Majesty's eXplosive) : TNT보다 2배 정도 강력한 고폭약.
- IAP(Improved Accuracy Programme) : SLBM의 정확도 향상 프로그램.
- ICBM(Inter-Continental Ballistic Missile) : 대륙간탄도탄.
- ICCM(Intercontinental Cruise Missile) : 대륙간순항미사일.
- IDA(Institute for Defense Analysis) : 미국 국방성의 방위분석연구소.
- IGY(International Geophysical Year) : 세계지구물리의 해.
- IOC(Initial Operational Capability) : 초기 작전 능력.
- IRBM(Intermediate Range Ballistic Missile) : 사거리가 3000~5500km 사이의 중거리탄도탄.
- I_{sp}(Specific Impulse) : 비추력. 1kg의 로켓연료가 연소하여 생긴 추력으로 질량 1kg의 물질을 1g의 가속도로 지속해서 가속할 수 있는 시간을 초로 표시한 양으로 로켓연료의 성능을 나타냄. I_{sp}가 클수록 고성능.
- JATO(Jet Assisted Take Off) : 이륙 보조 로켓.
- JCS(Joint Chief of Staff) : 미국 합동참모본부.
- JPL(Jet Propulsion Laboratory) : 폰 카르만이 설립한 제트추진연구소.
- KGB(Komitet Gosudarstvennoy Bezopasnosti) : 1954~1991년 사이에 운영되던 소련 국가보안위원회.
- Kura : 캄차카 반도에 있는 소련 ICBM RV의 탄착 시험장.

- Kurchatov, Igor : 소련의 원자탄 개발 과학기술 책임자. 미국의 로버트 오펜하이머에 해당.
- Lambert Guidance : 발사 위치, 표적 위치 및 발사지점에서 표적까지 소요되는 비행 시간만 지정해주면 자유낙하 궤도를 따라 표적을 명중할 수 있는 연소종료속도가 되도록 동력비행을 유도하는 방법.
- LANL(Los Alamos National Laboratory) : 로스앨러모스 국립 연구소.
- LCC(Launch Control Center) : 미니트맨 미사일 중대 발사통제센터.
- LEP(Life Extension Program) : 미사일 수명 연장 프로그램.
- LF(Launch Facility) : 미니트맨 미사일 사일로.
- LGM(Silo-Launched Ground-target Missile) : 사일로 발사 지대지미사일.
- LLNL(Lawrence Livermore National Laboratory) : 로렌스 리버모어 국립 연구소.
- LORAN(LOng RAnge Navigation) : 알려진 위치에 고정된 안테나가 송신하는 여러 개의 저주파 무선 데이터를 이용해 수신기의 위치와 속도를 측정하는 시스템.
- LORAN-C(LOng RAnge Navigation-C) : 개선된 LORAN.
- LOX(Liquid OXygen) : 액체산소.
- MAD(Mutual Assured Destruction) : 상호 확증 파괴. 확실한 상호 공멸.
- MaRV(Maneuverable Reentry Vehicle) : 기동성 재돌입체.
- MCP(Mobile Command Post) : 이동식 미사일 통제 센터.
- ME(Maximum Error) : 최대 오차. 탄착지점의 98%가 들어오는 원의 반경으로 소련에서 주로 사용하는 탄도탄 정확도의 척도이며, 서구에서 주로 사용하는 CEP의 2.38배에 해당.
- MET(Minimum Energy Trajectory) : 최대사거리 탄도 또는 최소 에너지 탄도.
- Mil-Spec(Military Specification) : 군수품 규격 규정.
- Minuteman : 미국이 미사일 갭을 극복하기 위한 ICBM으로 개발한 3단 고체로켓 ICBM.
- MIRV(Multiple Independently-targetable Reentry Vehicle) : 각자 표적을 향해 독립적으로 유도되는 다탄두 미사일의 재돌입체.
- Missile Gap : 소련이 스푸트니크를 발사하면서 야기된 미소 간의 미사일 능력 격차. 사실은 미국의 미사일 능력이 소련보다 훨씬 앞서고 있었는데도 소련에 많이 뒤졌다고 생각했음.

- MIT(Massachusetts Institute of Technology) : 매사추세츠 공과대학.
- MIT/IL(MIT Instrumentation Lab.) : MIT 내에 있는 자이로 연구소 'Instrumentation Lab.'. 나중에 '찰스 드레이퍼 랩'으로 독립.
- Mittelwerk : 하르츠 산맥의 동굴 속에 마련한 V2 양산 공장.
- MM(Minuteman Missile) : MM-I, MM-II 또는 MM-III와 같이 미니트맨 버전을 표시할 때 사용.
- MMH(Monomethyl Hydrazine) : 모노메틸 히드라진.
- MPS(Multiple Protective Shelter) : MX 배치 방법 중 하나로 제안된 미사일 다중 은닉시설.
- MRV(Multiple Reentry Vehicle) : 다탄두 재돌입체이지만 MIRV와는 달리 개별 표적으로 유도되지 못하고 모두 단일 표적에 떨어짐.
- MX(Missile X; Later Peacekeeper) : 피스키퍼 미사일을 연구 개발 단계에서 부르던 이름.
- MX-774 : 컨베어사에서 ICBM을 개발하기 위해 시도한 연구용 탄도탄.
- NATO(North Atlantic Treaty Organization) : 북대서양조약기구.
- NAVAHO(North American Vehicle Alcohol Oxygen) : 미국의 극초음속 램제트 순항미사일. 미국 로켓 개발의 기반이 됨.
- NC(Nitrocellulose) : 니트로셀룰로오스.
- NCA(National Command Authority) : 정부의 최고 명령권자.
- NEPE-75 : 폭발성 1.1등급 교차 결합 더블 베이스 추진제로 D5에 사용.
- NII-1(Scientific Research Institute-1) : 미하일 트하체프스키 원수가 레닌그라드의 GDL과 모스크바의 GIRD를 통합하여 1933년 설립한 로켓 연구소 RNII가 스탈린의 항공업계 대숙청 이후 1937년 NII-3로 이름이 바뀌었다가 1944년 1월 다시 새로운 이름으로 바뀐 연구소.
- NII-88(State Scientific Research Institute No.88) : 1946년 5월 16일 로켓무기의 과학기술 연구 및 설계를 수행하기 위해 만든 '국가과학연구소'.
- NII-885 : '유도장치' 연구소.
- NISO(Scientific Institute of Aircraft Equipment) : 소련의 항공기 과학기술연구소.
- NKVD(Narodnyy Komissariat Vnutrennikh Del) : KGB의 전신인 내무인민위원회.
- NMD(National Missile Defense) : 국가 미사일 방어망을 총칭하는 말이지만, 특히

1990년대 후반에서 2002년까지 추진한 '미국 전역을 커버하기 위한 탄도탄 방어망'을 지칭.

- NG(Nitroglycerine) : 니트로글리세린. 다이너마이트의 주성분인 액체폭약.
- NORAD(North American Aerospace Defense Command) : 북미방공사령부.
- NOTS(Naval Ordnance Test Station) : 미국 해군 병기 시험장.
- NSC(National Security Council) : 미국 국가안보회의.
- NSDM(National Security Decision Memorandum) : 국가 안보 결정 사항에 대한 메모.
- NSWC(Naval Surface Weapons Center) : 버지니아 주 댈그런(Dahlgren)에 있는 해군의 해상 무기 센터.
- OKB(Opytnoe Konstructorskoe Byuro; Experimental Design Bureau) : 첨단 기술 제품의 설계 및 시제품을 생산하던 소련의 비밀 설계 연구소. 소련이 붕괴한 후 OKB는 과학 제품 생산 기구인 NPO로 바뀌었음.
- OKB-52 : 블라디미르 첼로메이가 수석 설계사로 있던 설계국의 암호명.
- OKB-456(Later NPO Energomash) : 발렌틴 글루시코의 엔진 설계 연구소.
- OKB-586(Yuzhnoye Design Bureau) : 미하일 얀겔의 ICBM 설계국.
- Operation Osoaviakhim : 독일의 과학기술자, 설계 자료 및 장비시설을 소련으로 이송하기 위한 비밀 작전.
- Operation Paperclip : 독일의 로켓 과학기술자 120여 명을 미국으로 이송하기 위한 비밀 작전.
- OSD(Office of the Secretary of Defense) : 미국 국방장관실.
- OSDBMC(Office of the Secretary of Defense, Ballistic Missile Committee) : 국방부 탄도탄위원회.
- OSODS(Office of Strategic Offensive and Defensive Systems) : 전략적 공격 및 방어 시스템을 관장하는 미국 해군 기구.
- PAC(Penaids Carrier) : 펜에이즈 운반체.
- PAM(Plume Avoidance Maneuver) : 분사 가스가 방출된 RV에 영향을 주지 않도록 선택적으로 자세제어 로켓을 사용하는 방법.
- Paris Gun : 제1차 세계대전 때 독일이 프랑스 파리를 공격하기 위해 개발한 사거리 130km의 초장거리 대포의 별명.

- Parity : 미소 간 전략무기 전력의 균형 관계.
- Payload : 탄두, 모의 탄두, 채프 등 유효 탑재량.
- PBV(Post Boost Vehicle) : MIRV를 장착하고 각각 RV의 분리 예정 위치로 이동해 RV를 표적에 맞추고 방출하는 RV 운반 및 사출장치.
- Peacekeeper : 미국이 개발한 탑재량 3.9t, 사거리 1만 500km, CEP 90m인 초정밀 ICBM으로 10개의 300kt 탄두를 탑재. 지금은 모두 퇴역했음.
- PEG(PolyEthylene Glycol) : 고체로켓 추진제의 수용성 접착제.
- Penaids(Penetration Aids) : ABM 침투용 보조 장비.
- PGA(Polyglycol Adipate) : 고체로켓 추진제의 접착제.
- PIGA(Pendulous Integrated Gyro Accelerometer) : 진자형 자이로 적분 가속도계.
- PIPA(Pulsed Integrating Pendulous Accelerometer) : 진동 진자형 적분 가속도계.
- Plesetsk : 북위 62° 선상에 있는 소련의 ICBM 기지 겸 우주 발사 기지가 있는 곳. 모스크바 북쪽 800km.
- PMZ(Pavlograd Mechanical Plant) : 파블로그라드의 고체로켓 공장.
- Poseidon Missile : 탄두를 10~14개 탑재할 수 있는 미국 해군 최초의 MIRV SLBM.
- Project 667B : 나토에서 델타-I으로 부르는 소련의 전략 잠수함.
- Project 667BD : 나토에서 델타-II로 부르는 소련의 전략 잠수함.
- Project 667BDR : 나토에서 델타-III로 부르는 소련의 전략 잠수함.
- Project 667BDRM : 나토에서 델타-IV로 부르는 소련의 전략 잠수함.
- PSRE(Propulsion System Rocket Engine) : PBV의 기동 및 자세제어를 위한 로켓 엔진.
- PX-1 : 록히드에서 폴라리스 A2를 위해 개발한 ABM 침투용 기만체.
- PX-2 : 폴라리스 A3를 위해 개발한 ABM 침투용 기만체.
- PU(Polyurethane) : 폴리우레탄.
- R-7 : 소련 최초의 ICBM이며 소유스 우주선 발사체의 근간이 되는 로켓.
- W87/Mk-21 : 피스키퍼의 탄두/재돌입체로 탄두 위력은 300kt.
- RABE(Raketenbau und Entwicklung) : 이사예프와 체르토크 등이 독일 과학기술자들을 불러 모아 V2를 재현하기 위해 독일에 설립한 연구소 이름.
- RATO(Rocket Assisted Take Off) : 비행기 활주 거리를 줄이기 위한 이륙보조로켓.
- RB(Reentry Body) : 재돌입체를 미국 해군에서 부르는 이름.

- RDS(Rossiya Delayet Sama; Russia does it Herself) : 소련의 핵폭탄 번호 부여 시스템.
- Reaction Engine : 로켓이나 제트엔진과 같이 물질을 분사함으로써 그 반동으로 추진력을 얻는 엔진.
- Reaction Time : 통상적인 경계 상태에서 미사일 발사 명령을 접수하고 실제로 미사일을 발사할 때까지 걸리는 시간.
- Red Minuteman : 미국의 미니트맨과 양과 질 모든 면에서 동등한 미사일로 소련이 개발한 UR-100 ICBM을 빗대어 부르는 이름.
- Red Titan : 미국의 타이탄-II에 맞먹는 미사일로 소련이 개발한 R-36의 경량급 탄두를 탑재하는 모델을 일컬어 부르는 이름.
- RG-1(Soviet Equivalent to RP-1) : 소련에서 로켓연료로 사용하는 거의 순수한 등유. 미국에서는 RP-1으로 부름.
- RNII(Reaction Propulsion Institute) : 모스크바의 GIRD와 레닌그라드의 GDL을 통합하여 설립한 제트추진연구소.
- RP-1(Rocket Propellant-1 or Refined Petroleum-1) : 미국 액체로켓에 사용하는 순수 등유.
- Research Station West : 쿠메르스도르프에 있는 육군 병기 시험시설. 폰 브라운의 본격적인 로켓 연구가 이곳에서 시작됨.
- RT-2PM SS-25 토폴(Topol) : 소련이 개발한 도로 이동식 고체연료 ICBM.
- RV(Reentry Vehicle) : 재돌입체. 내부의 탄두를 재돌입 열로부터 보호.
- RVSN(Strategic Rocket Forces) : 소련 전략로켓군. ICBM을 포함한 모든 지상 발사 전략 미사일을 관장.
- RW(Ramo-Wooldrige Corporation) : 라모와 울드리지가 만든 과학 및 엔지니어링 자문 회사.
- SAB(Science Advisory Board) : 미국 공군의 과학 자문 그룹 SAG가 1946년 개편된 뒤 바뀐 이름.
- SAC(Strategic Air Command) : 미국 전략공군사령부.
- SAG(Scientific Advisory Group) : 1944년 미국 육군 항공대 사령관 헨리 아널드 장군의 제안을 받아들여 폰 카르만이 구성한, 미국 공군을 위한 과학 자문 그룹.
- SALT-I(Strategic Arms Limitation Treaty-I) : 제1차 전략무기제한협정.

- SALT-II(Strategic Arms Limitation Treaty-II) : 제2차 전략무기제한협정.
- SAMSO(Space and Missile Systems Organization) : 미국 공군의 WDD가 몇 번의 변화를 거쳐 새로 태어난 미국 공군의 우주 및 미사일 전담 기구.
- SCORE(Signal Communications Orbit Relay Equipment) : 아틀라스 B로 쏘아 올린 시험용 통신 중계 위성.
- Semipalatinsk : 카자흐스탄 동북부에 있는 옛 소련의 핵 시험장.
- SERV(Safety Enhanced Reentry Vehicle) : 퇴역한 피스키퍼의 Mk21/W-87 탄두와 RV를 사용하여 안전성이 대폭 개선된 미니트맨-III의 RV.
- SICBM(Small ICBM) : W-87/Mk-21 1기를 탑재하는 초소형 · 초경량 ICBM. 연구 개발은 끝났지만 소련연방의 붕괴로 계획이 취소되었음.
- SINS(Ship Inertial Navigation System) : 선박용 관성항법장치.
- SKB-385 : 빅토르 마케예프(Victor Makeyev)의 SLBM 설계국.
- SLBM(Submarine Launched Ballistic Missile) : 잠수함 발사 탄도탄.
- Soft Target : 연표적. 별도로 보강하지 않은 도시와 일반 시설 또는 노출된 군 집결지 등을 일컬음.
- SORT(Strategic Offensive Reductions; Moscow Treaty) : 2002년 미국과 러시아가 맺은 전략적 공격무기 감축 협약.
- SP : 폴라리스 프로젝트의 분야별 기술 관리팀.
- SPO(Special Project Office) : 미국 해군이 SLBM을 개발하기 위해 설립한 FBM 프로젝트 전담 기구.
- Sputnik : 1957년 10월 4일 R-7을 이용하여 발사한 인류 최초의 인공위성 이름.
- SSBN(Submersible Ship Ballistic-missile Nuclear-powered) : 전략탄도탄을 탑재하는 핵 잠수함.
- SSKP(Single Shot Kill Probability) : 단발 파괴 확률. 단 한 발로 표적을 파괴할 수 있는 확률.
- SSNT(Shape Stable Nose Tip) : '금속화 탄소(Metallated Carbon)'를 RV 코끝 중심부에 넣어줌으로써 중심부가 먼저 융제되어 전체적으로 균일하게 융제되도록 설계한 '형상 안정화' 된 RV의 코끝(Nose Tip).
- SSPO(Strategic Systems Project Office) : SPO의 후속 기구.
- START-I(Strategic Arms Reduction Treaty-I) : 제1차 전략무기감축협정.

- START-II(Strategic Arms Reduction Treaty-II) : 제2차 전략무기감축협정.
- STG(Steering Task Group) : 폴라리스 프로젝트 스티어링 태스크 그룹.
- T-1 : RG-1의 다른 이름.
- TAS(Trellised Aerodynamic Surfaces) : 격자 구조물로 된 공기 핀.
- TEL(Transport-Erecter-Launcher) : 이동식 발사대.
- Throw-weight : 미사일의 마지막 단(Stage)의 연소가 종료되어 단 분리가 이뤄지고 난 후 남은 무게. 버스, RV, 대응 수단, 유도장치 등을 포함한 무게. 탑재량.
- TIPS(Transit Improvement Program Satellites) : 신세대 트랜싯 위성항법 시스템.
- Titan-II : 9Mt 탄두를 장착한 미국의 저장 가능한 액체연료 2단 로켓. 강력한 탄두 때문에 미국 공군이 각별히 사랑한 ICBM.
- TLC(Transport-Launch Canister) : 운반 및 발사용 캐니스터.
- TPS(Thermal Protection System) : 열 차단 시스템.
- Trident-II D5 Missile : 해군의 피스키퍼에 해당하는 카운터포스용 SLBM으로 피스키퍼가 퇴역한 현재 미국의 유일한 초정밀 대형 탄도탄.
- Trinity Gadget : 1947년 7월 16일 뉴멕시코 주의 앨라모고도 사막에서 시험한 내폭형 폭탄의 코드네임.
- Tsar Bomba : 100Mt의 폭발력을 가진 AN602 폭탄의 애칭. 1961년 10월 30일 50Mt으로 줄여서 시험.
- TTP(Thrust Termination Ports) : 고체로켓을 강제로 연소 종료시키기 위해 로켓모터 상단에 미리 낸 5~6개의 구멍을 다시 막아놓고 필요할 때 파이로 테크닉으로 뚫거나 선형작약(Linear Charge)으로 연소실에 구멍을 내는 장치.
- Tupolev Design Bureau : 안드레이 투폴레프(Andrei Tupolev)가 설립한 소련의 유명한 폭격기와 여객기 설계국. TU-95, TU-22M, TU-160 폭격기와 TU-144, TU-154 여객기를 개발.
- TVC(Thrust Vector Control) : 노즐을 움직여 추력 방향을 조정하는 장치.
- UDMH(Unsymmetrical Dimethyl Hydrazine) : 보편적으로 사용되는 저장 가능한 자동 점화 연료.
- ULMS(Under-sea Long-range Missile System) : 소련의 공격으로부터 생존할 확률이 가장 높은 장거리탄도탄 시스템으로 고안된 SLBM과 SSBN 시스템. 트라이던트 시스템의 모체가 됨.

- USAAF(United States Army Air Forces) : 미국 육군 항공대.
- USSTRATCOM : 미국 전략공군사령부(SAC)의 후속 기관으로 1992년에 발족한 미국 전략사령부.
- V2 : 독일 육군이 개발한 세계 최초의 실전용 탄도탄으로 모든 탄도탄과 우주 발사체의 모태가 됨.
- Vanguard : 제3차 세계지구물리의 해에 인공위성을 발사하기 위해 개발한 위성 발사체 또는 그 인공위성의 이름.
- v_{bo}(Burnout Velocity) : 로켓의 연소종료속도.
- VfR(Verein für Raumschiffarht; the Spaceflight Society) : 빌리 레이가 헤르만 오베르트의 로켓 개발을 후원하기 위해 설립한 아마추어 로켓 클럽.
- von Neumann Committee : 국방연구개발차관 트레버 가드너(Trevor Gardner)의 요청으로 미국 공군 SAB 내에 설치한 위원회. 공식 명칭은 '전략미사일평가위원회'였고 위원장에 폰 노이만이 임명되었다. 티포트 위원회(Teapot Committee)로도 알려져 있으며, 이 위원회의 건의가 미국 공군과 미국 정부의 탄도탄에 관한 계획과 정책 수립에 결정적 역할을 했음.
- VPRS(Velocity and Position Reference System) : 전략탄도탄 잠수함의 속도와 위치 기준 시스템.
- WDD(Western Development Division) : 1954년 미국 공군이 탄도탄 개발을 전담하기 위해 설립한 비밀 기구의 암호명.
- Wet Hydrogen Bomb : 액체 중수를 사용한 수소폭탄으로, 수소폭탄 원리 실증용으로 1952년 남태평양 비키니 환초에서 단 한 차례 시험했음.
- WS-Q(Weapons System-Q) : WDD의 버나드 슈리버(Bernard A. Schriever) 장군이 에드워드 홀(Edward Hall)에게 고체로켓 탄도탄 시스템 가능성을 검토하게 하면서 붙인 암호명.
- XLDB-70(Cross-Link Double-Base 70%) : 트라이던트-I 3단에 사용한 고체연료.